高职高专"十二五"规划教材

机械设计基础

第二版

米广杰　主　编

耿国卿　吕　莹　李　琦　副主编

化学工业出版社
·北京·

内 容 提 要

本书第二版是在第一版的基础上，根据高等职业教育的特点，理论适度、突出实践，按照当前高等教育的发展和机械设计基础课程教学改革的实际需要编写的。全书采用最新国家标准。

全书共分 15 章，内容包括机械设计概论、平面机构的组成及结构分析、平面连杆机构、凸轮机构、其他常用机构、联接、带传动和链传动、齿轮传动、蜗杆传动、轮系、轴、轴承、联轴器和离合器、弹簧、机械的调速与平衡以及六个实训课题。全书理论与实践有机结合，有利于培养学生的分析问题和解决问题应用能力。

为方便教学，本书有配套电子课件，可免费赠送给用本书作为授课教材的院校和老师，如有需要，可发邮件至 hqlbook@126.com 索取。

本书可作为高职高专、成人高校机械类、近机类等专业的机械设计基础课程的教材，也可供有关专业师生及工程技术人员参考。

图书在版编目（CIP）数据

机械设计基础/米广杰主编. —2 版. —北京：化学工业
出版社，2012.6（2024.8重印）
高职高专"十二五"规划教材
ISBN 978-7-122-14392-1

Ⅰ. 机… Ⅱ. 米… Ⅲ. 机械设计-高等职业教育-教材
Ⅳ. TH122

中国版本图书馆 CIP 数据核字（2012）第 109939 号

责任编辑：韩庆利 装帧设计：杨 北
责任校对：宋 夏

出版发行：化学工业出版社（北京市东城区青年湖南街 13 号 邮政编码 100011）
印 装：北京科印技术咨询服务有限公司数码印刷分部
787mm×1092mm 1/16 印张 14¼ 字数 387 千字 2024 年 8 月北京第 2 版第 5 次印刷

购书咨询：010-64518888 售后服务：010-64518899
网 址：http://www.cip.com.cn
凡购买本书，如有缺损质量问题，本社销售中心负责调换。

定 价：28.00 元 版权所有 违者必究

高职高专"十二五"规划教材

机械设计基础

第二版

编写人员名单

主　编　米广杰

副主编　耿国卿　吕　莹　李　琦

参　编　牛化武　韩廷水　李文峰　张庆臣　钱　伟

　　　　张　烨　舒　敏　辛太宇　赵春娥　司志凡

第二版前言

本书是高职高专"十二五"规划教材。适用于高等学校机械类、近机类专业机械设计基础课程的教学。本书从 2008 年出版以来，深受广大读者欢迎。第二版是在总结第一版使用经验基础上，根据当前高等教育的发展和机械设计基础课程教学改革的实际需要进行修订的。

修订后的教材基本保留了第一版的体系结构和基本章节顺序。对其中部分章节内容进行了必要的增删、调整，着重进行了以下几方面工作。

1. 对第一版的文字、插图及计算中的疏漏和错误进行了更正和改进，进一步提高了本书的质量。

2. 在保证全书系统性、完整性的前提下，将第一版中第 6 章 6.1 螺纹的联接调至变更后为第 5 章其他常用机构 5.4 螺纹的形成和螺旋机构，使全书体系结构更加协调。

3. 在第 12 章轴承中，增加了非液体摩擦滑动轴承的设计，以适应工程实际的需要。

4. 全书采用最新的标准和规范，力求基本概念准确、术语规范，表格数据准确。

参加本书修订工作的有米广杰、耿国卿、吕莹、李琦、牛化武、韩廷水、李文峰、张庆臣、钱伟、张烨、舒敏、辛太宇、赵春娥、司志凡。由米广杰担任主编，耿国卿、吕莹、李琦担任副主编。

本教材有配套电子课件，可免费赠送给用本书作为授课教材的院校和老师，如有需要，可发邮件至 hqlbook@126.com 索取。

限于编者水平，书中疏漏和欠妥之处在所难免，恳请广大读者批评指正。

编　者

第一版前言

本书是根据教育部制定的《高职高专教育机械设计基础课程教学基本要求》以及当前高职教学改革的发展要求，结合编者多年从事高职教学的教学实践经验编写的，参考学时数80～100学时。

《机械设计基础》是高等职业学校培养学生具有一定机械设计能力的一门技术基础课程。通过本课程的学习，可以获得认识、使用和维修机械装备的基本知识，并具有运用机械设计图册、标准、规范、手册及设计简单机械传动装置的能力，为深入学习有关专业机械装备的课程和提高分析解决机械工程技术问题的能力奠定必要的基础。本书在编写过程中，按照职业岗位技能要求，以学生就业为导向，以市场用人标准为依据，紧密联系培养应用型人才的目标，坚持简化理论，注重实效，强化应用的原则精选内容，突出机械设计的基本理论和基本设计方法的基本教学内容，力求较好地符合学生的认知规律，培养学生提出问题、分析问题和解决问题的能力。同时，力求反映机械行业发展的现状和趋势，尽可能地引入现代设计技术的理念和方法原理，以拓宽学生的视野，培养学生的创新意识和创新能力。

在本书的编写过程中，吸取并参考了众多专家、学者的教材、论文、设计手册等研究成果，对此我们表示衷心的感谢。

由于编者水平所限，书中疏漏和欠妥之处，敬请读者批评指正。

编 者
2008 年 5 月

目录

第1章 机械设计概论

本章主要介绍了本课程研究对象、性质和任务，机械设计的基本要求、设计准则，设计一般过程。简要介绍现代机械设计的发展趋势。结合机器的结构组成实训，明确本课程在实际生产的地位和作用，有利于掌握正确的学习方法，正确设计、使用和维护机械。

1.1 机器的组成

在人们的生产和生活中，为了减轻体力劳动和提高生产率，广泛使用着各种机器。在现代生产和日常生活中，见到的电动机、内燃机、起重机、破碎机、各种机床、电动自行车、洗衣机等都是机器。

机器的种类很多，结构、性能和用途也各不相同。如图1-1所示的内燃机，它是由汽缸体1、活塞2、连杆3、曲轴4、齿轮5和6、凸轮7、8、顶杆9、进气阀10和排气阀11等组成。汽缸体1起支承作用，活塞2的往复运动由连杆3转变为曲轴4的连续转动，通过齿轮5、6带动凸轮7、8，使顶杆9启闭进气阀10和排气阀11。这样，使燃气的热能转变为曲轴转动的机械能。又如直接驱动型电动自行车，电动机与自行车轮毂连为一体，接通电源，电动自行车上的电动机即能工作而带动自行车行驶，完成从电能转换为机械能。从上述几个实例可以看出，机器有三个共同的特征：

① 都是一种人为的实物组合；

② 各部分形成运动单元，各单元之间具有确定的相对运动；

③ 能代替或减轻人类的劳动，实现能量转换或完成有用的机械功。

凡仅具备以上前两个特征的装置称为机构。如图1-1所示的单缸内燃机中，活塞、连杆、曲轴和汽缸体组成一个曲柄滑块机构，可将活塞的往复移动转变为曲轴的连续转动。凸轮、阀门移动杆和汽缸体组成凸轮机构，将凸轮的连续转动变为阀门移动杆有规律的往复移动。曲轴、凸轮轴上的齿轮和汽缸体组成齿轮机构，可以使两轴保持一定的传动比。由此可见，机器是由机构组成的，一部机器可以包含几个机构，也可以只包含一个机构，如电动机只由一个简单的二杆机构组成。

从结构和运动的观点来看，机器和机构两者并无差别，工程上统称为"机械"。

组成机械的各个相对运动的独立整体称为构件，机械中不可拆的单独的实体称为零件。构件可以是单一的零件，如内燃机中的曲轴；也可以是若干个零件的刚性组成，如图1-2所示，内燃机中的连杆就是由连杆体1、螺栓2、螺母3、连杆盖4等零件组成，形成一个运动整体。由此可知，构件是机械中的运动单元，零件是机械中的制造单元。

构件按其运动状态在机构中可分为固定构件和运动构件。在机构中处于静止状态起支承作用的构件称为固定构件，又称为机架。如内燃机的汽缸、机床的床身等都是机架。

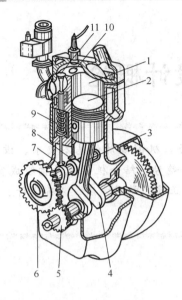

图 1-1　单缸内燃机

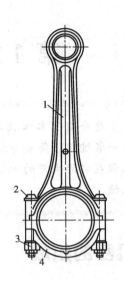

图 1-2　连杆

相对于机架运动的构件成为运动构件。运动构件又可分为主动件和从动件两种。所谓主动件是受驱动外力直接作用而运动的构件，它始终与机架相连。如内燃机中曲柄滑块机构的活塞。所谓从动件就是在主动件作用下作预期运动的构件。如内燃机中曲柄滑块机构的连杆和曲轴。

机械中的零件可以分为两类：一类称为通用零件，即在各种机械中都经常使用，具有同一功能的零件，如螺栓、螺钉、螺母等；另一类称为专用零件，即仅用于特定类型的机械中使用，如曲轴、活塞等。

机器从机械功能的角度来看，一般主要由四个基本部分组成。

动力部分——是机器工作动力源。最常见的是电动机和内燃机。

工作部分——是机器特定功能的执行部分。比如：汽车的车轮、起重机的吊钩、机床的刀架、洗衣机的拨水盘等。

传动部分——联接原动机和工作部分的中间部分。比如：汽车的变速箱、机床的主轴箱、起重机的减速器等。

控制部分——控制机器的启动、停止和正常协调动作。比如：汽车的方向盘和转向系统、排挡杆，刹车及其踏板，离合器踏板及油门等就组成了汽车的控制系统。

随着科学技术的发展，人们综合应用知识和技术不断创造，使机器有了更广泛的定义：用来转换或传递能量、物料和信息的执行机械运动的系统或装置。

1.2　本课程的内容、性质和任务

本课程是机械类或近机类专业的一门重要的专业技术基础课。本课程主要研究常用机构和通用零部件的工作原理、结构特点、运动和动力性能、基本设计理论计算方法及选用和维护。本课程综合应用机械制图、工程力学、金属工艺学等课程的知识，解决常用机构和通用零部件的分析和设计的共性问题。为学习机械类有关专业课、机械产品的创新设计及对现有机械的合理使用和革新改造打下良好的基础。

本课程的主要任务：

① 了解常用机构的工作原理、类型、特点及应用，掌握基本设计理论、设计方法；

② 掌握通用零部件的工作原理、特点、结构基本知识，掌握通用零部件的选择使用和失效形式、设计准则与设计方法；

③ 具有查选和使用国家标准、规范、手册、图册等有关技术资料的能力；

④ 具备设计和改进简单机械和传动装置的能力；

⑤ 初步具有分析和处理生产实际中机械一般问题的基本技能。

本课程的学习方法：

① 着重基本概念的理解和基本分析方法的掌握，不强调系统的理论分析；

② 机器是由许多机构、零件的有机结合，各部分之间既相互联系，又相互制约，学习时应从整体出发理解，不要孤立片面地研究；

③ 考虑实际设计的复杂性，常常采用经验公式、参数和简化的计算，学习时注意理解公式和参数建立的条件、意义和应用，不强调对理论公式的具体推导。此外，应注意计算结果不是唯一的，很多需要由结构设计、工艺要求确定；

④ 贯彻理论联系实际的原则，注意在实践中积累经验，观察思考问题，运用知识，深化知识，提高职业素质和能力。

1.3　机械设计的基本要求和一般过程

1.3.1　机械设计的基本要求

为了使机械能安全有效地实现预期的功能，机械设计的基本要求应满足以下几方面。

1. 预定功能要求

满足机器预定的工作要求，如机器工作部分的运动形式、速度、运动精度和平稳性、需要传递的功率，以及某些使用上的特殊要求（如高温、防潮等），并在预定的寿命期间能可靠地工作。

2. 安全可靠性与操作方便要求

安全可靠性是基本的也是必须保证的性能要求。机器在正常工作时，应不发生断裂、过度变形、过度磨损，不丧失稳定性；能实现对操作人员的防护，保证人身安全和身体健康。机器应尽可能降低操作的技术要求，减轻劳动强度。同时对有可能的误操作，有预防装置。

3. 经济性要求

在满足使用性和安全性要求的前提下，合理选用材料、简化结构尺寸和制造工艺，以降低产品的成本。应尽量采用标准化、通用化、系列化的零部件，以提高设计质量、降低制造成本。

4. 其他要求

机器外形设计美观，富有时代特点，提高产品的竞争力。此外必须考虑对周围环境和人不致造成危害和污染，要保证机器对环境的适应性。还有由于工作环境和要求不同，而对设计提出某些特殊要求，如食品卫生条件、耐腐蚀、高精度要求等。

1.3.2　机械设计的一般过程

机械设计的过程就是建立满足功能要求的创造过程。通常分为以下几个阶段。

1. 明确设计任务

根据社会或市场需要进行调查,明确设计任务和设计要求。依据设计要求,有针对性地认真进行调查研究、收集材料,分析资料,对设计要求全面综合。

2. 方案设计

方案设计是根据设计要求,提出几个可行性方案加以分析、比较,通过优化评价得出最佳方案。

3. 技术设计

技术设计是根据方案设计的要求,确定机械产品的总体设计、部件设计、零件设计等,并绘制工程图、编制设计说明书等,是从定性到定量、从抽象到具体、从粗略到详细的设计过程。

4. 试制鉴定

试制鉴定阶段是通过样机制造、样机试验、功能检查及整机、零部件的性能测试,随时修正完善设计,以更好地满足设计要求。

5. 批量正式生产

批量正式生产阶段是根据样机试验、使用、测试、鉴定所暴露的问题,进一步修正设计,产品定型。

1.4 机械零件设计的基本准则和步骤

1.4.1 机械零件设计的基本准则

机械零件在预定的时间内和规定的条件下,丧失正常的功能或降低效用,称为失效。

机械零件的失效形式主要有断裂、过量变形、表面磨损、腐蚀、零件表面的接触疲劳和共振等。

机械零件的失效形式与许多因素有关,具体取决于该零件的工作条件、材质、受载状态及其所产生的应力性质等多种因素。即使是同一种零件,由于材质及工作情况不同,也可能出现各种不同的失效形式。

为了使设计零件能在预定时间内和规定工作条件下正常工作,设计机械零件时应满足下面几个基本要求。

(1) 强度　是指在一定载荷作用下,零件抵抗破坏的能力。强度是机械零件保证正常工作的基本要求。机械零件的强度可分为静强度和疲劳强度,其中又可分为整体强度和表面强度。零件发生断裂和塑性变形,说明是整体静强度不足所致;发生表面压碎和表面塑性变形,说明是表面静强度不足;发生疲劳断裂,说明是整体疲劳强度不足;发生表面疲劳点蚀,说明是表面疲劳强度不足。

为了保证零件在预定的使用期限内具有足够的强度,除选用合适的材料和毛坯、确定合理的结构和剖面形状、热处理工艺外,还必须对零件进行强度计算。所遵循的计算准则

$$\sigma \leqslant [\sigma] \text{ 或 } \tau \leqslant [\tau]$$

或

$$s \geqslant [s]$$

式中　σ, τ——零件工作时的正应力和剪应力;

$[\sigma]$，$[\tau]$——零件材料的许用正应力和许用剪应力；

　　　　　　s——危险截面处的安全系数；

　　　　$[s]$——许用安全系数。

（2）刚度　是指在一定载荷作用下，零件抵抗弹性变形的能力。

对于某些零件（不是所有零件），如果零件刚度不够，受载后将产生过大的挠度或转角而影响机器正常工作，设计时必须满足下面的计算准则

$$y \leqslant [y]$$

$$\theta \leqslant [\theta]$$

$$\varphi \leqslant [\varphi]$$

式中　　y，θ，φ——零件工作时的挠度、偏转角和扭转角；

　　$[y]$，$[\theta]$，$[\varphi]$——零件的许用挠度、许用偏转角和许用扭转角。

（3）耐磨性　是指具有相对运动的零件接触表面抵抗摩擦磨损的能力。

磨损将逐渐改变零件的形状和尺寸，使接触间隙不断增大，造成机械运转质量的不断降低。当工作磨损量超过规定的允许磨损量时，将导致机械的失效。在一般机械中，由于磨损导致失效的零件目前约占全部报废零件的 80%。为使零件在预定的使用期限内具有足够的耐磨性或耐磨寿命，除正确选择材料，采用热处理提高表面硬度，提高表面加工粗糙度和提供良好的润滑外，还需进行耐磨性计算。由于磨损机理复杂，通常采用条件性的计算准则

$$p \leqslant [p]$$

式中　p——零件的工作压强；

　　$[p]$——零件的许用压强。

（4）可靠性　零件在规定的使用条件下和规定的使用时间内正常工作的概率称为零件的可靠度。可靠度是衡量零件工作可靠性的一个特征量，不同零件的可靠度要求是不同的。设计时应根据具体零件的重要程度选择适当的可靠度。

设计机械零件时，除应遵循上述基本准则外，对于某些在特殊条件下工作的机械，还须考虑一些附加的准则。例如，对于高速机械要注意零件的振动稳定性；对于受腐蚀介质浸蚀的机械，应注意零件的耐腐蚀性等。

1.4.2　设计机械零件的一般步骤

设计机械零件时，一般按以下步骤进行。

（1）根据原始参数（功率、转速、力或力矩等）、工作条件和使用要求等，合理选定需采用的零件类型。

（2）拟定计算简图，确定作用于零件上的载荷，并判明载荷的方向和变化性质。

（3）根据零件工作情况，确定零件的失效形式，正确选用合适的材料，确定许用应力。

（4）根据零件的主要失效形式，确定零件的计算准则，计算主要尺寸，并参考有关标准进行圆整，这样的计算称为设计计算；如果先根据经验确定零件的尺寸，然后按计算准则校核零件是否满足工作能力要求，这样的计算称为校核计算（或验算）。

（5）根据工艺、结构等要求，对零件进行结构设计，定出零件的全部尺寸。

（6）绘制零件工作图，制订技术要求，编写计算说明书及有关技术文件。

1.5 机械零件的标准化

标准化包括三方面的内容，即零件标准化、产品系列化和部件通用化，简称为"三化"。零件的标准化是通过对零件的尺寸、结构要素、材料性能、检验方法、设计计算方法和机械制图等制订出统一规定的标准。产品系列化是指同一产品，在同一基本结构或基本尺寸的条件下，按一定的规律优化组合成若干个不同规格尺寸的产品，以减少产品型号数目。部件通用化是指在系列产品内部或跨系列产品之间，采用同一结构和尺寸的零部件。

机械零件实行标准化的生产和制造的优势有：

（1）可以由专门化厂家大量生产标准件，能确保质量、节省材料、降低成本等；

（2）选用标准件可以简化设计工作，缩短产品的生产周期；

（3）选用参数标准化的零件，在机械制造过程中可以减少刀具和量具的规格种类；

（4）标准化零件具有互换性，从而简化机器的安装和维修。

我国现行标准为国家标准（GB）、行业标准（JB、YB）、地方标准和企业标准。按照标准实施的强制程度，又可分为强制性标准（GB）和推荐性标准（GB/T）。国际上推行国际化标准组织（ISO）的标准。目前，我国新修订和发布的许多标准都采用了相应的国际标准。

1.6 现代机械设计发展的动态

随着现代工业的不断发展，科学技术日新月异，机械设计和标准与国际标准逐步接轨。为了适应市场的激烈竞争，提高设计质量，缩短设计周期，微电子技术、控制技术和计算机技术与机械技术有机结合，促进机械设计发生了巨大变革，机械产品也向高效能、自动化、综合化、人性化和智能化等方向发展。

计算机辅助设计（Computer Aided Design，简称CAD），是指在机械设计中，由计算机建立程序库和数据库进行程序设计、自动设计、绘图，以人机交互方式进行方案和参数对比、选择、优化和决策，高速度、高质量地完成最佳设计。CAD和计算机辅助制造（CAM）、计算机管理自动化结合起来，形成计算机集成制造系统（CIMS）。

近年来，CAD技术正向着规模大、知识广、层次深、智能化方向发展，出现了专家系统，不仅可进行一般数值计算、绘图，还具有逻辑推理、分析综合、方案构思、决策等功能。

实训　机器的结构组成

1. 实训目的

（1）了解机器的组成，分析各机构在机器中的功用。了解常用零件类型、结构特点。

（2）提高对机械的认识能力，培养分析机械的初步能力。

2. 实训设备和工具

平面机构和机械传动陈列柜或简单典型机器（如缝纫机、破碎机牛头刨床等）。

3. 实训方法与步骤（以牛头刨床为例）

（1）分析牛头刨床的机构组成，明确各机构名称和功用。

（2）观看牛头刨床机械传动的运转情况，分析工作原理及运动特点。

（3）观察分析组成牛头刨床的各种零部件（螺栓、齿轮、轴系零件等）的类型、结构特点及作用。

4. 思考题

（1）机器主要由哪几部分组成？各部分的作用和相互关系是怎样的？

（2）你认为机器中最常用的机构和零部件有哪些？

5. 编写实训报告

机器的结构组成实训报告

班　级		姓　名		学　号	
实训地点		实训时间		组　别	
实训数据和结果	1. 常用机构（名称、结构、组成、运动特点、应用） （1） （2） （3） （4） ⋮ 2. 典型通用零件（名称、结构特点、应用） （1） （2） （3） （4） ⋮				
实训分析结论					
评语					
成绩		指导教师		评阅时间	

思考与练习题

1-1　举例说明机器与机构，构件与零件的联系与区别。

1-2　说明机械设计的一般过程及各阶段的主要内容。

1-3 什么是机械零件失效？失效主要形式有哪些？

1-4 简述设计机械零件的一般步骤。

1-5 指出下列机器的原动部分、工作部分、传动部分、支承部分、控制部分：（1）汽车；（2）自行车；（3）电风扇；（4）缝纫机。

1-6 机械零件标准化的意义是什么？

第 2 章　平面机构的组成及结构分析

> 本章主要介绍了机构的组成及特点，分析机构具有确定运动的条件，学会平面机构运动简图的绘制及自由度的计算，明确机构分析的目的。

机构由若干个构件组成，各构件之间具有确定的相对运动。那么构件应如何组合？在什么条件下才具有确定的相对运动？这对分析现有机构或创新设计机构具有重要意义。

所有构件的运动平面都相互平行的机构称为平面机构，否则称为空间机构。常用机构大多数为平面机构，本章仅讨论平面机构的情况。

2.1　平面机构的组成

2.1.1　构件的分类

根据构件在传递运动中的作用，机构中的构件可分为三类。

（1）固定件或机架　用来支承活动构件固定不动的构件。研究机构中活动构件的运动时，常以固定件作为参考坐标系。

（2）原动件　按给定运动规律独立运动的构件。它是机构中输入运动的构件，故又称为主动件。

（3）从动件　机构中随着原动件运动而运动的其余活动构件。

在一般的机构中，必有一个构件被相对地看作固定件，在活动构件中，必须有一个或几个原动件，其余的是从动件。当原动件按预定的运动规律运动时，机构中各从动件即有确定的相对运动。

2.1.2　运动副

一个自由构件在空间运动时有六个自由度。它在直角坐标系内可表示为沿着三个坐标轴的移动和绕三个坐标轴的转动。而对于一个作平面运动的构件，则只有三个自由度，如图 2-1 所示。即沿 x 轴和 y 轴移动，以及在 xOy 平面内的转动。把构件可能出现的独立运动的数目称为自由度。

机构中两构件之间直接接触并能作相对运动的联接，称为运动副。如图 2-2 所示，轴 1 与轴承 2 之间的联接，滑杆 1 与导槽 2 之间的联接，齿轮 1 和齿轮 2 之间的联接等，都构成了运动副。

显然，两构件构成运动副后，某些独立的相对运动便受到限制，这种限制称为约束。运动副引入约束，相对运动自由度随之减少。运动副引入的约束数等于两构件相对自由度减少的数目。

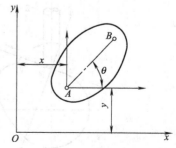

图 2-1　平面运动构件

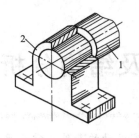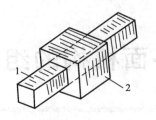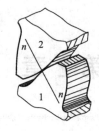

图 2-2　运动副

在平面运动副中，两构件之间的直接接触不外乎有三种情况——点、线和面接触，称为运动副元素。按照接触特性，通常把运动副分为低副和高副两类。

1. 低副

两构件通过面接触构成的运动副称为低副。根据两构件间的相对运动形式，低副又分为移动副和转动副。

两构件间的相对运动为直线运动的，称为移动副，如图 2-3 所示。构件之间只保留沿 x 轴方向相对移动的自由度，约束了沿一个轴方向的移动和在平面内转动两个自由度。

两构件间的相对运动为转动的，称为转动副或铰链副，如图 2-4 所示。轴约束了沿 x 轴和 y 轴移动的自由度，只保留一个相对转动的自由度。

由上述可知，在平面机构中，每个低副引入两个约束，机构即失去两个自由度。

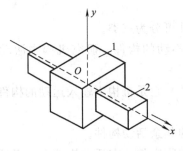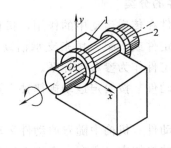

图 2-3　移动副　　　　　　　　　　　　图 2-4　转动副

2. 高副

两构件通过点或线接触构成的运动副称为高副。

如图 2-5 所示，凸轮 1 与尖顶推杆 2 构成高副；如图 2-6 所示，齿轮 1、2 轮齿啮合处也构成高副。只约束了沿接触处公法线 n—n 方向移动的自由度，保留绕接触处的转动和沿接触处公切线 t—t 方向移动的两个自由度。

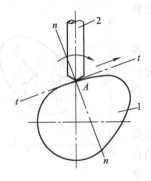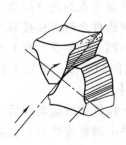

图 2-5　凸轮高副　　　　　　　　　　图 2-6　齿轮高副

由上述可知，在平面机构中，每个高副引入一个约束，机构即失去一个自由度。

低副两构件之间为面接触，只能作相对滑动，容易制造和维修，其承受载荷时接触处单位面积上的压力小，承载能力大，耐磨损，寿命长，但滑动效率较低；而高副的两构件之间则可作相对滑动或滚动，或两者并存，承受载荷时接触处单位面积上的压力大，易磨损，制造维修困难，但能传递复杂的运动。

2.2　平面机构运动简图

机构的运动与原动件运动规律、运动副类型、机构运动尺寸有关，而与实际构件的外形和结构无关。为了简化问题，可根据机构的运动尺寸，按一定的比例尺定出各运动副的相对位置，并用国标规定的简单线条和符号代表构件和运动副，绘制出表示机构运动关系的简明图形。这种表明机构各构件之间相对运动的简化图形，称为机构运动简图。若为了表明机构结构状况，不要求严格地按比例而绘制的简图，称为机构的示意图。

2.2.1　运动副和构件的表示方法

两构件组成转动副时，表示方法如图 2-7 所示。小圆圈表示转动副，其圆心表示两构件相对转动的轴线位置。构件上画斜线的表示机架。图面垂直于回转轴线时用图 2-7（a）表示；图面不垂直于回转轴线时用图 2-7（b）表示。

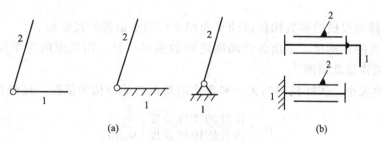

图 2-7　转动副的表示方法

两构件组成移动副时，表示方法如图 2-8 所示。其导路必须与相对移动方向一致。

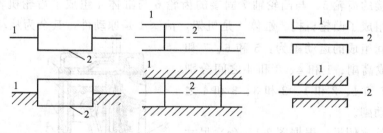

图 2-8　移动副的表示方法

两构件组成高副时，应绘出两构件接触处的曲线轮廓，表示方法如图 2-9 所示。对于凸轮、滚子，习惯上绘出全部轮廓；对于齿轮，常用点画线画出其节圆。

其他常用零部件的表示方法可参看 GB/T 4460—1984 "机构运动简图符号"。

2.2.2　构件的表示方法

构件的相对运动是由运动副决定的，所以在表示机构运动简图中的构件时，把构件上的运动副按照其相对位置先用符号表示出来，再用简单的线条连接起来。表示方法如图 2-10 所示。

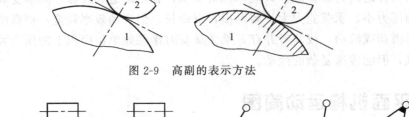

图 2-9　高副的表示方法

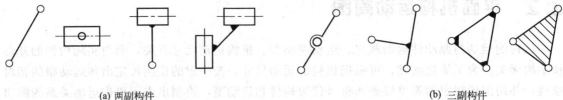

(a) 两副构件　　　　　　　　　　　　　　　　　(b) 三副构件

图 2-10　构件的表示方法

2.2.3　平面机构运动简图的绘制

① 分析机构的组成及运动情况，确定机构中的机架、原动部分、传动部分和执行部分，以确定运动副的数目。

② 按照运动传递的路线，逐一分析每两个构件间相对运动的性质，确定运动副的类型和数目。

③ 一般选择与机械的多数构件运动平面相平行的平面作为投影面。

④ 选择适当的比例尺，定出各运动副之间的相对位置，用规定的简单线条和各种运动副符号，绘制机构运动简图。

根据图纸的大小、实际机构的大小和表达清楚机构的结构为依据，选择长度比例尺

$$\mu_1 = \frac{构件的实际长度}{构件的图示长度} \left(\frac{m}{mm} \right)$$

【例 2-1】　绘制如图 2-11 所示的内燃机的机构示意图。

解　图 2-11 (a) 所示的内燃机中，活塞 1、连杆 2、曲轴 3 与缸体 4 组成了曲柄滑块机构；与曲轴固接的齿轮 5、与凸轮轴 7 固接的齿轮 6 与缸体 4 组成了齿轮机构；凸轮 7、顶杆 8 与缸体 4 组成了凸轮机构。缸体 4 是机架，活塞 1 是原动件，其余为从动件。

各构件之间组成的运动副为：5 和 6、7 和 8 之间分别构成高副；1 和 4、8 和 4 之间分别构成移动副；7 和 4、2 和 1、2 和 3、3 和 4 之间分别构成转动副。

选取一定的比例尺，根据图 2-11 (a) 尺寸定出各运动副的相对位置，用构件与运动副的符号，绘出机构运动简图如图 2-11 (b) 所示。其中，图中齿轮副用齿轮节圆表示，凸轮绘出轮廓形状。

【例 2-2】　试绘制如图 2-12 所示颚式破碎机的机构运动简图。

解　颚式破碎机的主体机构由机架 1、偏

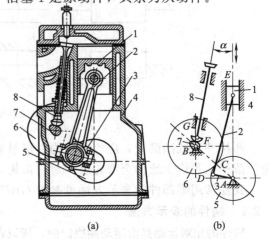

(a)　　　　　　　(b)

图 2-11　内燃机的机构示意图

心轴 2、动颚 3、肘板 4 共四个构件组成。偏心轴 2 是原动件,动颚 3 和肘板 4 都是从动件。偏心轴 2 在与它固联的带轮 5 的拖动下绕轴线 A 转动,驱使输出构件动颚 3 作平面运动,从而将矿石轧碎。

偏心轴 2 与机架 1 绕轴线 A 作相对转动,故构件 1、2 组成以 A 为中心的回转副;动颚 3 与偏心轴 2 绕轴线 B 作相对转动,故构件 2、3 组成以 B 为中心的回转副;肘板 4 与动颚 3 绕轴线 C 相对转动,故构件 3、4 组成以 C 为中心的回转副;肘板 4 与机架 1 绕轴线 D 作相对转动,故构件 4、1 组成以 D 为中心的回转副。

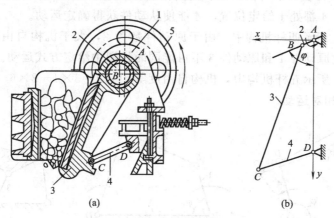

图 2-12　颚式破碎机及其机构简图

选定适当比例尺,根据图 2-12 (a) 尺寸定出 A、B、C、D 的相对位置,用构件和运动副的符号绘出机构运动简图,如图 2-12 (b) 所示。将图中的机架画上斜线,在原动件上标出指示运动方向的箭头。

2.3　平面机构的自由度及具有确定运动的条件

2.3.1　平面机构自由度的计算

如果一个平面机构中包含有 N 个构件,其中 1 个构件固定为机架,则有 $n = N - 1$ 个活动构件,若有 P_L 个低副和 P_H 个高副,则这些活动构件在未用运动副联接之前,其自由度总数为 $3n$。当用 P_L 个低副和 P_H 个高副联接成机构之后,全部运动副所引入的约束为 $2P_L + P_H$。因此活动构件的自由度总数减去运动副引入的约束总数,就是该机构的自由度数,用 F 表示,有

$$F = 3n - 2P_L - P_H \tag{2-1}$$

式 (2-1) 就是平面机构自由度的计算公式。由公式可知,机构自由度 F 取决于活动构件的数目以及运动副的性质和数目。

【例 2-3】　计算图 2-12 (b) 所示的颚式破碎机的自由度。

解　除机架外,颚式破碎机有三个活动构件,$n = 3$;四个转动副共 4 个低副,$P_L = 4$,$P_H = 0$。由式 (2-1) 得

$$F = 3n - 2P_L - P_H = 3 \times 3 - 2 \times 4 - 1 \times 0 = 1$$

该机构的自由度为 1。

2.3.2 机构具有确定运动的条件

机构的自由度也即是机构所具有的独立运动的个数。由前所述可知，从动件是不能独立运动的，只有原动件才能独立运动。通常每个原动件只具有一个独立运动，因此，机构自由度必定与原动件的数目相等。

如图 2-13（a）所示的五杆机构中，若只取构件 1 为原动件，则机构自由度 $F=3\times4-2\times5-0=2$。由于原动件数小于 F，显然，当只给定原动件 1 的位置角 φ_1 时，从动件 2、3、4 的位置既可为实线位置，也可为虚线所处的位置，因此其运动是不确定的。只有给出两个原动件，使构件 1、4 都处于给定位置，才能使从动件获得确定运动。

如图 2-13（b）所示四杆机构中，由于原动件数为 2，大于机构自由度数（$F=3\times3-2\times4-0=1$），因此原动件 1 和原动件 3 不可能同时按图中给定方式运动。

如图 2-13（c）所示五杆机构中，机构自由度等于 0（$F=3\times4-2\times6-0=0$），它的各杆件之间不可能产生相对运动。

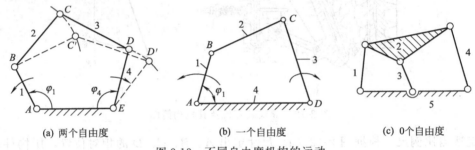

(a) 两个自由度   (b) 一个自由度   (c) 0个自由度

图 2-13 不同自由度机构的运动

综上所述，机构具有确定运动的条件是机构自由度必须大于零，且原动件数与其自由度必须相等。

2.3.3 计算平面机构自由度时几种特殊结构的处理

1. 复合铰链

两个以上构件组成两个或多个共轴线的转动副，即为复合铰链，如图 2-14（a）所示为三个构件在 A 处构成复合铰链。由其侧视图 2-14（b）可知，此三构件共组成两个共轴线转动副。当由 K 个构件组成复合铰链时，则应当组成 $(K-1)$ 个共轴线转动副。

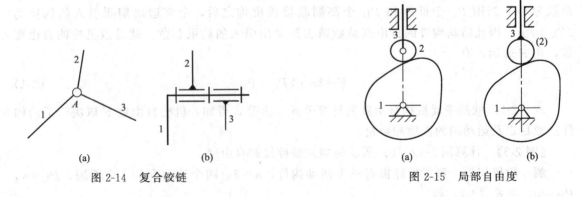

(a)   (b)   (a)   (b)

图 2-14 复合铰链   图 2-15 局部自由度

2. 局部自由度

机构中常出现一种与整个构件运动无关的自由度，称为局部自由度或多余自由度。在计算机构自由度时，可预先排除。如图 2-15（a）所示的平面凸轮机构中，为了减少高副接触处的磨损，在从动件上安装一个滚子 3，使其与凸轮轮廓线滚动接触。显然，滚子绕其自身轴线转动与否并不影响凸轮与从动件间的相对运动，因此，滚子绕其自身轴线的转动为机构的局部自由度，在计算机构的自由度时，设想将滚子 3 与从动件 2 固联在一起作为一个构件来考虑，如图 2-15（b）所示。这样在机构中，$n=2$，$P_L=2$，$P_H=1$，其自由度为 $F=3n-2P_L-P_H=3\times2-2\times2-1=1$。即此凸轮机构中只有 1 个自由度。采用滚子结构，能改善高副间的摩擦。

3. 虚约束

在运动副引入的约束中，有些约束对机构自由度的影响是重复的。这些对机构运动不起限制作用的重复约束，称为虚约束，在计算机构自由度时，应当除去不计。

平面机构中的虚约束常出现在下列场合。

① 两个构件之间组成多个导路平行的移动副时，只有一个移动副起作用，其余都是虚约束。如图 2-16 所示，缝纫机引线机构中，挑线轮 1 转动，使小连杆 2 作平面运动，带动装针杆 3 上下运动，装针杆 3 在 A、B 处分别与机架组成导路重合的移动副。计算机构自由度时只能算一个移动副，另一个为虚约束。

② 两个构件之间组成多个轴线重合的回转副时，只有一个回转副起作用，其余都是虚约束。如图 2-17 所示，两个轴承 A、A′ 支承一根轴，只能看作一个回转副。

③ 机构中对传递运动不起独立作用的对称部分，也为虚约束。如图 2-18 所示的轮系中，中心轮 1 经三个对称布置的小齿轮 2、2′ 和 2″ 驱动内齿轮 3，其中两个小齿轮对传递运动不起独立作用，使机构增加了 2 个虚约束。

应当注意，对于虚约束，从机构的运动观点来看是多余的，但从增强构件刚度，改善机构受力状况等方面来看，都是必需的。

综上所述，在计算平面机构自由度时，必须考虑是否存在复合铰链，并应将局部自由度和虚约束除去不计，才能得到正确的结果。

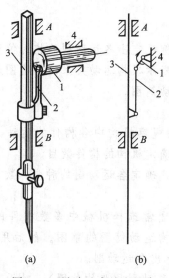

(a)　　　　(b)

图 2-16 导路重合的虚约束

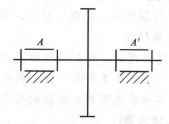

图 2-17 轴线重合的虚约束

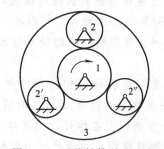

图 2-18 对称结构的虚约束

【例 2-4】 试计算图 2-19 所示的大筛机构的自由度，并判断它是否有确定的运动。

解 机构中的滚子有 1 个局部自由度。在 E 和 E′ 组成两个导路平行的移动副，其中之一为虚约束。C 处是复合铰链。将滚子与顶杆焊成一体，去掉移动副 E'，并在 C 点去掉 1 个回转副。由此得，$n=7$，$P_L=9$，$P_H=1$。其自由度为

$$F=3n-2P_L-P_H=3\times7-2\times9-1=2$$

因为机构有两个原动件，其自由度等于 2，所以具有确定的运动。

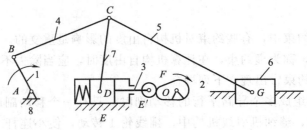

图 2-19　大筛机构

实训　平面机构运动简图的分析与测绘

1．实训目的

（1）学会根据实际机械测绘机构运动简图的基本原则和方法。

（2）巩固机构自由度的计算，验证机构具有确定运动的条件。

（3）培养机构运动及结构原理分析能力。

2．实训设备和工具

（1）机械实物或机构模型；

（2）钢直尺、卷尺、内外卡钳；

（3）绘图仪器、铅笔、橡皮、稿纸（自备）。

3．实训原理

为了简化问题，根据机构的运动尺寸，按一定的比例尺定出各运动副的相对位置，并用国标规定的简单线条和符号代表构件和运动副，绘制出表示机构运动关系的简明图形。这种表明机构各构件之间相对运动的简化图形，称为机构运动简图。

4．实训步骤

（1）缓慢运动被测机构或模型，从原动件开始仔细观察机构中各构件的运动，分清运动单元，分析确定原动件、传动构件、从动件及机架，确定机构的构件数目。

（2）根据联接构件间的接触情况及相对运动的性质，确定各运动副的种类、数目和相对位置。

（3）选取能表现机构特征的平面作为视图平面（通常选择机械中多数构件的运动平面）。徒手按规定的符号及构件的联接顺序依次画出机构运动简图的草图。然后用数字 1、2、3……分别标出各构件，用字母 A、B、C……分别标出各运动副。

（4）测量机构各运动尺寸（如转动副间的中心距、移动副导路的位置），对于高副则应测出高副的轮廓曲线及其位置，原动件要画上表示运动方向的箭头，然后按适当的比例作出机构运动简图。

（5）计算机构自由度，并与实际机构对照，观察原动件数与自由度是否相符。

5. **思考题**

（1）机构运动简图包括哪些内容？

（2）如任选机构其中一构件为原动件，对机构运动简图是否有影响？为什么？

（3）若自由度大于或小于原动件的数目时，会产生什么结果？

6. **编写实训报告**

平面机构运动简图的测绘和分析实训报告

实训地点			实训时间				组　别	
班　级				姓　名			学　号	
实训数据和结果	名称		机构 1			机构 2		
	实测尺寸		(1) (2) (3)			(1) (2) (3)		
	自由度计算		$n=$　　$P_L=$　　$P_H=$ $F=$			$n=$　　$P_L=$　　$P_H=$ $F=$		
	机构运动简图							
实训分析结论								
评　语								
成绩			指导教师			评阅时间		

思考与练习题

2-1　根据构件在传递运动中的作用，机构中的构件可分为几类？

2-2　绘制机构运动简图的意义是什么？如何绘制机构运动简图？

2-3　机构具有确定运动的条件是什么？机构自由度与原动件数目有什么关系？

2-4 为什么机械中常出现局部自由度和虚约束？

2-5 绘出图 2-20 中各机构的运动简图。

2-6 指出图 2-21 中运动机构的复合铰链、局部自由度和虚约束，计算这些机构自由度，并判断它们是否具有确定的运动（其中箭头所示的为原动件）。

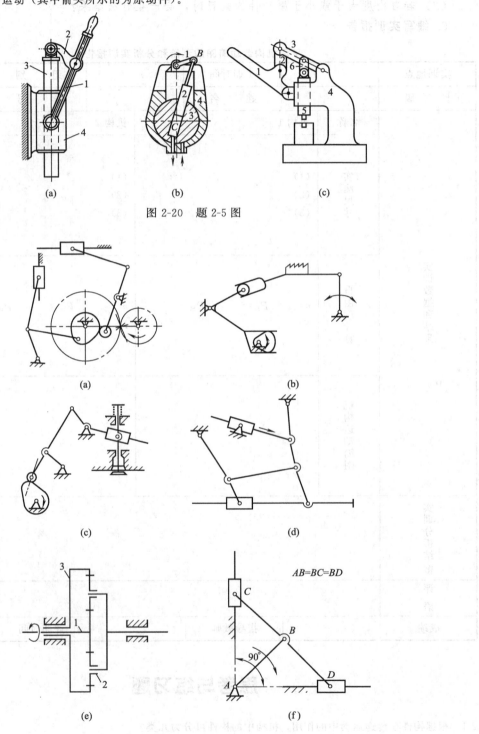

图 2-20 题 2-5 图

图 2-21 题 2-6 图

第 3 章　平面连杆机构

> 本章主要介绍了机械中最常见的平面四杆机构的类型、运动特性，简单分析其演化形式，讨论平面四杆机构基本设计方法及在实际生产的应用。

平面连杆机构是将各构件用转动副或移动副联接而成的平面机构。平面连杆机构能实现较为复杂的平面运动，应用非常广泛。平面连杆机构的构件形状较多，但大部分呈杆状，故习惯上称其为杆，最简单的平面连杆机构是由四个构件组成的，简称平面四杆机构，应用非常广泛，而且是组成多杆机构的基础。

3.1　铰链四杆机构的基本形式及应用

全部用转动副组成的平面四杆机构称为铰链四杆机构，如图 3-1 所示。机构的固定件 4 称为机架；与机架用回转副相联接的杆 1 和杆 3 称为连架杆；不与机架直接联接的杆 2 称为连杆。能作整周转动的连架杆，称为曲柄。仅能在某一角度摆动的连架杆，称为摇杆。对于铰链四杆机构来说，机架和连杆总是存在的，因此可按照连架杆是曲柄还是摇杆，将铰链四杆机构分为三种基本形式：曲柄摇杆机构、双曲柄机构和双摇杆机构。

3.1.1　曲柄摇杆机构

在铰链四杆机构中，若两个连架杆中，一个为曲柄，另一个为摇杆，则此铰链四杆机构称为曲柄摇杆机构。

曲柄摇杆机构在生产中应用很广泛。图 3-2 所示为调整雷达天线俯仰角的曲柄摇杆机构。主动件曲柄 1 缓慢地匀速转动，通过连杆 2 使从动件摇杆 3 在一定的角度范围内摇动，从而调整天线俯仰角的大小。

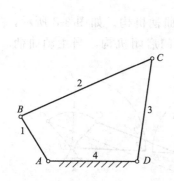

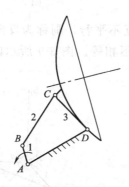

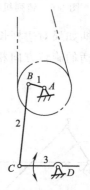

图 3-1　铰链四杆机构　　图 3-2　雷达天线俯仰角调整机构　　图 3-3　缝纫机踏板机构运动简图

图 3-3 所示为缝纫机的踏板机构运动简图。摇杆 3（主动件）往复摆动，通过连杆 2 驱

动曲柄1（从动件）作整周转动，再经过带传动使机头主轴转动。

由此可见，曲柄摇杆机构能将主动件的整周回转运动转换成从动件的往复摆动，也可将主动件的摇摆运动转换为从动件的整周回转运动。

3.1.2　双曲柄机构

两连架杆均为曲柄的铰链四杆机构称为双曲柄机构。

在双曲柄机构中，通常主动曲柄作等速转动，从动曲柄作变速转动。如图 3-4 所示的惯性筛，当主动件曲柄 AB 作等速转动，通过连杆 BC 带动从动件曲柄 CD 作周期性的变速运动，再通过 E 点连接筛子作往复运动。

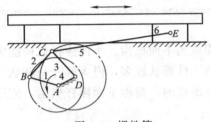

图 3-4　惯性筛

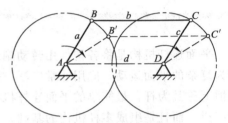

图 3-5　平行四边形机构

在双曲柄机构中，应用最多的是平行双曲柄机构，或称平行四边形机构，如图 3-5 所示。它的连杆与机架的长度相等，且两曲柄的转向相同、长度也相等。由于这种机构两曲柄的角速度始终保持相等，且连杆始终作平动，故应用较广。必须指出，这种机构当主动曲柄 AB 转动一周，从动曲柄 CD 将会出现两次与连杆 BC 共线位置，会造成从动曲柄运动的不确定现象，即 CD 可能顺时针转动，也可能逆时针转动而变成反向双曲柄机构。为了避免这一现象的发生，除可利用从动件本身或安装飞轮惯性导向外，还可利用错列机构（见图 3-6）或辅助机构等措施来解决。如图 3-7 所示机车驱动轮联动机构，就是增设第三个平行曲柄（辅助曲柄）来消除平行四边形机构在这个位置运动时的不确定状态。

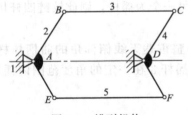

图 3-6　错列机构

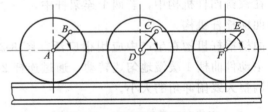

图 3-7　机车驱动轮联动机构

双曲柄如果对边杆长度都相等，但互不平行，则称为反向双曲柄机构。如图 3-8 所示，反向双曲柄的旋转方向相反，且角速度不相等。图 3-9 所示的车门启闭机构，当主动曲柄

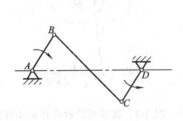

图 3-8　反向双曲柄机构

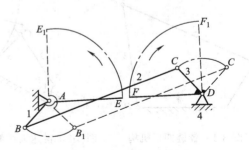

图 3-9　车门启闭机构

AB 转动时，通过连杆 BC 使从动曲柄 CD 朝反向转动，从而保证两扇车门能同时开启和关闭到预定的各自工作位置。

3.1.3 双摇杆机构

两连架杆均为摇杆的铰链四杆机构称为双摇杆机构。

图 3-10 所示为起重机机构，当摇杆 CD 摆动时，连杆 BC 上悬挂重物的 M 点作近似的水平直线移动，从而避免了重物平移时因不必要的升降而发生事故和损耗能量。

两摇杆长度相等的双摇杆机构，称为等腰梯形机构。如图 3-11 所示，轮式车辆的前轮转向机构就是等腰梯形机构的应用实例。车子转弯时，与前轮轴固联的两个摇杆的摆角不等，车轮都能在地面上纯滚动，避免轮胎因滑动而损伤。等腰梯形机构近似地满足这一要求。

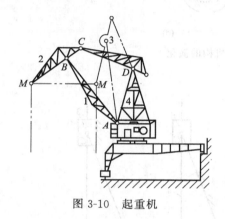

图 3-10　起重机

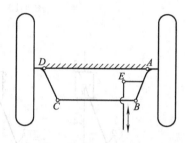

图 3-11　车辆前轮转向机构

3.2　铰链四杆机构的演化及应用

在生产实际应用的机械中，平面四杆机构的形式多种多样。尽管在外形结构上有较大的差异，但是它们与铰链四杆机构有一定的内在联系或具有相同的运动特性，可以认为是通过改变某些构件的形状、相对长度，或选择不同构件作为机架等方法，在铰链四杆机构的基础上发展和演化而成。

1. 曲柄滑块机构

如图 3-12 （a）所示的曲柄摇杆机构中，杆 1 为曲柄，杆 3 为摇杆。如果在机架上按 C 点的近似轨迹做成一弧形槽，槽的曲率半径等于摇杆 3 的长度，把摇杆 3 改成与弧形槽相配的弧形块，如图 3-12 （b）所示。此时虽然转动副改成了移动副，但机构的运动特性并没有改变。若将弧形槽的半径增至无穷大，则转动副 D 的中心移至无穷远处，弧形槽变为直槽，转动副 D 则转化为移动副，构件 3 由摇杆变成了滑块，于是曲柄摇杆机构就演化为曲柄滑块机构，如图 3-12 （c）所示。图中 e 为曲柄中心 A 至滑块中心 C 的轨迹的垂直距离称为偏距。$e \neq 0$ 的曲柄滑块机构，称为偏置曲柄滑块机构；$e = 0$ 则称为对心曲柄滑块机构，如图 3-12 （d）所示。

曲柄滑块机构广泛应用于内燃机、空压机及冲床设备中。

2. 导杆机构

导杆机构可以看作是在曲柄滑块机构中选取不同构件为机架演化而成。

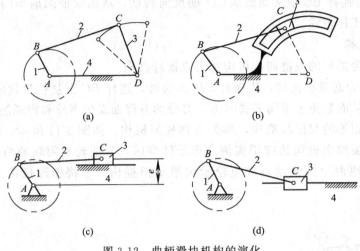

图 3-12　曲柄滑块机构的演化

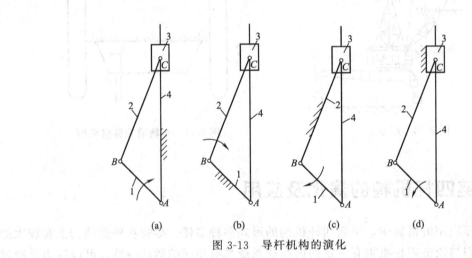

图 3-13　导杆机构的演化

图 3-13（a）所示为曲柄滑块机构。如将其中的构件 1 作为机架，构件 2 作为主动件，则构件 2 和构件 4 将分别绕铰链 B 和 A 作转动，滑块 3 相对构件 4 滑动且一起绕 A 点转动，如图 3-13（b）的导杆机构。构件 4 称为导杆。若 AB<BC，则杆 2 和杆 4 均可作整周回转，故称为转动导杆机构。若 AB>BC，则构件 4 只能作往复摆动，故称为摆动导杆机构。如图 3-14 为牛头刨床应用的摆动导杆机构。

3. 摇块机构

在图 3-13（a）所示的曲柄滑块机构中，如选取构件 2 作为机架，则得摆动滑块机构或称摇块机构，如图 3-13（c）所示。滑块 3 只能绕 C 点摆动，称为摇块。这种机构广泛应用于摆动式内燃机和液压驱动装置内。如图 3-15 所示自卸卡车翻斗机构。

4. 定块机构

在图 3-13（a）所示的曲柄滑块机构中，如选取构件 3 作为机架，则得固定滑块机构或称定块机构，如图 3-13（d）所示。构件 4 在滑块中作往复运动。这种机构常用于如图 3-16 所示抽水唧筒机构。

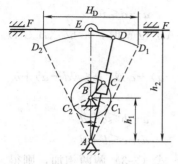

图 3-14 牛头刨床的摆动导杆机构

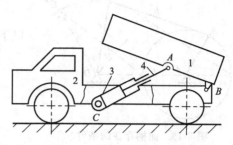

图 3-15 自卸卡车翻斗机构

5. 偏心轮机构

图 3-17 （a）所示为偏心轮机构。偏心轮 1 的几何中心为 B，运动时绕偏心回转中心 A 作圆周转动，带动套装在偏心轮上的连杆 2 运动，使滑块 3 在机架 4 滑槽内往复运动。按照相对运动关系，可画出该机构的运动简图，如图 3-17 （b）所示。由图可知，偏心轮是回转副 B 扩大到包括回转副 A 而形成的。A、B 之间的距离称为偏心距 e，相当于曲柄的长度。滑块 3 的行程 C_1C_2 为 $2e$。

当曲柄长度很小时，通常都把曲柄做成偏心轮，提高机构的强度和刚度。因此，偏心轮广泛应用于较大冲击载荷或曲柄长度较短的剪床、冲床、颚式破碎机、内燃机等机械设备中。

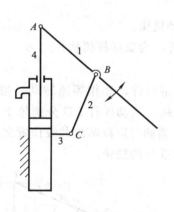

图 3-16 抽水唧筒机构

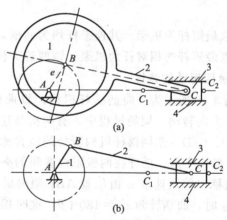

图 3-17 偏心轮机构

3.3 平面四杆机构的基本特性

3.3.1 铰链四杆机构的曲柄存在条件

平面铰链四杆机构的三种基本形式，其区别在于是否有曲柄存在。机构中是否存在曲柄，取决于机构各杆的相对长度和机架的选择。

如图 3-18 所示的机构中，AB 杆为曲柄，CD 杆为摇杆。各杆长度以 a、b、c、d 表示。当曲柄 AB 整周回转时，必与连杆 BC 有两次共线的位置 AB' 和 AB''。摇杆 CD 对应位置分别为 $C'D$ 和 $C''D$。

当曲柄处于 AB' 的位置时，形成 △$B'C'D$。根据三角形两边之和必大于（极限情况下等

于）第三边的定律，各构件的长度关系应满足

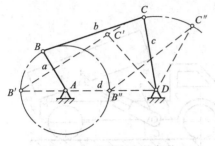

图 3-18　曲柄存在的条件

$$a+d \leqslant b+c \tag{3-1}$$

当曲柄处于 AB'' 位置时，形成 $\triangle B''C''D$。可写出以下关系式

$$b \leqslant (d-a)+c \quad 或 \quad c \leqslant (d-a)+b$$

即

$$a+b \leqslant c+d \tag{3-2}$$

$$a+c \leqslant b+d \tag{3-3}$$

将式 (3-1)～式 (3-3) 两两相加，则得

$$a \leqslant b；\ a \leqslant c；\ a \leqslant d$$

上述关系说明铰链四杆机构曲柄存在的必要条件：

(1) 连架杆和机架中必有一个是最短杆；

(2) 最短杆与最长杆长度之和小于或等于其余两杆长度之和。

上述两个条件必须同时满足，否则机构中无曲柄存在。因此，可作如下推论。

(1) 如果铰链四杆机构中的最短杆与最长杆长度之和大于其余两杆长度之和，则该机构中不可能存在曲柄，只能得到双摇杆机构。

(2) 如果最短杆和最长杆长度之和小于或等于其余两杆长度之和，则有：

① 取最短杆相邻的杆为机架时，最短杆为曲柄，而另一连架杆为摇杆，为曲柄摇杆机构；

② 取最短杆为机架，其连架杆均为曲柄，为双曲柄机构；

③ 取最短杆的相对杆为机架，则两连架杆均为摇杆，为双摇杆机构。

3.3.2　急回运动的特性

如图 3-19 所示为一曲柄摇杆机构，设曲柄 AB 为主动件，并作等速转动。当曲柄 AB 沿顺时针方向转动一周的过程中，有两次与连杆 BC 共线。从动摇杆 CD 分别位于两个极限位置 C_1D、C_2D。曲柄摇杆机构所处的位置称为极位。曲柄与连杆两次共线位置之间所加锐角 θ 称为极位夹角。摇杆在两极限位置间的夹角 ψ 称为摇杆的摆角。

当曲柄以等角速度 ω 由位置 AB_1 顺时针转到位置 AB_2 时，曲柄转角 $\varphi_1=180+\theta$，这时摇杆由极限位置 C_1D 摆到极限位置 C_2D，摇杆摆角为 ψ；而当曲柄顺时针再转过角度 $\varphi_2=180-\theta$ 时，摇杆由位置 C_2D 摆回到位置 C_1D，其摆角仍然是 ψ。由于摇杆来回摆动的摆角 ψ 相同，但对应的曲柄转角却不等（$\varphi_1 > \varphi_2$）；当曲柄匀速转动时，对应的时间也不等（$t_1 > t_2$）。设摇杆自 C_1D 摆至 C_2D 为工作行程，C 点的平均速度是 v_1；摆杆自 C_2D 摆

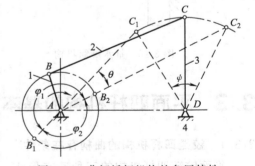

图 3-19　曲柄摇杆机构的急回特性

回至 C_1D 为空回行程，C 点的平均速度是 v_2，显然 $v_1 < v_2$，这反映了摇杆往复摆动的快慢不同，表明曲柄 AB 作等速转动，摇杆 CD 空回行程的平均速度大于工作行程的平均速度，这种性质称为机构的急回运动的特性。急回运动的特性有利于提高某些机械的工作效率，缩短非生产时间，如牛头刨床、往复式运输机、插床和惯性筛等。

为了表明急回运动特性的相对程度，通常用行程速比系数 K 表示，即

$$K = \frac{v_2}{v_1} = \frac{\overline{C_1 C_2}/t_2}{\overline{C_1 C_2}/t_1} = \frac{t_1}{t_2} = \frac{\varphi_1}{\varphi_2} = \frac{180° + \theta}{180° - \theta} \tag{3-4}$$

式中　θ——极位夹角。

上式表明 K 与极位夹角 θ 有关，当 $\theta = 0$ 时，$K = 1$，表明该机构无急回运动特性；当 $\theta > 0$ 时，$K > 1$，表明该机构有急回运动特性。由式（3-4）可得

$$\theta = 180° \times \frac{K-1}{K+1} \tag{3-5}$$

图 3-20 所示偏置曲柄滑块机构，偏距为 e。当 $e = 0$ 时，$\theta = 0$，则 $K = 1$，机构无急回运动特性；当 $e \neq 0$ 时，$\theta \neq 0$，则 $K > 1$，机构有急回运动特性。

图 3-21 所示导杆机构，$\theta = \psi$，$K > 1$，机构有急回运动特性。

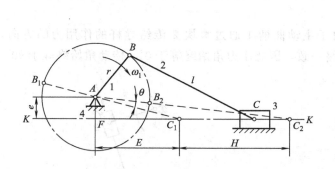

图 3-20　偏置曲柄滑块机构

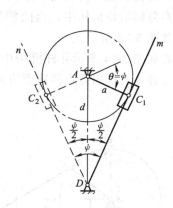

图 3-21　导杆机构

由以上分析可知：极位夹角 θ 越大，K 值越大，急回运动特性也越显著，但机构运动的平稳性也越差。因此在设计时，应根据其工作要求，恰当地选择 K 值，在一般机械中 $1 < K < 2$。

3.3.3　压力角和传动角

在生产实际中，往往要求连杆机构不仅能实现预期的运动规律，而且要求运转轻便、效率高，具有良好的传力性能。

图 3-22 所示的曲柄摇杆机构，如不计各杆质量和运动副中的摩擦，则连杆 BC 为二力杆，它作用于从动摇杆上的力 F 是沿 BC 方向，可分解成两个分力 F_t 和 F_n。F_t 可使从动件产生回转力矩，应为有效分力；F_n 产生径向压力，不仅无助于从动件的转动，反而增加了从动件转动时的摩擦阻力矩，则为无效分力。由图可知

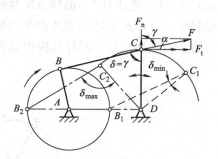

图 3-22　压力角与传动角

$$F_t = F\cos\alpha = F\sin\gamma$$

$$F_n = F\sin\alpha = F\cos\gamma$$

式中，力 F 与该力作用点绝对速度 v_c 之间所夹的锐角 α 称为压力角。

显然 F_t 越大越好，希望 F_n 越小越好。由此可知，压力角 α 越小，机构的传力性能越好，理想情况是 $\alpha = 0$，所以压力角是反映机构传力效果好坏的一个重要参数。一般设计机

构时都必须注意控制最大压力角不超过许用值。

在实际应用中，为度量方便起见，常用压力角的余角 γ 来衡量机构传力性能的好坏，γ 称为传动角，如图 3-22 所示。显然 γ 值越大越好，理想情况是 $\gamma = 90°$。

由于机构在运动中，压力角和传动角的大小随机构的不同位置而变化。γ 角越大，则 α 越小，机构的传动性能越好，反之，传动性能越差。

为了保证机构的正常传动，通常应使传动角的最小值 γ_{min} 大于或等于其许用值 $[\gamma]$。一般机械中，推荐 $[\gamma] = 40° \sim 50°$。对于传动功率大的机构，如冲床、颚式破碎机中的主要执行机构，为使工作时得到更大的功率，可取 $\gamma_{min} = [\gamma] \geqslant 50°$。对于一些非传动机构，如控制、仪表等机构，也可取 $[\gamma] < 40°$，但不能过小。可以证明，在曲柄摇杆机构运动过程中，γ_{min} 可能出现在曲柄与机架共线的两个位置，一般通过计算或作图量取，两者中较小的一个即为该机构的最小传动角 γ_{min}。

在曲柄滑块机构中，当曲柄为主动件时，最小传动角 γ_{min} 出现在曲柄与机架垂直的位置，如图 3-23 所示。

在如图 3-24 所示导杆机构中，由于主动曲柄 1 通过滑块 2 传给导杆的作用力的方向，总与导杆 3 上作用力点的速度方向始终一致，因此压力角始终等于 0°，传动角始终等于 90°。

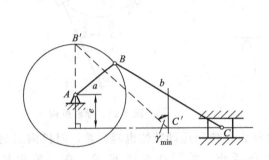

图 3-23　曲柄滑块机构的最小传动角

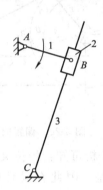

图 3-24　导杆机构

3.3.4　死点位置

对于图 3-25 所示的曲柄摇杆机构，如以摇杆 CD 为原动件，当摇杆摆到极限位置 C_1D 和 C_2D 时，连杆 BC 与曲柄 AB 共线，若不计各杆的质量，则这时连杆加给曲柄的力将通过铰链中心 A，此力对 A 点不产生力矩，因此不能使曲柄 AB 转动。机构的这种位置称为死点位置。由上述可见，四杆机构中是否存在死点位置，决定于从动件是否与连杆共线。

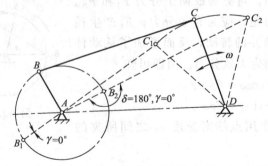

图 3-25　死点的位置

机构出现死点位置会使机构的从动件出现卡死或运动不确定的现象。出现死点对传动机构来说是一种缺陷，在机械中可以利用回转机构的惯性或添加辅助机构来克服。如图 3-3 所示家用缝纫机的脚踏机构，就是利用皮带轮的惯性作用使机构能通过死点位置；图 3-26 所示的蒸汽机车车轮联动机构，采用机构错位排列的办法，将两组曲柄滑块机构的曲柄位置相互错开 90°，当一组机构处于死点位置时，可借助另一组机构越过死点。

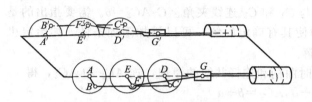

图 3-26　两组车轮错列机构

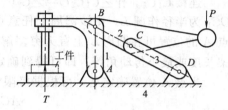

图 3-27　工件夹紧机构

但在工程实践中，有时也常常利用机构的死点位置来实现一定的工作要求，如图 3-27 所示的工件夹紧装置，当工件需要被夹紧时，就是利用连杆 BC 与摇杆 CD 形成的死点位置，当撤去主动外力 P 后，在工作反力的作用下，机构也不会反转，使工件被可靠地夹紧。

3.4　平面四杆机构的设计

平面四杆机构的设计是指根据工作要求选定机构的形式，并按照给定的运动要求确定机构的几何尺寸。设计方法有作图法、解析法和实验法。解析法比较精确，但设计计算繁杂；作图法比较直观、清晰，简单易行，但精确度稍差；实验法也类似作图法，但工作繁琐，常需试凑。一般作图法、实验法的精度即可满足工程需要。本节主要介绍作图法。

3.4.1　按照给定连杆的位置设计平面四杆机构

已知连杆的长度 b 和它的三个位置 B_1C_1、B_2C_2、B_3C_3，如图 3-28 所示，试设计该铰链四杆机构。

分析　问题的关键是确定两连架杆与机架组成转动副的中心 A、D。

由于连架杆 1 和 3 分别绕两个固定铰链 A 和 D 转动，所以连杆上点 B 的三个位置 B_1、B_2、B_3 应位于同一圆周上，其圆心即位于连架杆 1 的固定铰链 A 的位置。因此，分别连接 B_1、B_2 及 B_2、B_3，并作两连线各自的中垂线，其交点即为固定铰链 A。同理，可求得连架杆 3 的固定铰链 D。连线 AD 即为机架的长度。这样，构件 1、

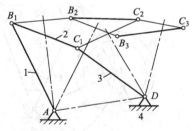

图 3-28　按给定连杆位置设计
平面四杆机构

2、3、4 即组成所求的铰链四杆机构。因此，本设计的实质是在已知圆弧上三点求圆心。

如果只给定连杆的两个位置，则 A、D 点可分别在 B_1B_2 和 C_1C_2 各自的中垂线上任意选择，因此，有无穷多解。在设计中可根据具体情况添加辅助条件，例如给定最小传动角或提出其他结构上的要求等，就可以得到一个确定的解。

3.4.2　按照给定的行程速比系数 K 设计四杆机构

1. 已知行程速比系数 K、摇杆 3 的长度 c 及其摆角 ψ，设计曲柄摇杆机构

分析　问题的关键是确定曲柄与机架组成转动副中心 A 的位置。

首先，按照式（3-5）算出极位夹角 θ。

$$\theta = 180°\frac{K-1}{K+1}$$

然后，任选一点 D，由摇杆长度 c 及摆角 ψ 作摇杆 3 的两个极限位置 C_1D 和 C_2D，如图 3-29 所示。

连接 C_1C_2，作 $\angle C_1C_2O = \angle C_2C_1O = \angle 90°-\theta$，得 C_1O 与 C_2O 的交点 O。以 O 为圆心、OC_1 为半径作圆 L，则该圆周上任意点 A 与 C_1 和 C_2 连线夹角 $\angle C_1AC_2 = \theta$。需要指出的是点 A 的位置可在圆周 L 上有无穷多解。如使其有确定的解，可以添加附加条件，如给定机架长度或最小传动角等，即可得到确定的解。

当点 A 位置确定后，可根据极限位置时曲柄和连杆共线的原理，连 AC_1 和 AC_2，得

$$AC_1 = b-a, AC_2 = b+a$$

式中，a 和 b 分别为曲柄和连杆的长度。

所以

$$a = (AC_2 - AC_1)/2$$
$$b = a + AC_1 = AC_2 - a$$

连线 AD 的长度即为机架的长度 d。

2. 已知行程速比系数 K 和滑块的行程 s，设计曲柄滑块机构

分析 问题的关键是转动副中心 A 的位置。

首先，按式（3-5）算出极位角 θ。

$$\theta = 180°\frac{K-1}{K+1}$$

然后，作 C_1C_2 等于滑块的行程 s（见图 3-30）。从 C_1、C_2 两点分别作 $\angle C_1C_2O = \angle C_2C_1O = \angle 90°-\theta$，得 C_1O 与 C_2O 的交点 O。这样，得 $\angle C_1OC_2 = 2\theta$。再以 O 为圆心、OC_1 为半径作圆 L。如给出偏距 e 的值，则解就可以确定。如前所述，点 A 的范围也有所限制。

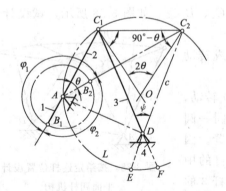
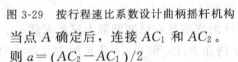
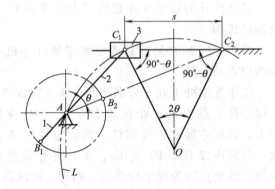

图 3-29　按行程速比系数设计曲柄摇杆机构　　图 3-30　按行程速比系数设计曲柄滑块机构

当点 A 确定后，连接 AC_1 和 AC_2。

则 $a = (AC_2 - AC_1)/2$

以 A 为圆心，a 为半径作圆，该圆即为曲柄 AB 上点 B 的轨迹。

思考与练习题

3-1　平面四杆机构的基本类型有哪些？说明各自的运动特点。

3-2　什么是机构的急回运动特性？试举例说明急回运动特性在实际生产中的意义。

3-3　以曲柄滑块机构为例，说明什么是机构的死点位置？举例说明克服和利用死点位置的方法。

3-4　铰链四杆机构的各杆长度如图 3-31 所示。当分别固定构件 1、2、3、4 为机架时，它们各属于哪一类机构？

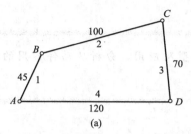 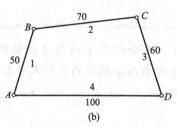

图 3-31　题 3-4 图

3-5　设计一曲柄摇杆机构。已知摇杆长度 $l_3=100\text{mm}$，摆角 $\psi=30°$，行程速比系数 $K=1.2$，如果最小传动角 $\gamma_{\min}=45°$，试确定其余三构件的长度。

3-6　如图 3-32 所示曲柄滑块机构中，已知曲柄长度 $a=20\text{mm}$，连杆长度 $b=60\text{mm}$，偏距 $e=10\text{mm}$。试用图解法求：

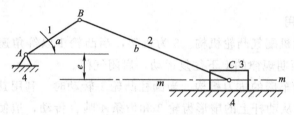

图 3-32　题 3-6 图

（1）滑块的行程 s。

（2）行程速比系数 K。

（3）滑块为主动件机构的死点位置。

（4）检验最小传动角 $\gamma_{\min}$。

3-7　某加热炉炉门的启闭机构为铰链四杆机构。已知炉门上两活动铰链的中心距 $BC=50\text{mm}$，炉门打开后成水平位置时，要求炉门温度较低的一面朝上（如虚线所示），设固定铰链 A、D 安装在 $y—y$ 轴线上，其相互位置尺寸如图 3-33 所示。试确定此四杆机构的长度。

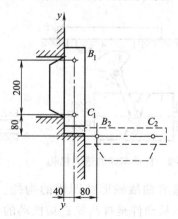

图 3-33　题 3-7 图

第4章 凸轮机构

本章主要介绍了平面凸轮机构的组成、类型及应用，分析从动件常用的运动规律，重点讨论凸轮机构的设计及参数的确定。

凸轮机构是一种常用机构。它能使主动件的简单运动转换为从动件的复杂运动，因此在自动机械、半自动机械中得到广泛应用。

4.1 凸轮机构的应用、特点与分类

4.1.1 凸轮机构的应用

图 4-1 所示为内燃机配气凸轮机构。3 为机架，当凸轮 1 以等角速度回转时，其轮廓推动从动件气阀杆 2 作预期规律的上下往复运动，启闭气门。

图 4-2 所示为自动车床的进刀机构。当圆柱凸轮 1 转动时，利用其曲线凹槽带动从动杆 2 作往复摆动，再通过从动杆上的扇形齿轮 3 和齿条 4 啮合传动，迫使刀架 5 按一定规律运动，完成进刀或退刀。

图 4-3 所示为应用于冲床上的凸轮机构示意图。3 为机架，凸轮 1 作往复运动时，驱使从动件 2 以一定的规律作上下往复运动，从而完成送料的工作。

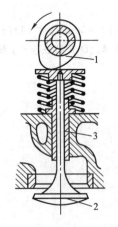
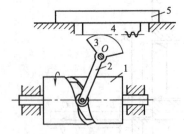
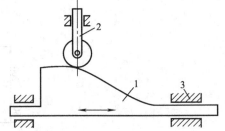

图 4-1　内燃机配气机构　　图 4-2　自动车床的进刀机构　　图 4-3　送料机构

由以上可知，凸轮是一个具有曲线轮廓或凹槽的构件。凸轮通常为主动件并作等速转动，也有作往复摆动或移动的。从动件是被凸轮直接推动的构件，借助凸轮的曲线轮廓（或凹槽），作预期的运动。凸轮机构就是由凸轮、从动件和机架三个基本构件所组成的高副机构。

　　凸轮机构的优点是只需设计适当的凸轮轮廓，便可使从动件得到所需的运动规律，并且结构简单、紧凑、设计方便。它的缺点是凸轮轮廓与从动件之间为点接触或线接触，易于磨损，所以，通常多用于传力不大的控制机构。

4.1.2　凸轮机构的分类

　　凸轮机构类型很多，常用的以下方法分类。

　　1. 按凸轮的形状分类

　　（1）盘形凸轮　　它是凸轮的最基本形式。凸轮是一个绕固定轴转动并且具有变化半径的盘形零件。如图 4-1 所示。

　　（2）圆柱凸轮　　圆柱体表面上具有曲线凹槽或端上具有曲线轮廓，是一种空间凸轮机构。如图 4-2 所示。

　　（3）移动凸轮　　当盘形凸轮的回转中心趋于无穷远时，凸轮相对机架作直线运动，这种凸轮称为移动凸轮，如图 4-3 所示。

　　2. 按从动件的形状分类

　　（1）尖顶从动件　　如图 4-4（a）所示，这种从动件结构最简单，尖顶能与任意复杂的凸轮轮廓保持接触，以实现从动件的任意运动规律。但因尖顶易磨损，仅适用于作用力很小的低速凸轮机构。

　　（2）滚子从动件　　如图 4-4（b）所示，从动件的一端装有可自由转动的滚子，滚子与凸轮之间为滚动摩擦，磨损小，可以承受较大的载荷，因此是应用最常用的从动件。

　　（3）平底从动件　　如图 4-4（c）所示，从动件的端部为一平面，直接与凸轮轮廓相接触。若不考虑摩擦，凸轮对从动件的作用力始终垂直于端平面，传动效率高，且接触面间容易形成油膜，利于润滑，故常用于高速重载的凸轮机构。它的缺点是不能用于凸轮轮廓有凹曲线的凸轮机构中。

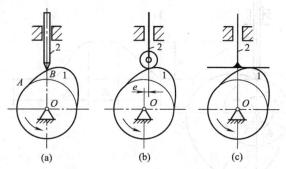

图 4-4　按从动件的形状分类

　　3. 按从动件的运动形式分类

　　（1）移动从动件（推杆）　　如图 4-3 所示，从动件相对机架作往复直线运动。

　　（2）摆动从动件（摆杆）　　如图 4-2 所示，从动件相对机架作往复摆动。

　　4. 按从动件的锁和形式分类

　　使凸轮与从动件始终保持高副接触称为锁和。

　　（1）外力锁和　　利用从动件的自重、弹簧力或其他外力锁和。如图 4-1 所示，就是利用弹簧力锁和。

　　（2）几何锁和　　利用凸轮和从动件的特殊几何形状锁和。如图 4-2 所示，就是利用凹槽凸轮与滚子直径相等锁和。

4.2 从动件的常用运动规律

从动件的运动规律即从动件的位移 s、速度 v 和加速度 a 随时间 t 变化的规律。当凸轮作匀速转动时，其转角 δ 与时间 t 成正比（$\delta = \omega t$），所以从动件运动规律也可以用从动件的运动参数随凸轮转角的变化规律来表示，即 $s = s(\delta)$，$v = v(\delta)$，$a = a(\delta)$。通常用从动件运动线图直观地表述这些关系。

4.2.1 凸轮机构的运动分析

现以对心移动尖顶从动件盘形凸轮机构为例，说明凸轮与从动件的运动关系，如图 4-5（a）所示，从动件从最低位置 A 点（即从动件处于距凸轮轴心 O 最近位置）沿移动导路开始上升，此时对应的凸轮轮廓曲线的最小向径 r_b 称为基圆半径。以基圆半径 r_b 所作的圆称为凸轮的基圆。当凸轮以匀角速 ω 逆时针转动 δ_t 时，凸轮轮廓 AB 段的向径逐渐增加，推动从动件以一定的运动规律到最高位置 B'（此时从动件处于距凸轮轴心 O 最远位置），这个过程称为推程。这时从动件移动的距离 h 称为升程或行程，对应的凸轮转角 δ_t 称为推程运动角。当凸轮继续转动 δ_s 时，凸轮轮廓 BC 段向径不变，此时从动件处于最远位置停留不动，相应的凸轮转角 δ_s 称为远休止角。当凸轮继续转动 δ_h 时，凸轮轮廓 CD 段的向径逐渐减小，从动件以一定的运动规律回到起始位置，这个过程称为回程。对应的凸轮转角 δ_h 称为回程运动角。当凸轮继续转动 δ_s' 时，凸轮轮廓 DA 段的向径不变，此时从动件在最低位置停留不动，相应的凸轮转角 δ_s' 称为近休止角。当凸轮再继续转动时，从动件重复上述运动循环。

如果以直角坐标系的纵坐标代表从动件的位移 s_2，横坐标代表凸轮的转角 δ，则可以作出从动件位移 s_2 与凸轮转角 δ 之间的关系线图，称为从动件位移曲线，如图 4-5（b）所示。

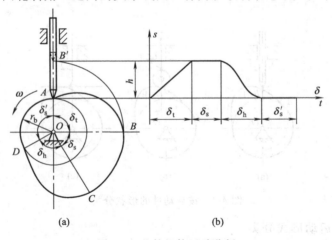

(a)   (b)

图 4-5 凸轮机构运动分析

由以上分析可知，凸轮的轮廓形状决定了从动件的运动规律，反之，从动件的不同运动规律要求凸轮具有不同形状的轮廓。因此，设计凸轮机构时，应首先根据工作要求确定从动件的运动规律，再据此来设计凸轮的轮廓曲线。

4.2.2 常用的从动件运动规律

生产中对从动件运动的要求是多种多样，下面介绍几种常用的从动件运动规律。

1. 等速运动规律

当凸轮以等角速度 ω 转动时,从动件在推程或回程中的速度为常数,称为等速运动规律。其运动位线图如图 4-6 所示。

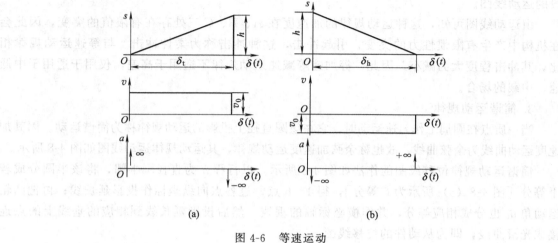

图 4-6 等速运动

由图 4-6 可知,它的位移曲线是一条斜直线。从动件运动开始时,速度由零突变为 v_0,故 $a_2 = +\infty$;运动终止时,速度由 v_0 突变为零,$a_2 = -\infty$,致使惯性力在极短的时间内产生很大的惯性力,使凸轮机构产生强烈的冲击、噪声和磨损,称为刚性冲击。因此,等速运动规律只适用于低速、轻载的场合。一般这种运动规律不宜单独使用,在运动开始和终止段应当用其他运动规律修正过渡。

2. 等加速等减速运动规律

从动件在行程的前半段为等加速运动,而后半段为等减速运动,称为等加速等减速的运动规律。通常等加速度和等减速度的绝对值相等。其运动位线图如图 4-7 所示。

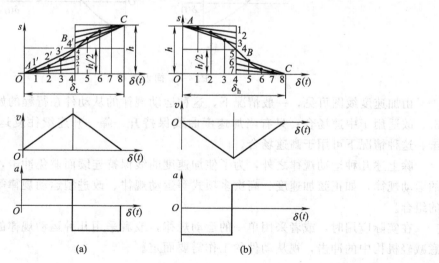

图 4-7 等加速等减速运动

由图 4-7 可知,它的位移曲线是一凹一凸两段抛物线连接的曲线。等加速等减速运动规律的位移曲线的作法如图 4-7 所示,AB 阶段为等加速运动,BC 阶段为等减速运动。将推程的 $\delta_t/2$ 和 $h/2$ 分成相同的若干等分(图中为 4 等分),分别得 1、2、3、4 各点,过横坐标轴上 1、2、3、4 点作垂线；再将纵坐标轴轴上 1、2、3、4 分别与 O 点作连线。将这些垂线与连线的交点连接成光滑的曲线，即为等加速段的抛物线。用同样的方法可得等减速度段的运动线图。

由运动线图可知，这种运动规律的加速度在 A、B、C 三处存在有限值的突变，因此会在机构中产生有限惯性力的突变，引起冲击，这种冲击称为柔性冲击。与等速运动规律相比，其冲击程度大为减小。因此，等加速等减速运动规律不适用于高速，仅用于适用于中低速、中载的场合。

3. 简谐运动规律

当一质点在圆周上作匀速运动时，它在该圆直径上投影的运动规律称为简谐运动。因其加速度运动曲线为余弦曲线，故也称余弦加速度运动规律，其运动规律运动线图如图 4-8 所示。

简谐运动规律位移线图的作法如图 4-8 所示。以行程 h 为直径画半圆，将该半圆分成若干等分 ［图 4-8 (a) 所示为 6 等分］，得 1～6 点，过各点向纵坐标作投影延长线；再把凸轮运动角 δ_t 也分成相应等分，并作横坐标轴的垂线。然后投影延长线到相应的垂线上的点连接成光滑曲线，即为从动件的位移线图。

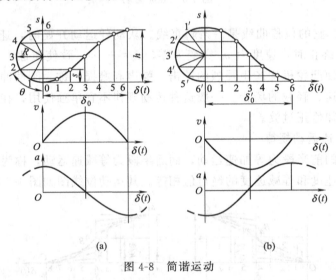

图 4-8　简谐运动

由加速度线图可见，一般情况下，这种运动规律的从动件在行程的始点和终点有柔性冲击，故适用于中速场合；只有当加速度曲线保持升—降—升连续往复运动时，才能避免冲击。这种情况下可用于高速场合。

除上述几种运动规律之外，为了使加速度曲线保持连续而避免冲击，工程上还应用更多的运动规律，如正弦加速度、高次多项式等运动规律、改进型运动规律等，或应用几种曲线的组合。

在实际应用时，或者采用单一的运动规律，或者采用几种运动规律的配合，原则上应注意减轻机构中的冲击，视从动件的工作需要而定。

4.3　盘状凸轮轮廓设计

凸轮轮廓曲线的设计有图解法和解析法。图解法简便易行、直观，虽然精确度较低，但准确度能够满足一般工程要求。解析法精确度较高，但设计工作量大，随着计算机辅助设计的迅速发展，解析法设计将成为设计凸轮机构的主要方法。

4.3.1 图解法设计凸轮轮廓

用图解法绘制凸轮轮廓曲线时，需要凸轮与图面相对静止。设计时根据相对运动原理，采用"反转法"。

图 4-9 所示为一对心移动尖顶从动件盘形凸轮机构。当凸轮以角速度 ω_1 绕轴 O 转动时，从动件的尖顶沿凸轮轮廓曲线相对其导路按预定的运动规律移动。现设想给整个凸轮机构加上一个公共角速度 $-\omega_1$，此时凸轮将不动。根据相对运动原理，凸轮和从动件之间的相对运动并未改变。这样从动件一方面随导路以角速度 $-\omega_1$ 绕轴 O 转动，另一方面又在导路中按预定的规律作往复移动。由于从动件尖顶始终与凸轮轮廓相接触，其尖顶的运动轨迹即为凸轮轮廓曲线。这种以凸轮作动参考系，按相对运动原理设计凸轮轮廓曲线的方法称为反转法。

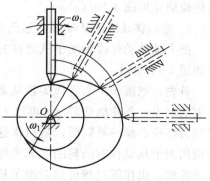

图 4-9 反转法原理

1. 对心移动尖顶从动件盘形凸轮轮廓的绘制

已知从动件的位移运动规律，凸轮的基圆半径 r_b，以及凸轮以等角速度 ω 逆时针回转，试作该凸轮的轮廓。

根据"反转法"的原理，作图步骤如下。

① 选取适当的位移比例尺 μ_l 和角位移比例尺 μ_δ。根据已知从动件的运动规律作出从动件的位移线图 [图 4-10 (b)]，并将横坐标 δ_t、δ_h 等分。

② 取与从动件位移曲线同一比例尺，以 r_b 为半径作基圆。基圆与导路的交点 A 即为从动件尖顶的起始位置。

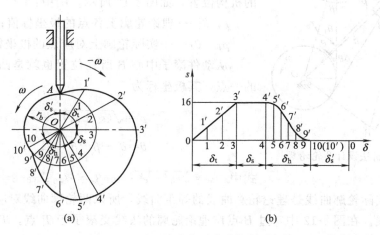

图 4-10 对心移动尖顶从动件盘形凸轮

③ 自 OA 沿 $-\omega$ 方向取角度 δ_t、δ_h、δ_s，并将它们各分成与图 4-10 (b) 对应的若干等分，得 1、2、3、…、9、10 各点，并分别与 O 点连接并延长，它们即为反转后从动件导路的各个位置。

④ 在从动件导路的各个位置上，分别量取各个位移量 11′、22′、33′、…得反转后尖顶的一系列位置 1′、2′、3′、…。

⑤ 将 1′、2′、3′、…连成光滑的曲线，即得到所求的凸轮轮廓 [见图 4-10（a）]。

2. 对心移动滚子从动件盘形凸轮轮廓曲线的绘制

把尖顶从动件改为滚子从动件时，其凸轮轮廓设计方法如图 4-11 所示。

首先，把滚子中心看作尖顶从动件的尖顶，按照上面的方法画出一条轮廓曲线 η。再以上各点为中心，以滚子半径为半径，画一系列圆，最后作这些圆的包络线 η'，即是使用滚子从动件时凸轮的实际轮廓，而 η 称为此凸轮的理论轮廓。由作图过程可知，滚子从动件凸轮轮廓的基圆半径 r_b 应当在理论轮廓上度量。

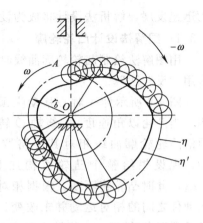

图 4-11　滚子直从动件盘形凸轮

4.3.2　解析法设计凸轮轮廓

解析法设计凸轮轮廓的实质是建立凸轮理论轮廓线、实际轮廓线的方程式，精确计算出廓线上各点的坐标值的方法。解析法设计凸轮曲线分为直角坐标法和极坐标法。下面以偏置直动滚子从动件盘形凸轮轮廓曲线设计为例，介绍极坐标法的设计过程。

凸轮轮廓曲线通常是用以凸轮回转中心为极点的极坐标来表示的。

设已知偏心距 e，基圆半径 r_b，滚子半径 r_T，从动件运动规律 $s_2 = s_2(\delta_1)$，凸轮以等角速度 ω 顺时针方向回转。根据反转法原理，可画出相对初始位置反转角 δ_1 的机构位置，如图 4-12 所示。图中：

ρ，θ——理论轮廓上各点的极坐标值；

ρ_T，θ_T——实际轮廓上对应点的极坐标值。

从动件滚子中心 B 所在位置也就是凸轮理论轮廓上的一点，其极坐标为

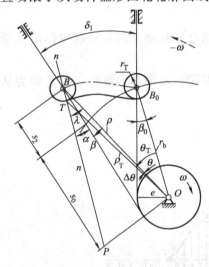

图 4-12　解析法设计凸轮轮廓

$$\left. \begin{array}{l} \rho = \sqrt{(s_2 + s_0)^2 + e^2} \\ \theta = \delta_1 + \beta - \beta_0 \end{array} \right\} \tag{4-1}$$

式中　$s_0 = \sqrt{r_0{}^2 - e^2}$；$\tan\beta_0 = e/s_0$；$\tan\beta = e/(s + s_2)$。

由于凸轮实际轮廓曲线是理论轮廓曲线的等距曲线，所以两轮廓曲线对应点具有公共的曲率中心和法线。在图 4-12 中，过 B 点作理论轮廓的法线交滚子于 T 点，T 点就是实际轮廓上的对应点。由图可知

$$\lambda = \alpha + \beta \tag{4-2}$$

式中 α 为压力角，其计算公式

$$\tan\alpha = \frac{|\,\mathrm{d}s_2/\mathrm{d}s_1\,| \mp e}{s_2 + \sqrt{r_0 - e_2}}$$

实际轮廓上对应点 T 的极坐标为

$$\left.\begin{array}{l} \rho_T = \sqrt{\rho_2 + r_T - 2\rho r_T \cos\lambda} \\ \theta_T = \theta + \Delta\theta \end{array}\right\} \tag{4-3}$$

式中

$$\Delta\theta = \arctan\frac{r_T\sin\lambda}{\rho - r_T\cos\lambda}$$

当在数控铣床上铣削凸轮或在凸轮磨床上磨削凸轮时，需要求出刀具中心的轨迹方程。若刀具的半径 r_C 和从动件滚子的半径 r_T 相同，则凸轮的理论轮廓曲线方程即为刀具中心的轨迹方程。如果刀具的半径 r_C 不等于从动件滚子的半径 r_T，那么由于刀具的外圆总是与凸轮的实际轮廓曲线相切的，即刀具中心的运动轨迹是凸轮实际轮廓曲线的等距曲线，故可用上述求等距曲线的方法求刀具中心的运动方法。

4.4　凸轮机构设计应注意的问题

设计凸轮机构时，不仅要保证从动件实现预定的运动规律，还要求传动时受力良好、结构紧凑，因此，在设计凸轮机构时应注意下述问题。

4.4.1　压力角与基圆半径

图 4-13 所示为尖顶直动从动件凸轮机构。当不考虑摩擦时，凸轮作用于从动件的力 F 是沿接触点法线方向。力 F 与从动件运动方向之间所夹锐角 α 称为压力角。力 F 可分解为驱动从动件运动的和使从动件压紧导路产生摩擦的有害分力 F_2，即

$$F_1 = F\cos\alpha$$

$$F_2 = F\sin\alpha$$

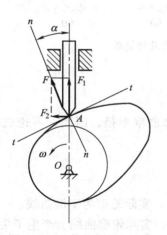

图 4-13　凸轮机构的压力角

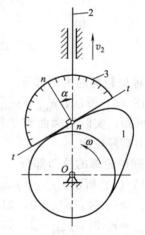

图 4-14　凸轮机构的压力角校核

当有效分力 F 一定时，压力角 α 越大，则有效分力 F_1 越小，有害分力 F_2 就越大，机构的效率就越低。当 α 增大到一定数值，F_2 所引起的摩擦阻力大于有用分力 F_1 时，导致从动件不能运动，这种现象称为自锁。因此，从改善受力情况，提高传动效率，避免自锁的角度考虑，压力角越小越好。但压力角减小，其基圆直径增大，相应机构尺寸也越大，因此，从机构尺寸紧凑的观点看，其压力角愈大愈好。

综上所述，在一般情况下，既要求凸轮机构有较高传动效率、良好的传力性能，又要求机构尺寸紧凑，故设计时为了获得紧凑的机构常选取尽可能小的基圆半径，缩小凸轮的尺寸，但必须保证最大压力角不超过许用值。

通常基圆半径取

$$r_b \geqslant 1.8r + (7\sim10)\text{mm}$$

式中 r——轴的半径。

推荐的压力角许用值：

移动从动件推程运动时 $[\alpha] = 30°\sim38°$；摆动从动件推程运动时 $[\alpha] = 40°\sim50°$。

回程运动时，因受力较小且无自锁问题，故许用压力角可取得大些，通常 $[\alpha] = 70°\sim80°$。

若采用滚子从动件、润滑良好，以及轻载低速时可取大值，否则取小值。

压力角大小可简便地使用量角器测取，如图 4-14 所示。最大压力角 $\alpha_{\max}$ 一般出现在从动件上升的起始位置、从动件具有最大速度 $v_{\max}$ 的位置或在凸轮轮廓上比较陡的地方。若校核某点的压力角超过许用值，通常采用加大基圆半径的方法修改设计。

4.4.2 滚子半径的选择

如图 4-15 所示，设理论轮廓上最小曲率半径为 $\rho_{\min}$，滚子半径为 r_T 及对应的实际轮廓曲线半径 $\rho'_{\min}$，它们之间有如下关系。

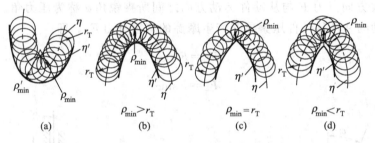

图 4-15 滚子半径与运动失真的关系

1. 凸轮理论轮廓的内凹部分

如图 4-15 （a）所示，$\rho'_{\min} = \rho_{\min} + r_T$。

由上式可知，实际轮廓曲率半径总大于理论轮廓曲率半径。因而，不论选择多大的滚子，都能做出实际轮廓。

2. 凸轮理论轮廓的外凸部分

如图 4-15 （b）所示，$\rho'_{\min} = \rho_{\min} - r_T$。

① 当 $\rho_{\min} > r_T$ 时，$\rho'_{\min} > 0$，如图 4-15 （b）所示，实际轮廓为平滑曲线。

② 当 $\rho_{\min} = r_T$ 时，$\rho'_{\min} = 0$，如图 4-15 （c）所示，实际轮廓曲线上产生了尖点，这种尖点极易磨损，就会改变从动件预定的运动规律。

③ 当 $\rho_{\min} < r_T$ 时，$\rho'_{\min} < 0$，如图 4-15 （d）所示，这时实际轮廓曲线发生相交，交叉点以上部分的轮廓曲线在实际加工时被切去，无法实现这一部分运动规律。

为了使凸轮轮廓在任何位置既不变尖也不相交，滚子半径必须小于理论轮廓外凸部分的最小曲率半径 $\rho_{\min}$。如果 $\rho_{\min}$ 过小，按上述条件选择的滚子半径太小而不能满足安装和强度要求时，就应当把凸轮基圆尺寸加大，重新设计凸轮轮廓曲线。

4.5　凸轮的材料及结构、加工方法

4.5.1　凸轮的材料和热处理

凸轮机构是高副机构，磨损大，往往还有冲击。因此，凸轮副材料要求工作表面有高的硬度和耐磨性，心部有足够的强度和韧性。凸轮的常用材料和热处理方法见表 4-1。

表 4-1　凸轮和从动件接触处常用材料和热处理及极限应力　　MPa

工作条件	凸轮		从动件接触处	
	材料	热处理	材料	热处理
低速轻载	40、45、50	调质 220~260HB，$\sigma_{HO}=2HB+70$	45	表面淬火 40~45HRC
	HT250、HT300 合金铸铁	退火 180~250HB，$\sigma_{HO}=2HB$	青铜	时效 80~120HBW
	QT500-7 QT600-3	正火 200~300HB，$\sigma_{HO}=2.4HB$	软、硬黄铜	退火 55~90HBW 140~160 HBW
中速中载	45	表面淬火 40~45HRC，$\sigma_{HO}=17\,HRC+200$	尼龙	积层热压树脂吸振及降噪效果好
	45、40Cr	高频淬火 52~58HRC，$\sigma_{HO}=17\,HRC+200$	20Cr	渗碳淬火，渗碳层深 0.8~1.0mm，55~60HRC
	15、20、20Cr 20 CrMnTi	渗碳淬火，渗碳层深 0.8~1.5mm，56~62HRC，$\sigma_{HO}=17\,HRC+200$		
高速重载或靠模凸轮	40Cr	高频淬火，表面 56~60HRC，心部 45~50 HRC，$\sigma_{HO}=17\,HRC+200$	GCr15 T18	淬火，58~62HRC
	38CrMoALA	氮化、表面硬度 700~900HV（约 60~67 HRC），$\sigma_{HO}=1050$	T10 T12	

4.5.2　凸轮与滚子的结构

1. 凸轮的结构

凸轮的基圆半径小时，凸轮与轴常做成一体，称为凸轮轴，如图 4-16 （a）所示。

凸轮的基圆半径大时，凸轮与轴应分开制造。凸轮与轴的固定方式有键联接 ［见图 4-16 （b）］、销联接 ［见图 4-16 （c）］ 弹性开口锥套螺母联接 ［见图 4-16 （d）］ 等。

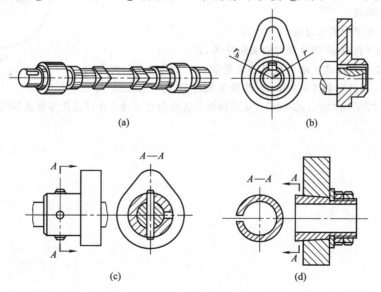

(a)　　　　　　　　　(b)

(c)　　　　　　　　　(d)

图 4-16　凸轮的结构与固定方式

2. 滚子的结构

滚子是专用零件，也可以采用滚动轴承。滚子从动件的结构，常采用悬臂式螺栓结构〔见图 4-17（a）〕和简支式叉臂结构〔见图 4-17（b）、（c）〕。

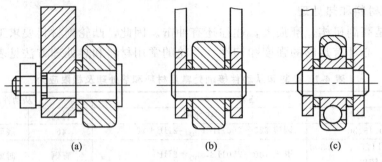

（a）   （b）   （c）

图 4-17　滚子结构

思考与练习题

4-1　凸轮机构组成，工作特点是什么？它的优缺点是什么？

4-2　凸轮机构中常用的从动件的形式有哪些？各有何特点？

4-3　凸轮机构中常用的从动件运动规律有几种？各有何特点？各适用于什么场合？

4-4　什么是刚性冲击和柔性冲击？说明对凸轮机构的工作有何影响？

4-5　何谓凸轮的压力角？压力角对凸轮机构的受力与尺寸有什么影响？压力角是常值吗？

4-6　滚子半径如何选择？

4-7　在图 4-18 所示凸轮机构中，凸轮为偏心圆盘，圆盘半径 $R＝30\text{mm}$，圆盘几何中心到回转中心的距离 $l_{OA}＝15\text{mm}$，滚子半径 $r_r＝10\text{mm}$。当凸轮逆时针方向匀速转动时，试用图解法作出：

（1）该凸轮的基圆；

（2）该凸轮的理论廓线；

（3）图示位置时凸轮机构的压力角 α；

（4）凸轮由图示位置转过 90°时从动件的实际位移 s。

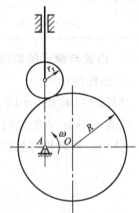

图 4-18　题 4-7 图

4-8　试设计一对心尖顶移动从动件盘形凸轮轮廓。已知凸轮逆时针方向等速转动，从动件行程 $h＝32\text{mm}$，凸轮基圆半径 $r_b＝40\text{mm}$，$\delta_t＝150°$，$\delta_s＝30°$，$\delta_h＝120°$，$\delta_s'＝60°$。从动件在推程作匀速运动，在回程作等加速等减速运动。

第5章　其他常用运动机构

本章主要介绍了机械中常用的间歇机构，包括棘轮机构、槽轮机构和不完全机构，以及螺纹的形成、主要参数和螺旋机构的组成、工作原理、运动特点和在实际生产的应用。

在机械和仪表中，往往需要将原动件的连续运动，转换成从动件周期性时动时停的间歇运动。实现这种运动转换的机构称为间歇运动机构。随着机械化程度的提高，间歇运动机构应用日趋广泛，例如自动机床的进给机构、刀架转位机构；剪切机械的送料机构；各种自动与半自动机械中的分度转位机构；汽车生产流水线上的自动冲压机构等。间歇运动机构的种类很多，本章仅介绍工程中最常用的棘轮机构、槽轮机构、不完全齿轮机构等几种基本机构。

5.1　棘轮机构

5.1.1　棘轮机构的组成与工作原理

图 5-1 所示为棘轮机构。主要由摇杆 1、棘爪 2、棘轮 3、制动爪 4 和机架等组成。弹簧 5 使制动爪 4 和棘轮 3 保持接触。通常以摆杆为主动件、棘轮为从动件。当摇杆 1 带动棘爪 2 逆时针转动时，棘爪 2 进入棘轮 3 的齿槽内，推动棘轮转过一定的角度，制动爪 4 在棘轮齿顶上滑过。当杆顺时针转动时，棘爪 2 在棘轮齿顶上滑过，制动爪 4 防止棘轮反转，棘轮 3 静止不动。这样，当摇杆不断地作往复摆动，棘轮便作单向的间歇运动。

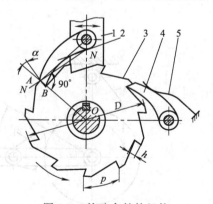

图 5-1　外啮合棘轮机构

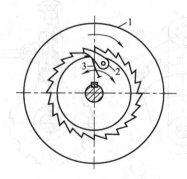

图 5-2　内啮合棘轮机构

5.1.2　棘轮机构的类型

按照结构特点，常用的棘轮机构分为齿式棘轮机构和摩擦式棘轮机构。

1. 齿式棘轮机构

（1）单动式棘轮机构　如图 5-1 所示为外啮合单动式棘轮机构。这种机构的特点是棘轮只作单向的间歇运动。如手动套筒扳手就是这种形式的应用实例。

如图 5-2 所示为内啮合单动式棘轮机构。如自行车后轴上的飞轮机构，飞轮的外圈是链轮，内圈是棘轮。当飞轮 1 顺时针转动，通过棘爪 2 带动后轴转动；当飞轮 1 逆时针转动时，棘爪 2 在内齿面滑过，后轴不动；当自行车滑行时，飞轮不动时，后轴借助惯性继续转动，棘爪 2 在内齿面滑过。

单动式棘轮机构还常用作防止机构逆转的停止器，广泛用于卷扬机、提升机、运输机等设备。如图 5-3 所示为提升机中的棘轮停止器。

（2）双动式棘轮机构　如图 5-4 所示为双动式棘轮机构。这种机构的特点是原动件往复摆动都能使棘轮沿同一方向间歇转动。驱动棘爪可制成钩头或直头的形式。

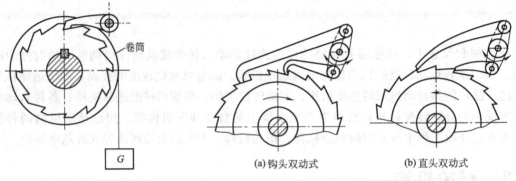

(a) 钩头双动式　　　　(b) 直头双动式

图 5-3　提升机的棘轮停止器　　　　图 5-4　双动式棘轮机构

（3）可变向棘轮机构　如图 5-5 所示为两种可变向棘轮机构。对于图 5-5（a）所示矩形齿双向棘轮机构，当棘爪 B 在右边位置时，棘轮 2 将沿顺时针方向作间歇运动；当棘爪 B 翻到左边时，棘轮将沿逆时针方向作间歇运动。对于图 5-5（b）所示回转棘爪双向棘轮机构，当棘爪直面在左侧，斜面在右侧时，棘轮沿逆时针方向作间歇运动，若提起棘爪翻转 90°后再插入，使直面在右侧，斜面在左侧时，棘轮沿顺时针方向作间歇运动。因此，这种棘轮机构可方便地实现两个方向的间歇运动，如用于牛头刨床工作台的进给装置中。

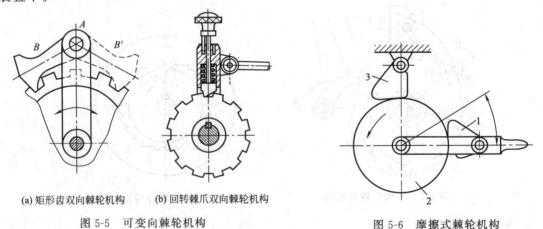

(a) 矩形齿双向棘轮机构　　(b) 回转棘爪双向棘轮机构

图 5-5　可变向棘轮机构　　　　图 5-6　摩擦式棘轮机构

2. 摩擦式棘轮机构

齿式棘轮机构转动时，棘轮的转角都是相邻两齿所夹中心角的整数倍，即棘轮转角都是有级改变的。若要实现棘轮转角的无级改变，可采用如图 5-6 所示的摩擦式棘轮机构。这种机构通过棘爪 1 与棘轮 2 之间的摩擦力来实现传动，棘爪 3 用来制动。这种机构工作时噪声较少，但其接触面间容易发生滑动，运动的可靠性和准确性较差。为了增加摩擦力，可以将棘轮作成槽形。摩擦式棘轮机构的优点是无噪声，多用于轻载间歇机构。

5.1.3　棘轮机构的调整

1. 通过调节摇杆摆动的角度的大小，控制棘轮的转角

如图 5-7 所示为牛头刨床工作台横向进给过程。通过齿轮机构 1、2，连杆机构 2、3、4 传递给棘轮机构 4、5、7，带动与棘轮固联的丝杠 6 作间歇运动，从而实现工作台间歇进给运动。调节曲柄 O_2A 的长度，以实现摇杆摆角大小的改变，从而控制棘轮的转角。

2. 用遮板调节棘轮的转角

如图 5-8 所示的棘轮机构，在棘轮 3 的外面罩上带有缺口的调位遮板 4，当摇杆 1 摆动时，改变插销 6 在定位孔的位置，使棘爪 2 行程的一部分在遮板上滑过，利用调位遮板遮齿的多或少，即可达到调节棘轮转角的大小。

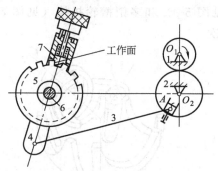

图 5-7　牛头刨床横向进给机构

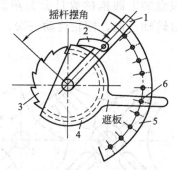

图 5-8　用遮板调节棘轮的转角

5.1.4　棘轮机构的特点与应用

棘轮机构结构简单，容易制造，棘轮的转角和动停时间比可调，故常用于机构工况经常改变的场合。但工作时有较大的冲击和噪声，而且传动精度较差，故只能用于低速轻载的间歇运动场合。

5.2　槽轮机构

5.2.1　槽轮机构的工作原理

槽轮机构又称马耳他机构，如图 5-9 所示。它由带圆销 A 的主动拨盘 1，带径向槽的从动槽轮 2 和机架组成。拨盘作匀速转动时，槽轮作时转时停的单向间歇运动。当拨盘上圆销 A 未进入槽轮径向槽时，由于槽轮 2 的内凹锁止弧 β 被拨盘的外凸圆弧 α 卡住，故槽轮 2 静止不动。图示位置是圆销 A 刚开始进入槽轮径向槽时的情况，这时锁止弧刚被松开，因此槽轮受圆销 A 的驱动开始沿顺时针方向转动；当圆销 A 离开径向槽时，槽轮的下一个内凹锁止弧又被拨盘的外凸圆弧卡住，致使槽轮静止，直到圆销 A 再进入槽轮另一径向槽时，又重复上述的运动循环。

5.2.2　槽轮机构的类型、特点和应用

按结构特点槽轮机构有两种基本类型，外啮合槽轮机构（见图 5-9）和内啮合槽轮机构（见图 5-10）。前者拨盘与槽轮转向相反，后者拨盘与槽轮的转向相同。

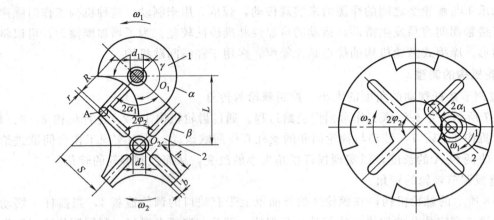

图 5-9　外啮合槽轮机构

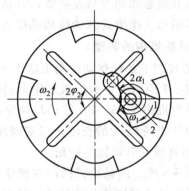

图 5-10　内啮合槽轮机构

　　按拨盘的上圆销的数目分为单销槽轮机构（见图 5-9）和多销槽轮机构（见图 5-11）。前者拨盘转动一周，槽轮运动一次，后者则运动多次。

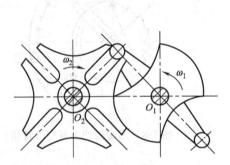

图 5-11　双圆销外啮合槽轮机构

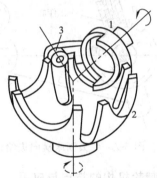

图 5-12　球面槽轮机构

　　另外当两相交轴之间需要间歇运动时，可采用空间槽轮机构。如图 5-12 所示为球面槽轮机构，其工作过程与平面槽轮机构相似。

　　槽轮机构结构简单，工作可靠，机械效率高，外形尺寸小，并且运动平稳，因此在自动机床刀架转位机构（见图 5-13）、电影放映机卷片机构（见图 5-14）等自动机械中得到广泛的应用。但圆销突然进入与脱离径向槽时，槽轮的瞬时角速度变化较大，存在柔性冲击，槽轮的槽数越少，这种变化越大，所以槽轮的槽数一般选取 $Z = 4 \sim 8$ 个。此外槽轮的转角不可调，只能用于定转角的间歇运动机构。

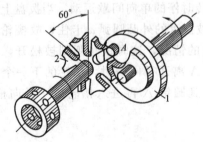

图 5-13　六角车床刀架转位机构

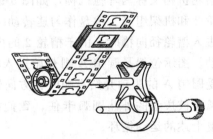

图 5-14　电影放映机卷片机构

5.3　不完全齿轮机构

除了棘轮机构、槽轮机构外，能实现间歇运动的机构还有四杆机构、凸轮机构等很多。下面仅介绍不完全齿轮机构。

不完全齿轮机构是由齿轮机构演化而成，主动轮 1 是只有一个或几个齿的不完全齿轮，从动轮 2 一般是由正常齿和锁止弧组成的不完全齿轮，如图 5-15 所示。当主动轮 1 的有齿部分作用时，从动轮 2 随主动轮转动；当主动轮无齿部分作用时，从动轮停止不动，因而当主动轮作连续回转运动时，从动轮可以得到间歇运动。每当主动轮 1 连续转过 1 周时，从动轮 2 转动 1/6。当两轮上的锁住弧接触时，从动轮停歇不动，并停止在确定的位置上。

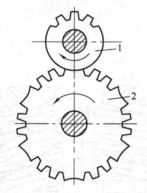　　　　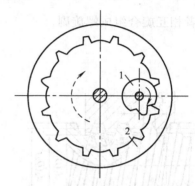

图 5-15　外啮合不完全齿轮机构　　　　图 5-16　内啮合不完全齿轮机构

不完全齿轮机构有外啮合（见图 5-15）和内啮合（见图 5-16）两种形式，一般用外啮合形式。

不完全齿轮机构与其他机构相比，结构简单，制造方便，从动轮的运动时间和静止时间的比例可不受机构结构的限制。但由于齿轮传动为定传动比运动，所以从动轮从静止到转动或从转动到静止时，速度有突变，冲击较大，所以一般只用于低速或轻载场合，如各种计数机构、多工位自动机和半自动机工作台的间歇转位及某些间歇进给机构中。如用于高速运动，可以采用一些附加装置（如具有瞬心线附加杆的不完成齿轮机构）等，来降低因从动轮速度突变而产生的冲击。

5.4　螺纹的形成与螺旋机构

5.4.1　螺纹的形成

如图 5-17 所示，将一与水平面倾斜角为 λ 的直线绕在圆柱体上，即可形成一条螺旋线。取一个平面图形（三角形、矩形或梯形）沿着螺旋线运动，此平面图形的轮廓在空间的轨迹就形成螺纹。平面图形与螺纹在过轴线剖面的形状相同，称为螺纹牙型。

5.4.2　螺纹的类型、主要参数及应用

根据平面图形的形状，常用的牙型有三角形、矩形、梯形和锯齿形等（见表 5-1），其中三角形螺纹主要用于联接，其余多用于传动。

在圆柱体外表面上形成的螺纹称为外螺纹，在圆柱体孔壁上形成的螺纹称为内螺纹（图

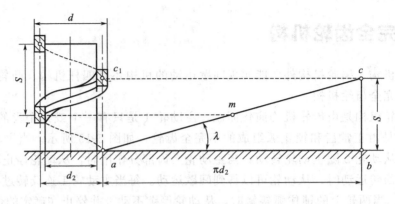

图 5-17 螺纹的形成

5-18），二者相互旋合组成螺旋副。

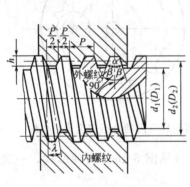

图 5-18 螺纹的主要参数

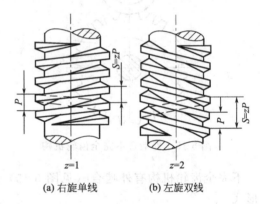

图 5-19 螺纹的线数、旋向

　　根据螺旋线的绕行方向，螺纹分为右旋螺纹和左旋螺纹。通常采用右旋，左旋仅用于有特殊要求的场合。螺纹的旋向可用右手准则判定，右手伸开，手心面向自己，四指的方向与螺纹中心线一致，如果螺纹环绕方向与大拇指指向一致，则为右旋螺纹，反之为左旋螺纹。

　　根据螺纹线的数目，螺纹又可以分为单线螺纹和双线或多线螺纹，单线螺纹主要用于联接，多线主要用于传动。如图 5-19 所示。为了制造方便，螺纹的线数一般不超过 4 条。可观察垂直于圆柱体轴线的端面方向，判别螺纹的线数。

　　根据采用的标准制度不同，螺纹分为米制和英制螺纹。我国除管螺纹外，一般都采用米制螺纹。

　　以图 5-18 圆柱普通螺纹为例，说明螺纹的主要参数。

　　(1) 大径 d、D——分别表示外、内螺纹的最大直径，标准中称为螺纹的公称直径。

　　(2) 小径 d_1、D_1——分别表示外、内螺纹的最小直径，常作为强度计算直径。

　　(3) 中径 d_2、D_2——分别表示螺纹牙宽度和牙槽宽度相等处的圆柱直径。作为确定螺纹几何参数和配合性质的直径。

　　(4) 螺距 P——表示相邻两螺纹牙同侧齿廓之间的轴向距离。

　　(5) 螺纹线数 n——表示螺纹的螺旋线数目。

（6）导程 S——表示在同一条螺旋线上相邻两螺纹牙之间的轴向距离，$S=nP$。

（7）螺纹升角 λ——中径 d_2 圆柱上螺旋线的切线与螺纹轴线的垂直平面间的夹角，也称为导程角。$\tan\lambda=S/\pi d_2=nP/\pi d_2$。

（8）牙型角 α 和牙型斜角 β——在螺纹轴向剖面内螺纹牙型两侧边的夹角称为牙型角 α。牙型侧边与螺纹轴线的垂线间的夹角称为牙型斜角 β。

（9）螺纹接触高度 h——内外螺纹旋合后接触面的径向高度。常作为螺纹的工作高度。

常用螺纹的类型和特点及应用见表 5-1。

表 5-1　常用螺纹的类型和特点

螺纹类型	牙型简图	特点及应用
普通螺纹 GB/T 192～197—2003		牙型角 $\alpha=60°$，外螺纹牙根允许有较大的圆角，以减少应力集中。同一公称直径的螺纹，可按螺距大小分为粗牙螺纹和细牙螺纹。其中螺距最大的称粗牙螺纹，其他的则称细牙螺纹。一般的静联接常采用粗牙螺纹。细牙螺纹自锁性能好，但不耐磨，常用于薄壁件或者受冲击、振动和变载荷的联接中，也可用于微调机构的调整螺纹
非螺纹密封的管螺纹 GB/T 7307—2001		牙型角 $\alpha=55°$，牙顶有较大的圆角。管螺纹为英制细牙螺纹，公称直径近似为管子内径，单位为英寸。多用于压力小于 1.57Pa 管道联接，如水、煤气管路，润滑和电力线路系统
用螺纹密封的管螺纹 GB/T 7306.1～2—2000		牙型角 $\alpha=55°$，牙顶有较大的圆角。螺纹分布在锥度为 1:16 的圆锥管壁上。包括圆锥内螺纹与圆锥外螺纹和圆锥外螺纹与圆柱内螺纹两种联接形式。螺纹旋合后，利用本身的变形来保证联接的紧密性。通常用于高温、高压管道联接，如管子、管接头、旋塞、阀门及其附件
矩形螺纹		牙型为正方形。传动效率高，但牙根强度低，难精确加工，螺旋副磨损后，间隙难以修复和补偿，对中精度低。应用于传力螺纹，如千斤顶、小型压力机等。矩形螺纹未标准化，目前逐渐被梯形螺纹所代替
梯形螺纹 GB/T 5796.1～4—2005		牙型角 $\alpha=30°$，传动效率低于矩形螺纹，但工艺性好，牙根强度高，对中性好。采用剖分螺母时，可以补偿磨损间隙。广泛用于传动螺纹，如机床丝杠等
锯齿形螺纹 GB/T 13576.1～4—1992		工作面的牙型斜角为 3°，非工作面的牙形斜角为 30°外螺纹的牙根有较大的圆角，以减少应力集中。内、外螺纹旋合后大径处无间隙，对中性好，传动效率高，而且牙根强度高。适用于单向受力的传动螺纹，如螺旋压力机、水压机等

5.4.3 螺旋副的受力分析、效率和自锁

1. 矩形螺纹

如图 5-20（a）所示，在外力（或外力矩）作用下，螺旋副的相对运动，可看作推动滑块沿螺纹表面运动。如图 5-20（b）所示，将矩形螺纹沿中径 d_2 处展开，得一倾斜角为 λ 的斜面，斜面上的滑块代表螺母，螺母与螺杆的相对运动可看成滑块在斜面上的运动。

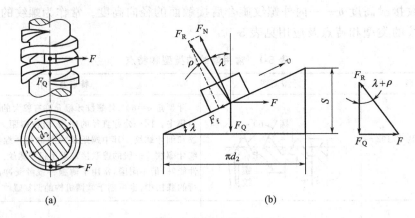

图 5-20　螺纹的受力

如图 5-20（b）所示，当滑块沿斜面向上等速运动时，所受作用力包括轴向载荷 F_Q、水平推力 F、斜面对滑块的法向反力 F_N 以及摩擦力 F_f。F_N 与 F_f 的合力为 F_R，$F_f = fF_N$，f 为摩擦系数，F_R 与 F_N 的夹角为摩擦角 ρ。由力 F_R、F 和 F_Q 组成的力多边形封闭图得

$$F = F_Q \tan(\lambda + \rho) \quad \text{(N)} \tag{5-1}$$

如图 5-20（b）所示，当滑块沿斜面等速下滑时，轴向载荷 F_Q 变为驱动滑块等速下滑的驱动力，F 为阻碍滑块下滑的支持力，摩擦力 F_f 的方向与滑块运动方向相反。由 F_R、F 和 F_Q 组成的力多边形封闭图得

$$F = F_Q \tan(\lambda - \rho) \quad \text{(N)} \tag{5-2}$$

由此可知，当 $\lambda < \rho$ 时，无论 F_Q 力多大，滑块（即螺母）都不能运动，这种现象称为螺旋副的自锁。因此螺旋副的自锁条件为

$$\lambda \leqslant \rho \tag{5-3}$$

一般情况下，$\lambda < 6°$ 螺旋副即可自锁。设计时，对要求正反转自由运动的螺旋副，应避免自锁现象。工程中也可以应用螺旋副的自锁特性，如起重螺旋做成自锁螺旋，可以省去制动装置。

2. 非矩形螺旋副

非矩形螺纹是指牙型角 α 不等于零的螺纹，包括三角形螺纹、梯形螺纹和锯齿形螺纹。非矩形螺纹的螺母与螺杆相对运动时，相当于楔形滑块沿楔形槽的斜面移动，如图 5-21 所示。为了便于分析，忽略螺纹升角的影响，在载荷 F_Q 作用下，螺纹滑块上所受的摩擦力为

$$F_f = F_N' f = \frac{f}{\cos\beta} F_Q = f_v F_Q$$

式中　f_v——当量摩擦系数，$f_v = f/\cos\beta = \tan\rho_v$，其中 ρ_v 为当量摩擦角。

用当量摩擦系数 f_v 和当量摩擦角 ρ_v 来代替矩形螺纹公式中的 f、ρ，可相应得到非矩形螺纹受力、效率的计算公式及螺旋副自锁的条件。

螺纹等速上升时水平推力为

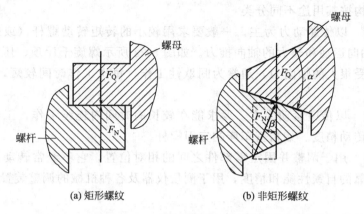

(a) 矩形螺纹　　　　　　　(b) 非矩形螺纹

图 5-21　不同螺纹副间的受力

$$F = F_Q \tan(\lambda + \rho_v) \qquad (\text{N}) \qquad (5\text{-}4)$$

转动螺纹所需的转矩为

$$T_1 = F \times \frac{d_2}{2} = \frac{d_2}{2} F_Q \tan(\lambda + \rho_v) \qquad (\text{N} \cdot \text{mm}) \qquad (5\text{-}5)$$

螺母旋转一周所需的输入功为 $W_1 = 2\pi T_1$，有用功为 $W_2 = F_Q S$，其中，$S = \pi d_2 \tan\lambda$ [见图 5-20 (b)]。因此，螺旋副的效率为

$$\eta = \frac{W_2}{W_1} = \frac{F_Q \pi d_2 \tan\lambda}{F_Q \pi d_2 \tan(\lambda + \rho_v)} = \frac{\tan\lambda}{\tan(\lambda + \rho_v)} \qquad (5\text{-}6\text{a})$$

反转一周时的效率为

$$\eta' = \frac{W_2}{W_1} = \frac{F_Q \tan(\lambda + \rho_v) \pi d_2}{F_Q \pi d_2 \tan\lambda} = \frac{\tan(\lambda + \rho_v)}{\tan\lambda} \qquad (5\text{-}6\text{b})$$

自锁条件为

$$\lambda \leqslant \rho_v \qquad (5\text{-}7)$$

由以上分析可知，螺纹工作面的牙型斜角 β 越大，ρ_v 越大，效率越低，越易自锁。故牙型角大的三角螺纹主要用于联接，λ 一般取 $1.5° \sim 3.5°$。传动螺纹要求螺旋副的效率 η 要高，因此，一般采用牙型角较小的梯形螺纹。

5.4.4　螺旋机构

1. 螺旋机构的组成与原理

螺旋机构是利用螺旋副传递运动和动力的一种常用机构。如图 5-22 所示螺旋千斤顶和螺旋压力机，主要由螺杆、螺母和机架组成。通过固定不同的构件，可以将螺杆的旋转运动变为螺母的直线移动；将螺母的旋转运动变为螺杆的直线运动；固定螺母，螺杆转动并移动；固定螺杆，螺母转动并移动等不同运动形式。

螺旋机构中螺杆和螺母的相对运动方向可由左、右手定则判断，即左旋螺纹用左手，右旋螺纹用右手。若螺杆转动，以四指弯曲方向为螺杆转动方向，大拇指指向为螺杆相对螺母的移动方向；若螺杆静止，则大拇指指向的反方向为螺母的移动方向。

2. 螺旋机构的类型、特点与应用

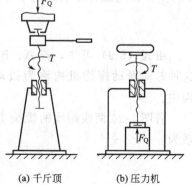

(a) 千斤顶　　　(b) 压力机

图 5-22　简单螺旋机构

（1）螺旋机构按其用途不同分类

① 传力螺旋　以传递动力为主。一般要求用较小的转矩转动螺杆（或螺母）而使螺母（或螺杆）产生轴向运动和较大的轴向推力。如图 5-22 所示螺旋千斤顶、压力机等。这种传力螺旋主要是承受很大的轴向力，通常为间歇性工作，每次工作时间较短，工作速度不高，而且需要自锁。

② 传导螺旋　以传递运动为主。要求能在较长的时间内连续工作，工作速度较高，因此，要求较高的传动精度。如精密车床的走刀螺杆。

③ 调整螺旋　用于调整并固定零部件之间的相对位置，它不经常转动，一般在空载下调整，要求有可靠的自锁性能和精度，用于测量仪器及各种机械的调整装置。如千分尺中的螺旋。

（2）螺旋机构按其摩擦性质分类

① 滑动螺旋机构　螺旋副作相对运动时产生滑动摩擦的螺旋。滑动螺旋结构比较简单，螺母和螺杆的啮合是连续的，工作平稳，易于自锁，这对起重设备、调节装置等很有意义。但螺纹之间摩擦大、磨损大、效率低（一般在 0.25～0.70 之间，自锁时效率小于 50%）；滑动螺旋不适宜用于高速和大功率传动。

图 5-23 是最简单的滑动螺旋传动。其中螺母 3 相对支架 1 可作轴向移动。设螺杆 2 的导程为 S，螺距为 P，螺纹线数为 n，则螺母的位移 L 和螺杆的转角 φ（rad）有如下关系：

$$L = \frac{S}{2P}j = \frac{np}{2P}j \tag{5-8}$$

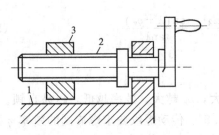

图 5-23　简单的滑动螺旋传动

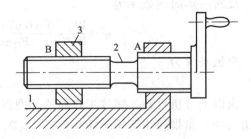

图 5-24　差动滑动螺旋传动

图 5-24 是一种差动滑动螺旋传动，螺杆 2 分别与支架 1、螺母 3 组成螺旋副 A 和 B，导程分别为 S_A 和 S_B，螺母 3 只能移动不能转动。当左、右两段螺纹的螺旋方向相同，则螺母 3 的位移 L 与螺杆 2 的转角 φ（rad）有如下关系：

$$L = (S_A - S_B)\frac{\varphi}{2\pi} \tag{5-9}$$

由式（5-9）可知，若 A、B 两螺旋副的导程 S_A 和 S_B 相差极小时，则位移 L 也很小，这种差动滑动螺旋机构称为微动螺旋机构，广泛应用于各种测微计、分度机构及调节机构中。

若图 5-24 两段螺纹的螺旋方向相反，则螺杆 2 的转角 φ 与螺母 3 的位移 L 之间的关系为：

$$L = (S_A + S_B)\frac{\varphi}{2\pi} \tag{5-10}$$

由式（5-10）可知，螺母 3 将产生较大的位移，它能使被联接的两构件快速接近或分开。这种差动滑动螺旋机构称为复式螺旋机构，常用于要求快速夹紧的夹具或锁紧装置中，例如钢索的拉紧装置、某些螺旋式夹具等。

② 滚动螺旋机构　为了降低螺旋螺旋传动的摩擦，提高效率，可采用滚动螺旋传动。如图 5-25 所示，滚动螺旋传动是在螺杆和螺母的螺纹滚道内连续填装滚珠作为滚动体，使螺杆和螺母间的滑动摩擦变成滚动摩擦。螺母上有导管或反向器，使滚珠能循环滚动。滚珠的循环方式分为外循环和内循环两种，滚珠在回路过程中离开螺旋表面的称为外循环，如图 5-25（a）所示。外循环加工方便，但径向尺寸较大。滚珠在整个循环过程中始终不脱离螺旋表面的称为内循环，如图 5-25（b）所示。

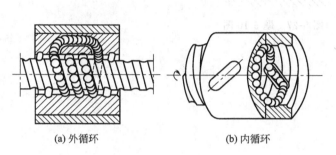

(a) 外循环　　　　　(b) 内循环

图 5-25　滚动螺旋传动

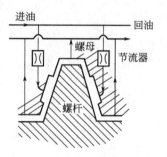

图 5-26　静压螺旋机构

滚动螺旋机构的主要优点是：效率高，一般在 90％ 以上；利用预紧可消除螺杆与螺母之间的轴向间隙，可得到较高的传动精度和轴向刚度；静、动摩擦力相差极小，启动时无颤动，低速时运动仍很稳定；工作寿命长；具有运动可逆性，即在轴向力作用下可由直线移动变为转动。缺点是：结构较复杂，材料要求较高，制造较困难；为了防止机构逆转，需有防逆装置；不宜传递大载荷，抗冲击性能较差。滚动螺旋机构主要用于对传动精度要求高的场合，如大型水闸闸门的升降驱动、精密机床中的进给机构等。

③ 静压螺旋机构　如图 5-26 所示，在螺杆与螺母的螺旋面间注入静压油，将静压原理应用于螺旋传动中，摩擦状态为液体摩擦。静压螺旋摩擦阻力小，传动效率高（可达 90％ 以上），但结构复杂，需要供油系统。适用于要求高精度、高效率的重要传动中，如数控、精密机床、测试装置或自动控制系统的螺旋传动中。

思考与练习题

5-1　什么是间歇运动？常用的间歇运动机构有哪些？

5-2　棘轮机构有哪些类型？试说明工作特点与应用场合。

5-3　槽轮机构是如何实现间歇运动的？举例说明槽轮机构的应用场合。

5-4　不完全齿轮机构有什么特点？适用于何种场合？

5-5　内啮合槽轮机构能采用多圆销拨盘吗？

5-6　如图 5-15 所示的机构中，如果将从动轮改为主动轮，是否能实现间歇运动？为什么？

5-7　螺纹的主要参数有哪些？螺距和导程有什么区别？如何判断螺纹的线数和旋向？

5-8　已知一普通粗牙螺纹，大径 $d=24$mm，中径 $d_2=22.051$mm，螺纹副间的摩擦系数 $f=0.17$。试求：
　　（1）螺纹升角 λ；（2）该螺纹副能否自锁？若用于起重，其效率为多少？

5-9　试述螺旋传动的主要特点及应用，比较滑动螺旋传动和滚动螺旋传动的优缺点。

5-10　图 5-27 所示为一差动螺旋传动，机架 1 与螺杆 2 在 A 处用右旋螺纹联接，导程 $S_A = 4\text{mm}$，螺母 3 相对机架 1 只能移动，不能转动；摇柄 4 沿箭头方向转动 5 圈时，螺母 3 向左移动 5mm，试计算螺旋副 B 的导程 S_B 和判断螺纹的旋向。

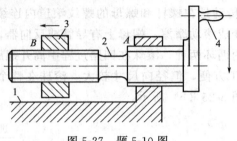

图 5-27　题 5-10 图

第6章 联　　接

本章介绍了常用机械联接的方式，包括螺纹联接、键联接、销联接以及铆接、焊接、粘接和过盈联接等联接的类型特点和应用场合。重点分析螺栓联接的结构、设计及计算，平键联接的选择及强度计算。

机械都是由多个零（部）件联接而成的。按组成联接的零件之间是否有相对运动，联接可分为动联接和静联接两大类。动联接是联接的零（部）件之间可以有相对运动的联接，如各种运动副、导向平键、轴与滑动轴承等联接；静联接是联接零（部）件之间不允许有相对运动的联接，如螺栓联接、销联接等。除有特殊说明之外，一般的机械联接是指静联接。

静联接又可分为可拆联接和不可拆联接两类。可拆联接在装拆时不破坏联接零件，包括螺纹联接、键联接和销联接等；不可拆联接在拆卸时必须破坏联接的零件，包括铆接、焊接和粘接等。另外，过盈联接既可做成可拆联接，也可做成不可拆联接。

6.1　螺纹联接

螺纹联接是利用具有螺纹的零件所构成的一种可拆联接，具有结构简单、装拆方便、联接可靠、互换性强、成本低廉等优点，应用极为广泛。

6.1.1　螺纹联接的基本类型

螺纹联接的基本类型有螺栓联接、双头螺栓联接、螺钉联接和紧定螺钉联接，结构形式、主要尺寸及应用特点，见表6-1。

表6-1　螺纹联接的基本类型、特点与应用

类　型		结 构 简 图	主 要 尺 寸 关 系	特 点 及 应 用
螺栓联接	普通螺栓联接		普通螺栓的螺纹余量长度 L_1 为： 静载荷 $L_1 \geqslant (0.3 \sim 0.5)d$ 变载荷 $L_1 \geqslant 0.75d$ 铰制孔用螺栓的静载荷 L_1 应尽可能小于螺纹伸出长度 a： $a = (0.2 \sim 0.3)d$	被联接件无需切制螺纹，结构简单，装拆方便，对通孔加工精度要求低，应用最广泛
	铰制孔用螺栓联接		螺纹轴线到边缘的距离 e： $e = d + (3 \sim 6)$mm 螺栓孔直径 d_0： 普通螺栓 $d_0 = 1.1d$； 铰制孔用螺栓　d_0 按 d 查有关标准	孔与螺栓杆之间没有间隙，采用基孔制过渡配合，杆和孔的加工精度高。用于螺栓杆承受横向载荷或者定位

类　型	结 构 简 图	主要尺寸关系	特点及应用
双头螺柱联接		螺纹拧入深度 H 为： 钢或青铜 $H \approx d$ 铸铁 $H = (1.25 \sim 1.5)d$ 铝合金 $H = (1.5 \sim 2.5)d$ 螺纹孔深度： $H_1 = H + (2 \sim 2.5)P$ 钻孔深度： $H_2 = H_1 + (0.5 \sim 1)d$ l_1、a、e 值与普通螺栓联接相同	螺柱的两端均有螺纹，一端旋入被联接件的螺纹孔中，另一端则穿过另一被联接件的孔与螺母组合。常用于被联接件之一太厚或盲孔、结构要求紧凑，且经常装拆的场合
螺钉联接		螺纹拧入深度 H 为： 钢或青铜 $H \approx d$ 铸铁 $H = (1.25 \sim 1.5)d$ 铝合金 $H = (1.5 \sim 2.5)d$ 螺纹孔深度： $H_1 = H + (2 \sim 2.5)P$ 钻孔深度： $H_2 = H_1 + (0.5 \sim 1)d$ l_1、a、e 值与普通螺栓联接相同	不用螺母，直接将螺钉的螺纹部分旋入被联接件之一的螺纹孔。结构简单，用于被联接件之一太厚或盲孔，但不宜经常装拆，避免螺纹孔产生过度磨损而导致联接失效
紧定螺钉联接		$d = (0.2 \sim 0.3)d_h$，当力和转矩较大时取较大值	螺钉的末端顶住零件的表面或者顶入该零件的凹坑。常用来定位，并可传递不大的力或转矩

6.1.2 标准螺纹联接件

螺纹联接件的结构形式和尺寸已经标准化，设计时查有关标准选用即可。常用螺纹联接件的类型、结构特点和应用，见表 6-2。

表 6-2　常用螺纹联接件的类型、结构特点及应用

类型	图　例	结构特点及应用
六角头螺栓		应用最广。螺杆可制成全螺纹或者部分螺纹，螺距有粗牙和细牙。螺栓头部形状很多，常用螺栓头部有标准六角头和小六角头两种。其中小六角头螺栓材料利用率高、机械性能好，但由于头部尺寸较小，不宜用于装拆频繁、被联接件强度低和容易锈蚀的场合
双头螺柱		螺栓两端均有螺纹，两头的螺纹可以相同也可以不相同，螺栓可带退刀槽或者制成腰杆，也可以制成全螺纹的螺柱，螺柱的一端常用于旋入铸铁或者有色金属的螺纹孔中，旋入后不拆卸，另一端则用于安装螺母以固定其他零件

类型	图　例	结构特点及应用
螺钉		螺钉头部形状有六角头、圆头、扁圆头、圆柱头和沉头等。头部的旋具槽有一字槽、十字槽和内六角孔等形式。十字槽螺钉头部强度高、对中性好,便于自动装配。内六角孔螺钉可承受较大的扳手扭矩,联接强度高,可替代六角头螺栓,用于要求结构紧凑的场合
紧定螺钉		常用的末端形式有锥端、平端和圆柱端。锥端适用于被紧定零件的表面硬度较低或者不经常拆卸的场合;平端接触面积大,不会损伤零件表面,常用于顶紧硬度较大的平面或者经常装拆的场合;圆柱端压入轴上的凹坑中,适用于紧定空心轴上的零件位置
自攻螺钉		螺钉头部形状有圆头、六角头、圆柱头、沉头等。头部的旋具槽有一字槽、十字槽等形式。末端形状有锥端和平端两种。多用于联接金属薄板、轻合金或者塑料零件,螺钉在联接时可以直接攻出螺纹
六角螺母		根据螺母厚度不同,可分为标准型、厚型和薄型。厚螺母用于经常拆卸易磨损得场合。薄螺母常用于受剪力的螺栓上或者空间尺寸受限制的场合
圆螺母		圆螺母常与止退垫圈配用,装配时将垫圈内舌插入轴上的槽内,将垫圈的外舌嵌入圆螺母的槽内,即可锁紧螺母,起到防松作用。常用于轴上零件的轴向固定
垫圈		保护被联接件的表面不被擦伤,增大螺母与被联接件间的支承面积。常用的有普通垫圈和弹簧垫圈。斜垫圈用于倾斜的支承面

6.1.3 螺纹联接件的材料及等级

螺纹联接件有两类等级:一类是产品等级;另一类是机械性能等级。

1. 产品等级

产品等级表示产品的加工精度。根据国家标准规定,螺纹联接件分为三个精度等级,代号为 A、B、C。A 级精度最高，用于要求配合精确、防止振动等重要零件的联接；B 级精度多用于受载较大且经常装拆或受变载荷的联接；C 级精度多用于一般联接。

2. 机械性能等级和材料

螺纹联接件常用的材料为碳素钢，如 Q215、Q315、10、35、45 号钢。对于承受冲击、振动或者变载荷的螺纹联接，可采用合金钢，如 15Cr、40Cr、30CrMnSi、15CrVB 等。对于特殊用途（如防锈、导电或耐高温等）的螺栓联接，采用特种钢 1Cr13、2Cr13、CrNi2、1Cr18Ni9Ti 和铜合金 H62、H62$_{防磁}$、HPb62、HPb62$_{防磁}$，或者铝合金 2B11、2A10 等。

螺纹联接件机械性能等级表示联接材料的机械性能，如强度、硬度的等级。国家标准规定，螺栓、螺柱、螺钉的机械性能等级代号由两个数字表示，中间用小数点"."隔开。小数点前的数字表示材料公称抗拉强度 σ_b 的 1/100；小数点后的数字表示材料公称屈服极限 σ_s（或 $\sigma_{0.2}$）与 σ_b 比值的 10 倍。例如等级 3.6 表示 $\sigma_b=300\text{MPa}$，$\sigma_s=180\text{MPa}$。螺母的机械性能等级用一位数表示，标准规定材料的强度不得低于与之相配的螺栓材料强度，而硬度略低。螺纹联接件机械性能等级如表 6-3、表 6-4 所示。

表 6-3　螺栓、螺钉和双头螺柱的机械性能等级（GB/T 3098.1—2000）

机械性能等级	3.6	4.6	4.8	5.6	5.8	6.8	8.8	9.8	10.9	12.9
抗拉强度极限 σ_{bmin}/MPa	330	400	420	500	520	600	800	900	1040	1220
屈服极限 σ_{Smin} 或 $\sigma_{0.2min}$/MPa	190	240	340	300	420	480	640	720	940	1100
硬度度 HBW$_{min}$	90	114	124	147	152	181	238	276	304	366
推荐材料	低碳钢	低碳钢或中碳钢					中碳钢，淬火并回火		中碳钢，低、中碳合金钢，淬火并回火，合金钢	合金钢
	10 Q215	15 Q235	16 Q235	25 35	15 Q235	45	35	35 45	40Cr 15MnVB	30CrMnSi 15MnVB

表 6-4　螺母的机械性能等级（GB/T 3098.2—2000）

机械性能等级	4	5	6	8	9	10	12
抗拉强度极限 σ_{bmin}/MPa	510 ($d\geqslant16\sim39$)	520 ($d\geqslant3\sim4$,右同)	600	800	900	1040	1150
推荐材料	易切削钢		低碳钢或中碳钢		中碳钢，低、中碳合金钢，淬火并回火		
相配螺栓的性能等级	3.6,4.6,4.8 ($d>16$)	3.6,4.6,4.8 ($d>16$);5.6,5.8	6.8	8.8	8.8($d>16\sim39$) 9.8($d\leqslant16$)	10.9	12.9

普通垫圈的材料，推荐用 Q235、15、35，弹簧垫圈用 65Mn 制造，并经热处理和表面处理。

螺栓标记示例：

【例 6-1】　六角头螺栓

（1）粗牙螺纹（GB/T 5782—2000）　螺纹规格 $d=$M12，公称长度 $l=80\text{mm}$，性能等级为 8.8 级的六角头螺栓，标记为

$$\text{螺栓 GB/T 5782 M12×80}$$

（2）细牙螺纹（GB/T 5785—2000） 螺纹规格 $d=$ M12×1.5，公称长度 $l=$ 80mm，性能等级为 8.8 级的六角头螺栓，标记为

$$螺栓\ GB/T\ 5785\ M16×1.5×80$$

【例 6-2】 双头螺柱（GB/T 897—1988） 两端均为粗牙螺纹，螺纹规格 $d=$ M10，公称长度 $l=$ 50mm，性能等级为 4.8 级的双头螺柱，标记为

$$螺柱\ GB/T\ 897\ M10×50$$

【例 6-3】 六角螺母（GB/T 6170—2000） 螺纹规格 $d=$ M12，性能等级为 8 级的六角螺母，标记为

$$螺栓\ GB/T6170\ \ \ M12$$

6.1.4 螺纹联接的预紧和防松

1. 螺纹联接的预紧

螺纹联接装配时，一般都要拧紧螺纹，使联接螺纹在承受工作载荷之前，受到预先作用的力，称为螺纹联接的预紧。预先作用的力称为预紧力。螺纹联接预紧的目的在于增加联接的可靠性、紧密性和防松能力。

预紧力的大小根据螺栓所受载荷的性质、联接的刚度等具体工作条件而确定。对于一般联接用的预紧力大小不超过材料的屈服极限 σ_s 的 50%～70%。装配时预紧力的大小是通过拧紧力矩来控制，对于 M10～M68 粗牙普通螺纹的钢制螺栓，拧紧力矩 T 与预紧力 F_0 的关系为

$$T=(0.1～0.3)F_0 d\ (\text{N·m}) \tag{6-1}$$

式中 d——螺栓的直径。

重要的螺栓联接尽量不采用 M10～M16 的螺栓，以免装配时预紧力过大而被拧断。

预紧力的控制方法有多种。对于一般的普通螺栓联接，预紧力凭装配经验控制；对于较重要的普通螺栓联接，小批量生产可用指针式扭力扳手 [见图 6-1（a）] 或者定力矩扳手 [见图 6-1（b）] 来控制预紧力大小，大批量生产可用风扳机来控制预紧力大小；对于预紧力控制有精确要求的螺栓联接，可采用测量螺栓伸长的变形量来控制预紧力大小；而对于高强度螺栓联接，可以采用测量螺母转角的方法来控制预紧力大小。

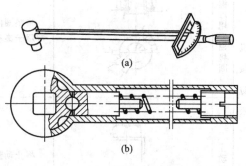

图 6-1 测力矩扳手

2. 螺纹联接的防松

一般的螺栓联接具有自锁性，在静载荷和工作温度变化不大时，可以保证正常工作。但是，在冲击、振动或者变载荷作用下，或者当温度变化很大时，会产生自动松脱现象。为了保证螺纹联接安全可靠，螺栓联接应采取必要的防松措施。

螺纹联接防松的本质就是防止螺纹副产生相对运动。常用螺纹防松方法见表 6-5。

表 6-5　常用螺纹防松方法

防松方法		结构形式	特 点 应 用
摩擦力防松	弹簧垫圈		弹簧垫圈材料为弹簧钢,装配后垫圈被压平,其反弹力使螺纹间保持压紧力和摩擦力。结构简单,使用方便,应用广泛。但在冲击、振动的工作条件下,效果较差,用于一般联接
	对顶螺母		利用两螺母的对顶作用使螺栓始终受附加拉力和附加摩擦力作用。结构简单,但外廓尺寸大,可用于平稳、低速、重载场合
	尼龙圈锁紧螺母		螺母中嵌有尼龙圈,拧上后尼龙圈内孔被胀大,箍紧螺栓。结构简单,防松可靠,多次装拆不降低防松性能,适用于较重要的防松联接
机械防松	槽形螺母和开口销		槽形螺母拧紧后,将开口销穿过螺栓尾部小孔和螺母槽,分开开口销尾部与螺母侧面贴紧。适用于较大冲击、振动的高速机械
	圆螺母用带翅垫圈		将垫圈内翅插入螺栓的槽内,拧紧螺母把外翅折入圆螺母的一个槽内。常用于滚动轴承的固定
	止动垫圈		将止动垫圈的外舌分别向螺母和被联接件的侧面(或沟槽)折弯贴紧。结构简单,防松可靠,但要求有固定垫片的结构
	串联钢丝	正确　错误	用低碳钢丝穿入各螺钉头部的孔内,使螺钉串联后相互制约。注意钢丝穿入方向为旋紧方向。适用于较紧凑的成组螺栓(钉)联接,工作可靠,但装拆不便

防松方法		结构形式	特 点 应 用
其他防松方法	冲点防松		螺母拧紧后,在螺纹旋合缝处冲点或焊接防松。防松可靠,但为不可拆联接,适用于不需拆卸的特殊联接
	焊接		
	粘接防松	涂粘接剂	用粘接剂涂在旋合表面,拧紧螺母后粘接剂能自行固化。防松可靠,且有密封作用,但不便拆卸

6.1.5 螺栓组联接的结构设计

螺栓联接通常是成组使用。螺栓组联接的结构设计主要是选择合理的联接接合面的几何形状和螺栓的布置形式,确定螺栓的公称直径和数目,考虑受力情况、加工和装拆等因素的影响。

① 联接接合面的几何形状通常设计成轴对称的简单几何形状,如图6-2所示。螺栓布置要尽量对称分布,使螺栓组中心与联接结合面形心重合,受力合理,也便于加工和装配。

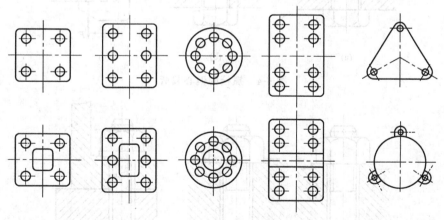

图6-2 螺栓组的布置

② 螺栓的排列应有合理的间距、边距。螺栓之间、螺栓与箱体壁间应留有足够的扳手空间尺寸,如图6-3所示。

螺栓的布置应使螺栓的受力合理。扳手空间的尺寸可查阅有关标准。对于压力容器等紧密性要求较高的联接,螺栓间距不得大于表6-6中的数值。

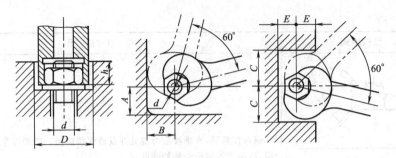

图 6-3　扳手空间

表 6-6　紧密性联接螺栓间距

	工作压力 p/MPa					
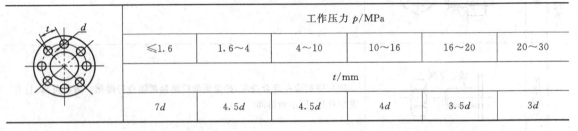	≤1.6	1.6~4	4~10	10~16	16~20	20~30
	t/mm					
	$7d$	$4.5d$	$4.5d$	$4d$	$3.5d$	$3d$

③ 布在同一圆周上的螺栓数目宜取 4、6、8 等偶数,以便于分度与划线。同一螺栓组中各螺栓的直径、长度和材料均应相同。

④ 避免螺栓承受偏心载荷,如图 6-4 所示。螺栓或螺母的支承面应平整并与螺栓轴线垂直,可采用图 6-5 所示的结构。

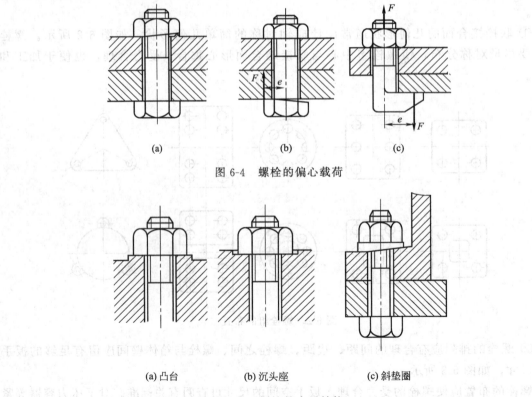

(a)　　　　　　　(b)　　　　　　　(c)

图 6-4　螺栓的偏心载荷

(a) 凸台　　　　　(b) 沉头座　　　　　(c) 斜垫圈

图 6-5　螺栓的支承结构

⑤ 对于承受较大横向载荷的螺栓组联接，可采用销、键、套筒等减载装置来承受横向载荷，以减小螺栓的结构尺寸，如图 6-6 所示。

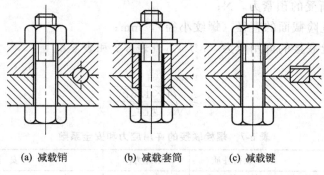

(a) 减载销　　　　(b) 减载套筒　　　　(c) 减载键

图 6-6　螺栓的支承结构

6.1.6　螺栓联接的强度计算

螺栓的强度计算，首先要确定螺栓的类型、数目和布置形式，再进行螺栓受载分析，确定受载最大的螺栓，计算该螺栓所受的载荷。螺栓组的强度计算，实际上是计算螺栓组中受载最大的单个螺栓的强度。由于螺纹联接件是标准件，各部分结构尺寸是按等强度原则及使用经验确定的。所以，螺栓联接的设计只需根据强度理论确定螺纹危险截面的直径或校核强度，其他部分尺寸可查标准选用。

螺栓联接的计算主要是确定螺纹小径 d_1，然后按照标准选定螺纹的公称直径（大径）d 等。

螺栓联接强度计算的方法，同样适用于双头螺柱和螺钉联接。

1. 普通螺栓联接的强度计算

普通螺栓联接的主要失效形式是螺纹部分的塑性变形或断裂，应进行拉伸强度计算。

普通螺栓联接按承受载荷前是否预紧，分为松联接和紧联接两大类。

（1）松螺栓联接　装配时，不需要拧紧螺母，在承受工作载荷之前，螺栓不受力，称为松螺栓联接。如图 6-7 所示，起重吊钩的松螺栓联接。当承受工作载荷 F 时，螺栓杆受拉，其强度条件为

$$\sigma = \frac{F}{\pi d_1^2/4} \leqslant [\sigma] \qquad (6\text{-}2)$$

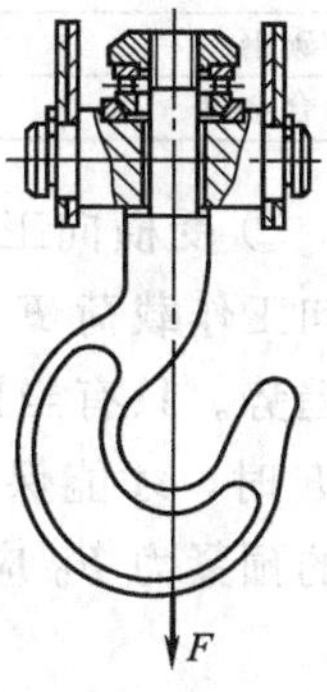

式中　d_1——螺栓危险截面的直径（螺纹小径），mm；

　　　$[\sigma]$——松螺栓的许用拉应力，MPa，查表 6-7 和表 6-8。

设计公式为

$$d \geqslant \sqrt{\frac{4F}{\pi[\sigma]}} \qquad (6\text{-}3)$$

图 6-7　松螺栓联接

（2）紧螺栓联接　装配时，要拧紧螺母，在承受工作载荷之前，螺栓已承受预紧力，称为紧螺栓联接。

① 只受预紧力的紧螺栓联接。在拧紧力矩作用下，螺栓受到预紧力 F_0 产生的拉应力作用，同时还受到螺纹副中摩擦阻力矩 T_1 所产生的剪切应力作用，即螺栓处于拉伸和扭转组合变形状态。实际计算时，为了简化计算，对 M10～M68 的钢制普通螺栓，只按拉伸强度计算，根据第四强度理论将所受拉力增大 30% 来考虑剪切应力的影响。即螺栓的强度条件为

$$\sigma = \frac{1.3F_0}{\pi d_1^2/4} \leqslant [\sigma] \tag{6-4}$$

式中　F_0——螺栓所受的预紧力，N；

　　　d_1——螺栓危险截面的直径（螺纹小径），mm；

　　　$[\sigma]$——紧螺栓联接的许用应力，MPa，查表6-7和表6-8。

设计公式为

$$d_1 \geqslant \sqrt{\frac{4 \times 1.3F_0}{\pi[\sigma]}} \tag{6-5}$$

表 6-7　螺栓联接的许用应力和安全系数

联接类型		载荷性质	许用应力[σ]	安全系数	
普通螺栓联接	松联接	轴向静载荷	$[\sigma]=\sigma_s/S$	$S=1.2\sim1.7$	
	紧联接	轴向或横向静载荷		控制预紧力时，$S=1.2\sim1.5$；不控制预紧力时，查表6-8	
铰制孔螺栓联接	紧螺栓	横向静载荷	$[\tau]=\sigma_s/S$	$S=2.5$	
			$[\sigma_p]=\sigma_s/S$	钢	$S=1.25$
				铸铁	$S=2\sim2.5$
		横向变载荷	$[\tau]=\sigma_s/S$	$S=3.5\sim5$	
			$[\sigma_p]$按静载荷的$[\sigma_p]$值降低20%~30%		

表 6-8　紧螺栓联接的安全系数 S（不控制预紧力）

材　料	静　载　荷			变　载　荷		
	M6~M16	M16~M30	M30~M60	M6~M16	M16~M30	M30~M60
碳钢	4~3	3~2	2~1.5	10~6.5	6.5	6.5~10
合金钢	5~4	4~2.5	2.5	7.5~5	5	6~7.5

② 受横向工作载荷的紧螺栓联接。如图 6-8 所示，在横向工作载荷 F 的作用下，被联接件接合面间有相对滑移的趋势。只有当预紧力 F_0 产生的摩擦力大于或等于横向载荷 F 时，才能保证被联接件不会发生相对滑动。因此，螺栓的预紧力 F_0 应为

$$F_0 \geqslant \frac{K_f F}{fm} \tag{6-6}$$

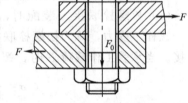

图 6-8　受横向工作载荷的
紧螺栓联接

式中　F_0——螺栓所受的预紧力，N；

　　　F——螺栓所受横向载荷，N；

　　　f——接合面间的摩擦系数，对于钢和铸铁，$f=0.15\sim0.2$；

　　　m——接合面数目；

　　　K_f——可靠性系数，通常取 $K_f=1.1\sim1.3$。

按式（6-6）求出预紧力 F_0 后，再按式（6-4）、式（6-5）进行螺栓强度计算或设计。

普通螺栓靠摩擦力来承受横向工作载荷，需要很大的预紧力，为了防止螺栓被拉断，需要较大的螺栓直径，这将增大联接的结构尺寸。因此，对横向工作载荷较大，尤其在冲击、振动载荷的作用下的螺栓联接，应避免这种结构，或采用一些辅助结构，如图 6-6 所示，用键、套筒和销等抗剪切件来承受横向载荷，这时，螺栓仅起一般联接作用，不受横向载荷，联接的强度应按键、套筒和销的强度条件进行计算。

③ 受预紧力和轴向工作载荷作用的紧螺栓联接。如图 6-9 所示为汽缸的盖螺栓联接，设 z 个螺栓沿圆周均布，汽缸内的气体压强为 p，则每个螺栓的平均工作载荷为

$$F=\frac{p\pi D^2}{4z}$$

工作载荷作用前 [见图 6-9（a）]，螺栓只受预紧力 F_0 的作用，接合面受压力为 F_0；工作载荷作用后 [见图 6-9（b）]，接合面有分离趋势，压力由 F_0 减为 F_0'，为了保证联接的紧密性，防止受工作载荷后联接接合面间出现缝隙，应使 $F_0'>0$，称为残余预紧力。因此，螺栓所受总压力 F_Σ 应为残余预紧力 F_0' 和工作载荷 F 之和，即

$$F_\Sigma=F_0'+F \tag{6-7}$$

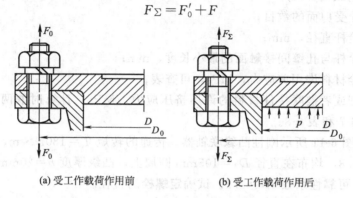

(a) 受工作载荷作用前　　　　　　　(b) 受工作载荷作用后

图 6-9　受预紧力和轴向工作载荷的紧螺栓联接

对于有密封性要求的联接，取 $F_0'=(1.5\sim1.8)F$。对于一般联接，工作载荷稳定时，取 $F_0'=(0.2\sim0.6)F$；工作载荷有变化时，取 $F_0'=(0.6\sim1.0)F$。

设计时，可先求出工作载荷 F，再根据联接的工作要求确定残余预紧力 F_0'，然后由式（6-5）计算出总拉伸载荷 F_Σ，同时考虑扭矩产生的剪应力的影响，将 F_Σ 增加 30％，故螺栓的强度条件为

$$\sigma=\frac{1.3F_\Sigma}{\pi d_1^2/4}\leqslant[\sigma] \tag{6-8}$$

式中　F_Σ——螺栓总拉伸载荷，N；其他符号的含义同前。

设计公式为

$$d_1\geqslant\sqrt{\frac{4\times1.3F_\Sigma}{\pi[\sigma]}} \tag{6-9}$$

2. 受剪螺栓联接

受剪螺栓通常是铰制孔用螺栓，如图 6-10 所示。装配时，螺栓与螺栓孔多采用过盈配合或过渡配合，只需施加较小的预紧力。当联接承受横向载荷时，失效形式为在结合处螺栓横截面受剪切，螺栓杆和被联接件孔壁接触表面互相挤压。因此，应进行剪切和挤压强度计算。

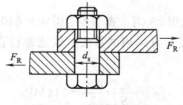

图 6-10　受剪螺栓联接

螺栓的剪切强度条件为

$$\tau = \frac{F_R}{m\pi d_s^2/4} \leqslant [\tau] \tag{6-10}$$

和螺杆与孔壁接触表面的挤压强度条件分别为

$$\sigma_p = \frac{F_R}{d_s \delta} \leqslant [\sigma_p] \tag{6-11}$$

式中　　F_R——横向载荷，N；

　　　　m——螺栓受剪面的数目；

　　　　d_s——螺栓杆直径，mm；

　　　　δ——螺栓杆与孔壁间接触面的最小长度，mm；

　　　　$[\tau]$——螺栓材料许用剪应力，MPa，可查表；

　　　　$[\sigma_p]$——螺杆或者被联接件材料的许用挤压应力，MPa，计算时取两者中的小值，查表 6-7 和表 6-8。

【例 6-4】　如图 6-11 所示刚性凸缘联轴器，传递的转矩 $T=180\text{N} \cdot \text{m}$，螺栓数目 $z=4$，机械性能等级为 8.8，均布在直径 $D_0=105\text{mm}$ 圆周上，凸缘厚度 $b=20\text{mm}$，接合面间的摩擦系数 $f=0.15$，可靠性系数 $K_f=1.2$。试确定螺栓的直径。

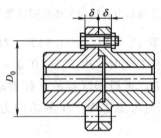

图 6-11　凸缘联轴器

解

(1) 确定每个螺栓承受的横向载荷

$$F = \frac{2T}{ZD_0} = \frac{2 \times 180 \times 10^3}{4 \times 105} = 857\text{N}$$

(2) 计算每个螺栓所受预紧力

由式 (6-6) 得

$$F_0 = \frac{K_f F}{fm} = \frac{1.2 \times 857}{0.15 \times 1} = 6856\text{N}$$

(3) 确定螺栓直径

根据机械性能等级 8.8，选用 35 钢，查表 6-3 得 $\sigma_s=640\text{MPa}$。若装配时不控制预紧力，则螺栓的许用应力与其直径有关，可采用试算法，试选螺栓直径 M10。由表 6-8 查得 $S=3$，则许用应力

$$[\sigma] = \frac{\sigma_s}{S} = \frac{640}{3} = 214\text{MPa}$$

由式（6-5）计算螺栓的小径

$$d_1 \geqslant \sqrt{\frac{4 \times 1.3 F_0}{\pi [\sigma]}} = \sqrt{\frac{4 \times 1.3 \times 6856}{\pi \times 214}} = 7.284 \text{mm}$$

根据 d_1 的计算值，查手册的螺纹的外径 $d=10$mm，与选定值相符，故选用 M10 螺栓合适。

【例 6-5】 如图 6-9（b）所示低压油缸盖采用螺栓联接，已知油压 $p=1.6$MPa，油缸内径 $D=160$mm，采用 8 个 4.8 级螺栓，试计算其缸盖联接螺栓的直径和螺栓分布圆直径。

解

（1）确定每个螺栓工作载荷 F

每个螺栓承受的平均轴向工作载荷 F 为

$$F = \frac{p \pi D^2 / 4}{Z} = \frac{1.6 \times \pi \times 160^2}{4 \times 8} = 4020 \text{N}$$

（2）确定螺栓每个总载荷 F_Σ

根据密封性要求，对于压力容器取残余预紧力 $F_0' = 1.8F$，由式（6-7）可得

$$F_\Sigma = F + F_0' = 2.8F = 2.8 \times 4020 = 11256 \text{N}$$

（3）确定螺栓直径

根据螺栓机械性能等级为 4.8，选用选取螺栓材料为 Q235 钢，$\sigma_s = 340$MPa（见表 6-3），若装配时不严格控制预紧力，则螺栓的许用应力与其直径有关，可采用试算法，试选螺栓直径 M16。由表 6-8 查得 $S=3$，则螺栓许用应力为

$$[\sigma] = \frac{\sigma_s}{S} = \frac{340}{3} = 114 \text{MPa}$$

由式（6-9）计算螺纹小径

$$d_1 = \sqrt{\frac{4 \times 1.3 F_\Sigma}{\pi [\sigma]}} = \sqrt{\frac{4 \times 1.3 \times 11256}{\pi \times 114}} = 12.787 \text{mm}$$

查国家标准，螺纹的外径 $d=16$mm 时，$d_1 = 13.835$mm > 12.787mm 与选定值相符，故选用 M16 螺栓合适。

（4）决定螺栓分布圆直径

设油缸壁厚为 10mm，由图 6-9（b）可以决定螺栓分布圆直径 D_0 为

$$
\begin{aligned}
D_0 &= D + 2e + 2 \times 10 \text{mm} \\
&= 160 + 2[16 + (3 \sim 6)] + 2 \times 10 \text{mm} \\
&= 218 \sim 224 \text{mm}
\end{aligned}
$$

取 $D_0 = 220$mm，螺栓间距为

$$t = \frac{\pi D_0}{Z} = \frac{\pi \times 220}{8} = 86.35 \text{mm}$$

查表 6-6，当 $p \leqslant 1.6$MPa 时，$t_{max} = 7d = 7 \times 16 = 112$mm，$t < t_{max}$，故 $D_0 = 220$mm 合适。

6.2 键联接

轴与轴上的零件周向固定形成的联接称为轴毂联接。轴毂联接的主要形式为键联接、花键联接、销联接、过盈联接等。

6.2.1 键联接

键联接主要用于轴和轴上零件（如带轮、齿轮、联轴器等）的周向固定并传递转矩；有时兼作轴上零件的轴向固定或轴向移动的导向装置。键联接是一种可拆联接，由于其装拆方便、工作可靠，因此在各类机械中使用极为广泛。

1. 平键联接

平键的上表面与轮毂键槽顶面留有间隙，依靠键与键槽间的两侧面挤压力，传递转矩。所以两侧面为工作面。具有制造容易、装拆方便、定心良好等优点，用于传动精度要求较高的场合。根据用途可将其分为如下三种。

（1）普通平键联接　按端部形状分为圆头（A 型）、平头（B 型）和单圆头（C 型）三种，C 型键用于轴端，如图 6-12 所示。A、C 型键的轴上键槽用立铣刀加工，对轴应力集中较大。B 型键的轴上键槽用盘铣刀加工，轴上应力集中较小。

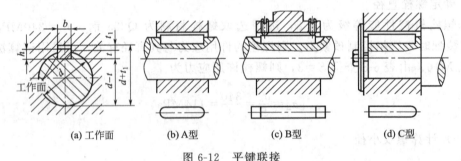

(a) 工作面　　(b) A型　　(c) B型　　(d) C型

图 6-12　平键联接

（2）导向平键联接　如图 6-13 所示，当零件需要作轴向移动时，可采用导向平键联接。导向平键较普通平键长，为防止键体在轴中松动，用两个螺钉将其固定在轴上，中部制有起键螺钉。

（3）滑键联接　如图 6-14 所示，滑键与轴上的零件固定为一体，工作时二者一起沿长的轴槽滑动，适应于轴上零件移动距离较大的场合。

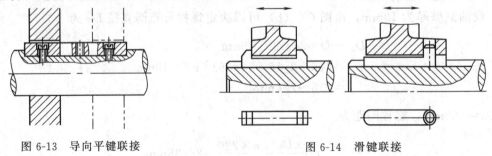

图 6-13　导向平键联接　　　　图 6-14　滑键联接

2. 半圆键联接

如图 6-15 所示，半圆键的两个侧面为半圆形，工作时靠两侧面受挤压传递转矩，键在轴槽内绕其几何中心摆动，以适应轮毂槽底部的斜度，装拆方便，但对轴的强度削弱较大，

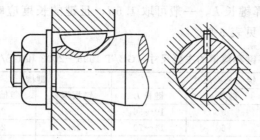

图 6-15 半圆键联接

主要用于轻载场合。

3. 楔键联接与切向键联接

楔键联接如图 6-16 所示,键的上表面和轮毂槽底面均制成 1:100 的斜度,装配时将键用力打入槽内,使轴与轮毂之间的接触面产生很大的径向压紧力,转动时靠接触面的摩擦力来传递转矩及单向轴向力。可分为普通楔键和钩头楔键两种形式。钩头楔键与轮毂端面之间应留有余地,以便于拆卸。楔键的定心性差,在冲击、振动或变载荷下,联接容易松动。适用于不要求准确定心、低速运转的场合。

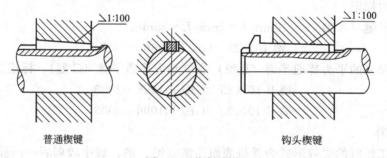

普通楔键 钩头楔键

图 6-16 楔键联接

切向键联接如图 6-17 所示,由一对斜度为 1:100 的普通楔键组成,其上下两面为工作面,上、下面互相平行,需两边打入。其中一个工作面在通过轴心线的平面内,使工作面上的压力沿轴的切向作用,因而能传递较大转矩。一对切向键只能传递单向转矩,若要传递双

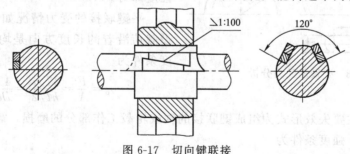

图 6-17 切向键联接

向转矩时,则需装两对互成 120°~135° 的切向键。切向键定心性差,对轴的强度削弱较大,适用于不要求准确定心、低速运转的直径较大的轴。

6.2.2 平键联接的选择与强度校核

1. 尺寸选择

① 根据键联接的工作要求和使用特点,选择平键的类型。

② 按照轴的公称直径 d,从国家标准中选择平键的尺寸(键宽 $b×$ 键高 h)。

③ 根据轮毂长度选择键长 L，一般可取 $1.5d$，且键的长度应略小于轮毂的长度。键长 L 应符合标准长度系列，见表 6-9。

表 6-9　普通平键和键槽的主要尺寸（GB/T 1095—2003 和 GB/T 1096—2003）　　　mm

轴径 d	键的公称尺寸			键槽		长度 L 系列
	键宽 b	键高 h	键长 L	键槽深 t	毂槽深 t_1	
>12~17	5	5	10~56	3.0	2.3	
>17~22	6	6	14~70	3.5	2.8	8,10,12,14,
>22~30	8	7	18~90	4.0	3.3	16,18,20,22,
>30~38	10	8	22~110	5.0	3.3	25,28,32,36,
>38~44	12	8	28~140	5.0	3.3	40,45,50,63,
>44~50	14	9	36~160	5.5	3.8	70,80,90,100,
>50~58	16	10	45~180	6.0	4.3	110,125,140,160,
>58~65	18	11	50~200	7.0	4.4	180,200,220,250,
>65~75	20	12	56~220	7.5	4.9	280,320,360,
>75~85	22	14	63~250	9.0	5.4	400,450,500
>85~95	25	14	70~280	9.0	5.4	
>95~110	28	16	80~320	10.0	6.4	

平键联接的标记

圆头普通平键（A 型）$b=10\text{mm}$　$h=8\text{mm}$　$L=25\text{mm}$

键 10×25　GB/T 1096—2003

对于同一尺寸的平头普通平键（B 型）或单元头普通平键（C 型），标记为

键 B 10×25　GB/T 1096—2003

键 C 10×25　GB/T 1096—2003

2. 强度计算

平键联接工作时的失效形式为受挤表面压溃（键、轴、毂中较弱者——静联接）或磨损（动联接）。严重过载时键会发生剪切变形甚至被剪断。实践证明，平键联接工作时的主要失效形式为挤压破坏，因此只需校核挤压强度即可。

平键联接的受力情况如图 6-18 所示。假设载荷沿着的长度方向是均布的，则挤压强度条件为

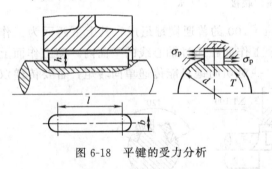

图 6-18　平键的受力分析

$$\sigma_p = \frac{F}{A} = \frac{2T/d}{hl/2} = \frac{4T}{dhl} \leq [\sigma_p] \quad (6\text{-}12)$$

导向平键的主要失效形式为组成键联接的轴或轮毂工作部分的磨损，需按工作面上的压强进行强度校核，强度条件为

$$p = \frac{4T}{dhl} \leq [p] \quad (6\text{-}13)$$

式中　　F——键工作面上的压力，N；

T——传递的转矩，N·m；

A——键或槽的受挤压面积，mm^2；

d——轴的直径，mm；

h——键的高度，mm；

l——键的工作长度，mm，A 型 $l=L-2R=L-b$；B 型 $l=L$；C 型 $l=L-R=L-b/2$；对于导向平键，l 为键与轮毂的接触长度；

$[\sigma_p]$，$[p]$——键联接中最弱材料的许用挤压应力、许用压强，MPa，可查表 6-10。

经校核若设计的键强度不够时，可增加键的长度，但会引起应力分布不均，故键长不能超过 $2.5d$。如果加长键或设计条件不允许加长键，可采用双键，并使双键 180° 布置，考虑双键受载荷不均匀，故在强度计算时按 1.5 个键计算。若强度还是不够，应改为花键。

表 6-10　键联接的许用应力

应力性质	联接方式	材　料	载 荷 性 质		
			静载	轻微冲击	冲击
许用挤压应力 $[\sigma_p]$	静联接	钢	125～150	100～120	60～90
		铸铁	70～80	50～60	30～45
许用压强 $[p]$	动联接	钢	50	40	30

6.2.3 花键联接

花键联接由轴上加工出多个键齿的花键轴和轮毂孔上加工出同样的键齿槽组成，如图 6-19 所示。它相当于多数目的平键联接，工作时靠键齿的侧面互相挤压传递转矩。其优点是比平键联接承载能力强、轴与零件的定心性好、导向性好、对轴的强度削弱小；缺点是成本较高。因此，花键联接用于定心精度要求高和载荷较大的场合。花键已标准化，按齿廓的不同，可分矩形花键、渐开线花键和三角形花键。

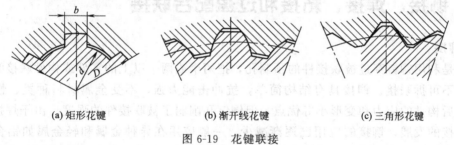

(a) 矩形花键　　　　　　(b) 渐开线花键　　　　　　(c) 三角形花键

图 6-19　花键联接

1. 矩形花键联接

矩形花键的齿侧面为互相平行平面，采用小径定心，加工制造方便，应用最为广泛。

2. 渐开线花键联接

渐开线花键的齿廓为渐开线，分度圆上的压力角为 30° 和 45° 两种，采用齿侧定心。具有制造工艺性好、强度高、易于定心和精度高，适用于重载及尺寸较大的联接。

3. 三角形花键联接

三角形花键采用齿侧定心，齿细小而多，适用于薄壁零件的联接。

6.3　销联接

销联接是靠形状起作用的联接，在任何时候都能拆卸而不会损坏联接元件。主要用于固定零件之间的相互位置（见图 6-20），也可用于轴和轮毂或其他零件的联接（见图 6-21），并可传递不大的载荷。还可以作为安全装置中的过载剪切元件（见图 6-22）。

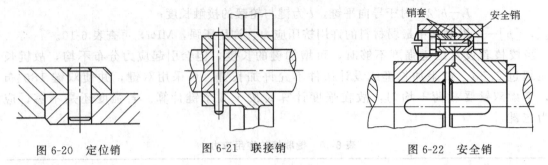

图 6-20　定位销　　　　　图 6-21　联接销　　　　　图 6-22　安全销

销的种类较多，常用销可分为圆柱销、圆锥销和异形销。圆柱销靠过盈固定在孔中，主要用于定位和联接，不宜经常拆卸而破坏装配的精度和可靠性。圆锥销具有 1：50 的锥度，定位精度高，有可靠的自锁性，多用于多次装拆的定位和联接。圆柱销和圆锥销的销孔均需铰制。异形销常用的有销轴和开口销，工作可靠，装拆方便，前者用于铰接处，后者常与槽形螺母合用，锁定其他紧固件。上述销都有国家标准。

使用时应根据工作要求选用，定位销一般不受载荷或只受较小的载荷，其直径按结构确定，数目不得少于 2 个，销装入每一被联接件的销孔内的长度约为销的直径的 1～2 倍。联接销能传递较小的载荷，其尺寸根据联接的结构特点，按经验确定，必要时校核挤压和剪切强度。安全销的直径应按过载 20％～30％即被切断的条件确定。

销的材料一般采用 Q235、35 钢、45 钢。

6.4　铆接、焊接、粘接和过盈配合联接

6.4.1　铆接

铆接是利用铆钉穿过被联接件的预制孔，把两个或两个以上的零件或构件联接为一个整体的一种不可拆联接。铆接具有结构简单，抗冲击能力强，不受金属材料种类、性能的影响，铆接后构件的应力和变形小等优点，但铆钉孔削弱了被联接件的强度。由于焊接和高强度螺栓联接的发展，铆接的应用已逐渐减少，一般应用在异种金属和轻金属如铝合金的联接，承受严重冲击或振动载荷结构或焊接技术受到限制的场合，如桥梁、车辆、造船、重型机械等尚有应用，但航空和航天飞行器结构，仍以铆接为主。

铆接根据被联接件的相互位置关系，有搭接、对接和角接三种基本形式，如图 6-23 所示。

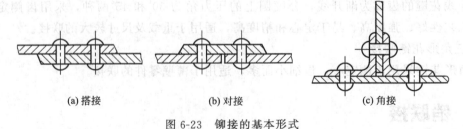

(a) 搭接　　　　　　　(b) 对接　　　　　　　(c) 角接

图 6-23　铆接的基本形式

铆接的方式按温度分为冷铆和热铆。铆钉在常温状态下的铆接称为冷铆，要求铆钉有良好的塑性，常用的铆钉材料有 Q235、10 钢、15 钢、T3、H62、L3、LY1、LF10 等。用铆

钉枪冷铆时，铆钉的直径一般不超过13mm；手工冷铆时，铆钉直径一般小于8mm。铆钉在加热后的铆接称为热铆，在铆钉材质塑性较差或直径较大时，通常采用热铆，用铆钉枪铆接时需将铆钉加热到1000～1100℃，终铆温度应在450～600℃之间，热铆过程应尽可能在短时间内迅速完成。

6.4.2 焊接

焊接是通过加热或加压，或同时加热加压，用或不用填充材料，使焊件结合的一种不可拆联接。焊接具有强度高、成本低、生产周期短、劳动效率高、工序简单、劳动条件好等优点，在工业制造中应用极为广泛。但构件焊接后会产生不同程度的变形，影响结构形状和尺寸精度，应在结构设计和焊接过程中需要考虑焊接应力与变形的原因和预防措施，有利于提高焊接产品的质量问题。

焊接方法根据焊接过程中金属所处的状态，可分为熔焊（如电弧焊、气焊等）、压焊（如电阻焊、超声波焊等）、钎焊（如火焰钎焊、烙铁钎焊等）。现已有50多种焊接工艺方法应用于生产中，随着科学技术的不断发展，焊接技术特别是焊接自动化技术达到了一个崭新的阶段。

常用的焊接接头形式如图6-24所示。

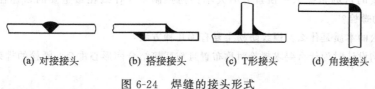

(a) 对接接头　　(b) 搭接接头　　(c) T形接头　　(d) 角接接头

图6-24　焊缝的接头形式

6.4.3 粘接

粘接是利用粘接剂将联接件结合在一起的不可拆联接。粘接可用于不同材料的联接，可以简化制造工艺，易实现机械化和自动化，具有接头抗疲劳性好，接合面密封性能好，避免铆、焊、螺纹联接引起的应力集中和变形，易于实现大面积联接，但可靠性不如铆接和焊接，不适于高温场合，不宜承受大的冲击载荷。

粘接设计时，应尽量使接头受剪切，避免承受拉伸和剥离。

常用的粘接剂有酚醛乙烯、聚氨酯、环氧树脂等。

6.4.4 过盈配合联接

过盈配合联接是利用联接件间的弹性变形，把有一定配合过盈量的被包容件（轴）和包容件（毂）装配形成的紧联接（见图6-25）。这种联接多数情况下是不可拆的，但在过盈量较小的情况下也可做成可拆联接，如滚动轴承套圈。过盈配合联接具有结构简单、对中性好、对轴的强

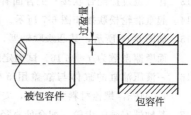

图6-25　过盈配合联接

度削弱小、在冲击振动载荷下工作可靠等优点，但装拆困难、对配合尺寸的精度要求高。因此，多用于承受重载，特别是动载荷以及不经常装拆的场合。

过盈配合联接的配合面一般为圆柱面和圆锥面。

圆柱面过盈联接的装配采用压入法和温差法。压入法是利用压力机装配，装配面易擦伤降低装配强度，可在配合表面加润滑剂或采用如图6-26所示结构。压入法一般用于配合尺寸和过盈量都较小的联接。温差法是利用金属热胀冷缩的性质，加热包容件（油150℃或电炉），或者冷却被包容件（多用液态空气，沸点−79℃）后装配，不会损伤配合面，常用于

配合要求高，过盈量较大的联接。

圆锥面过盈联接是利用被包容件的轴向位移压紧包容件来实现过盈联接，如轴端联接。圆锥过盈联接用液压装拆法装配（见图 6-27），可实现多次装配。

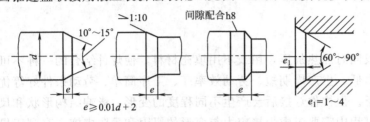
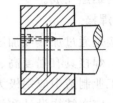

图 6-26 过盈配合联接压入端结构 　　　　图 6-27 液压装拆法

思考与练习题

6-1 常用螺纹有哪几种类型？各用于什么场合？

6-2 螺栓、双头螺柱、螺钉、紧定螺钉分别应用于什么场合？

6-3 螺纹联接预紧的目的是什么？预紧力的大小如何控制？为什么在最重要的紧螺栓联接中不宜采用 M12～M16 的螺栓？

6-4 螺纹联接防松的本质是什么？螺纹防松主要有哪几种方法？

6-5 螺栓组的结构设计时为什么要求螺栓对称布置且与联接结合面形心重合？螺栓的排列间距、边距有什么要求？

6-6 螺栓的机械性能等级为 6.8 级，数字 6.8 的含义是什么？与之相配的螺母机械性能等级应为多少？

6-7 在受拉伸螺栓联接强度计算中，总载荷是否等于预紧力与拉伸工作载荷之和？

6-8 普通平键 A 型、B 型、C 型各有什么特点？分别应用于什么场合？

6-9 说明楔键联接的装配特点和应用场合？

6-10 花键联接应用特点是什么？按齿廓的不同分为哪三种？各适用于什么场合？

6-11 销常用的种类有哪些？各应用于什么场合？

6-12 铆接、焊接、粘接各有何特点？各应用于什么场合？

6-13 什么是过盈配合联接？配合面有几种？说明装配方法及应用场合？

6-14 起重滑轮松联接如图 6-7 所示。已知工作载荷 $F=50$N，螺栓材料为 Q235，试确定螺栓的直径。

6-15 如图 6-11 所示，某凸缘联轴器，用 4 个普通螺栓联接，$D_0=120$mm，传递扭矩 $T=180$N·m，接合面摩擦系数为 $f=0.16$。试确定螺栓的直径。

6-16 一液压油缸的缸体与缸盖用 8 个双头螺栓联接，油缸内径 $D=250$mm，缸体内部的油压为 $p=1.0$MPa，螺栓材料为 35 钢，安装时控制预紧力。试确定螺栓的直径和螺栓分布圆直径。

6-17 某轴端安装一齿轮，配合处直径 $d=60$mm，轴与轮毂的直径均为 45 钢，轮毂长度 $l=68$mm，工作有轻微的冲击，传递的转矩 $T=750$N·m。试选用合适的平键。

6-18 轴与轮毂采用平键联接。配合处的直径 $d=55$mm，轴的材料为 45 钢，轮毂的材料为铸铁，轮毂长度 $l=75$mm，工作载荷有冲击，传递的转矩 $T=300$N·m。试选择平键联接的类型和尺寸，并校核强度。

第7章 带传动和链传动

本章主要介绍了带传动的类型、特点、工作原理和应用，分析了对带传动的运动、受力情况，以及带传动的主要失效形式和设计准则。重点介绍 V 带传动的设计，简要介绍链传动的结构特点、应用及维护的基本知识。

带传动和链传动都是通过环形挠性元件，在两个或多个传动轮之间传递运动和动力的挠性传动，是常用的机械传动形式。

7.1 带传动概述

如图 7-1 所示，带传动是由主动轮、从动轮、传动带及机架组成。当原动机驱动主动带轮转动时，通过中间挠性件传动带，使从动带轮一起转动，传递运动和动力。

7.1.1 带传动的类型

根据工作原理不同，带传动可分为摩擦带传动和啮合带传动两大类。

摩擦带传动将带张紧在两个带轮上，利用带与带轮接触面间产生的摩擦力，来传递运动和动力。如平带传动、V 带传动等。

啮合带传动是利用带内侧的齿或孔与带轮外缘上的齿槽啮合，传递运动和动力。如同步带传动（见图 7-2）、齿孔带传动等。兼有带传动和齿轮传动的特点，传动时无相对滑动，能保证准确的传动比。传动功率较大（数百千瓦），传动效率高（达 0.98），传动比较大（$i<12\sim20$），允许带速高（至 50m/s），而且初拉力较小，作用在轴和轴承上的压力小，但制造、安装要求高，价格较贵。本章重点介绍摩擦带传动。

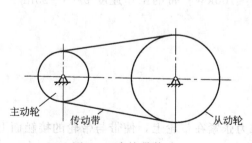

图 7-1　摩擦带传动

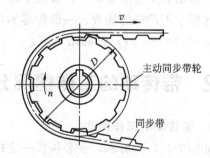

图 7-2　啮合带传动

摩擦带传动按带横剖面的形状，可分为平带传动［见图 7-3 (a)］、V 带传动［见图 7-3 (b)］、多楔带传动［见图 7-3 (c)］和圆带传动［见图 7-3 (d)］。其中平带、V 带传动应用最广。

(1) 平带传动　平带横截面为矩形，工作面为内表面。常用的有橡胶帆布带、编织带、锦纶复合平带。平带传动结构最简单，挠曲性好，易于加工，在高速或传动中心距较大场合

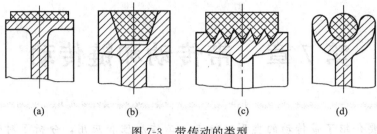

图 7-3 带传动的类型

应用较多。

（2）V 带传动 V 带横截面为梯形，工作面为两侧面。在同样的条件下，V 带传动较平带传动能产生更大摩擦力，约为平带的三倍，故能传递较大的功率，结构更紧凑。在机械传动中应用最广。

（3）多楔带传动 多楔带是在平带基体上由多根 V 带组成的传动带，兼有平带挠曲性好及 V 带传动能力强的优点，同时可避免使用多根 V 带时长度不等、受力不均的缺点。多用于传递很大的功率且结构紧凑的场合。

（4）圆带传动 圆带横截面为圆形，常用皮革、棉绳制成。只用于小功率传动，如仪表、家用机械等。

7.1.2 带传动的特点和应用

① 带有良好的挠性，能吸收振动，缓和冲击，传动平稳，噪声小。

② 过载时带与带轮间会出现打滑，可防止其他零件损坏，起安全保护作用。

③ 结构简单，制造、安装和维护方便，成本低廉，适用于中心距较大的传动。

④ 带与带轮之间存在一定的弹性滑动，故不能保证恒定的传动比，传动精度和传动效率较低。

⑤ 由于带工作时需要张紧，带对带轮轴有很大的压轴力。

⑥ 带传动装置外廓尺寸大，结构不够紧凑。

⑦ 带的寿命较短，需要经常更换。

⑧ 不适用于高温、易燃及有腐蚀介质的场合。

带传动应用范围非常广，多用于原动机与工作机之间的传动，适宜于两轴中心距较大、传动比要求不严格的场合。一般传递的功率 $P \leqslant 100kW$；带的工作速度 $v=5\sim25m/s$；传动效率 $\eta=0.94\sim0.97$；传动比 $i \leqslant 7$。

7.2 带传动的工作情况分析

7.2.1 带传动的工作原理

如图 7-4（a）所示，带必须以一定的初拉力张紧在带轮上，使带与带轮的接触面上产生正压力。带传动未工作时，带的两边承受相等的初拉力 F_0。

当主动轮 1 转动时，两轮与带的摩擦力方向如图 7-4（b）所示，由于摩擦力的作用，在传动中，使进入主动轮一边的带被拉得更紧，拉力由 F_0 增至 F_1，称为紧边。而进入从动轮的一边被放松，拉力由 F_0 降至 F_2，称为松边。设环形带的总长不变，则在紧边拉力的增加量 F_1-F_0 应等于在松边拉力的减少量 F_0-F_2，则

$$F_0 = \frac{1}{2}(F_1 + F_2) \tag{7-1}$$

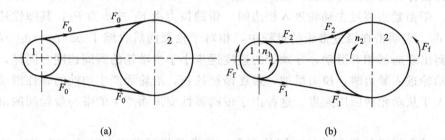

(a)　　　　　　　　　　(b)

图 7-4　带传动的力分析

带紧边和松边的拉力差 F 应等于带与带轮接触面上产生的摩擦力的总和 $\sum F_f$，称为带传动的有效拉力，也就是带所传递的圆周力 F，即

$$F = F_1 - F_2 \tag{7-2}$$

带传动所传递的功率为

$$P = Fv/1000 \tag{7-3}$$

式中　P——传递功率，kW；

　　　F——有效圆周力，N；

　　　v——带的速度，m/s。

由式（7-3）可知，当功率 P 一定时，带速 v 小，则圆周力 F 大，因此通常把带传动布置在机械设备的高速级传动上，以减小带传递的圆周力；当带速一定时，传递的功率 P 愈大，则圆周力 F 愈大，需要带与带轮之间的摩擦力也愈大。

在一定的初拉力 F_0 作用下，摩擦力的大小有一个极限值，即最大摩擦力 $\sum F_{max}$，若带所需传递的圆周力超过这个极限值时，带与带轮将发生明显的相对滑动，这种现象称为打滑。出现打滑时，虽然主动轮还在转动，但带和从动轮都不能正常运动，甚至完全不动，使传动失效。打滑将使带的磨损加剧，传动效率降低，故在带传动设计和使用中应防止出现打滑。

在一定条件下当摩擦力达到极限值时，带的紧边拉力 F_1 与松边拉力 F_2 之间的关系可用欧拉公式来表示

$$\frac{F_1}{F_2} = e^{f\alpha} \tag{7-4}$$

式中　F_1，F_2——紧边和松边拉力，N；

　　　f——带与轮之间的摩擦系数；

　　　α——带在带轮上的包角，rad；

　　　e——自然对数的底，e＝2.718。

由式（7-4）可知，增大包角和增大摩擦系数，都可提高带传动所能传递的圆周力。对于带传动，在一定的条件下 f 为一定值，而且 $\alpha_2 > \alpha_1$，故打滑首先发生在小带轮上，摩擦力的最大值取决于 α_1。

由式（7-2）和式（7-4）可得，带传动在不打滑条件下所能传递的最大圆周力为

$$F_{max} = F_1\left(1 - \frac{1}{e^{f\alpha_1}}\right) \tag{7-5}$$

7.2.2 带传动的运动分析

带是弹性体,受到拉力后会产生弹性伸长,伸长量随拉力大小的变化而改变。由图 7-4(b)可知,带由紧边绕过主动轮进入松边时,带的拉力由 F_1 减小为 F_2,其弹性伸长量也由 δ_1 减小为 δ_2。表明带在绕过带轮的过程中,相对于轮面向后收缩了 $\Delta\delta(\Delta\delta=\delta_1-\delta_2)$,带与带轮轮面间出现局部相对滑动,导致带的速度逐步小于主动轮的圆周速度。同样,当带由松边绕过从动轮进入紧边时,拉力增加,带逐渐被拉长,沿轮面产生向前的弹性滑动,使带的速度逐渐大于从动轮的圆周速度。这种由于带的弹性变形而产生的带与带轮间的滑动称为弹性滑动。

弹性滑动和打滑是两个截然不同的概念。打滑是指过载引起的全面滑动,是可以避免的。而弹性滑动是由于拉力差引起的,只要传递圆周力,就必然会发生弹性滑动,所以弹性滑动是不可以避免的。

弹性滑动的影响,使从动轮的圆周速度 v_2 低于主动轮的圆周速度 v_1,其圆周速度的相对降低程度可用滑差率 ε 来表示。即

$$\varepsilon=\frac{v_1-v_2}{v_1}$$

带传动的理论传动比为

$$i=\frac{n_1}{n_2}=\frac{d_2}{d_1} \tag{7-6}$$

带传动的实际传动比为

$$i=\frac{n_1}{n_2}=\frac{d_2}{d_1(1-\varepsilon)} \tag{7-7}$$

式中　n_1,n_2——主动轮和从动轮的转速,r/min;

　　　d_1,d_2——主动轮和从动轮的直径,mm,对 V 带传动是指带轮的基准直径。

在一般传动中 $\varepsilon=0.01\sim0.02$,其值很小,可不予考虑。

7.2.3 带的应力分析

带传动时,带中产生的应力有以下几种。

1. 由拉力产生的拉应力 σ

紧边拉应力　　　　　　　　　　$\sigma_1=\dfrac{F_1}{A}$ $\tag{7-8}$

松边拉应力　　　　　　　　　　$\sigma_2=\dfrac{F_2}{A}$ $\tag{7-9}$

式中　A——带的横截面积,mm²。

2. 弯曲应力 σ_b

带绕过带轮时,因弯曲而产生弯曲应力 σ_b。

$$\sigma_b\approx E\frac{h}{d} \tag{7-10}$$

式中　E——带的弹性模量,MPa;

　　　d——V 带轮的基准直径,mm;

　　　h——带的高度,mm。

从式(7-10)可知,带在两轮上产生的弯曲应力的大小与带轮基准直径成反比,故小轮

上的弯曲应力较大。

3. 由离心力产生的应力 σ_c

当带沿带轮轮缘作圆周运动时，带上每一质点都受离心力作用。离心拉力为 $F_c = qv^2$，它在带的所有横剖面上所产生的离心拉应力 σ_c 是相等的。

$$\sigma_c = \frac{F_c}{A} = \frac{qv^2}{A} \tag{7-11}$$

式中　q——每米带长的质量，kg/m（见表7-1）；

　　　v——带速，m/s。

表 7-1　普通 V 带截面尺寸 （GB/T 13575.1—2008）

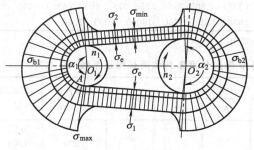

型　号	Y	Z	A	B	C	D	E
顶宽 b/mm	6.0	10.0	13.0	17.0	22.0	32.0	38.0
节宽 b_p/mm	5.3	8.5	11.0	14.0	19.0	27.0	32.0
高度 h/mm	4.0	6.0	8.0	11.0	14.0	19.0	23.0
楔角 φ/(°)				40			
每米质量 q/kg	0.023	0.06	0.105	0.170	0.300	0.630	0.970

从图 7-5 所示带的应力分布情况可见，带上的应力是变化的。最大应力发生在紧边与小轮的 A 点接触处，其值为

$$\sigma_{\max} = \sigma_1 + \sigma_c + \sigma_{b1} \tag{7-12}$$

图 7-5　带的应力分布

7.3　V带和V带轮的结构

V带有普通 V 带、窄 V 带、宽 V 带、大楔角 V 带、汽车 V 带等类型。其中普通 V 带和窄 V 带应用较广，本章主要介绍普通 V 带。

7.3.1　普通 V 带的结构和标准

普通 V 带为无接头的环形带，其横剖面结构如图 7-6 所示，由伸张层 1、强力层 2、压缩层 3、包布层 4 组成。包布层由胶帆布制成，起保护作用；伸张层和压缩层由橡胶制成，当带弯曲时承受拉伸或压缩；强力层由几层挂胶的帘布或浸胶的棉线（或尼龙）绳构成，是承受基本拉伸载荷的主体，有帘布结构和绳芯结构两种。帘布结构 V 带抗拉强度大，承载能力较强，应用最多；绳芯结构 V 带柔韧性好，抗弯强度高，但承载能力较差，用于直径小、速度快的场合。为了提高 V 带抗拉强度，近年来已开始使用合成纤维（锦纶、涤纶等）

绳芯作为强力层。

V带已标准化，按其截面大小分为 Y、Z、A、B、C、D、E 七种型号。Y 型 V 带截面尺寸最小，E 型 V 带截面尺寸最大（见表 7-1）。

当带绕在带轮上产生弯曲时，外层被拉长，内层被压短，两层之间存在一层长度不变的中性层称为节面。节面宽度称为节宽（b_p）。在 V 带轮上，与带的节宽 b_p 相对应的带轮直径称为节径 d_p，通常它又是基准直径 d_d（见图 7-7），其标准系列见表 7-2。V 带在规定的张紧力下，位于带轮基准直径上的周线长度称为基准长度 L_d。普通 V 带的基准长度系列见表 7-3。

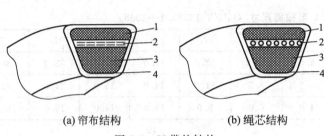

(a) 帘布结构　　　　(b) 绳芯结构

图 7-6　V 带的结构

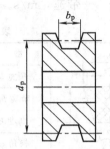

图 7-7　带轮基准直径

表 7-2　普通 V 带轮的基准直径系列（GB/T 13575.1—2008）

V 带轮型号	Y	Z	A	B	C	D	E
最小基准直径 d_{dmin}/mm	20	50	75	125	200	355	500
基准直径系列 d_d/mm	20　22.4　25　28　31.5　35.5　40　45　50　56　63　71　75　80（85）　90　（95） 100　106　112　118　125　132　140　150　160　（170）　180　200　212　224　（236） 250　（265）　280　315　355　375　400　（425）　450　（475）　500　630　710　800 900　1000　1120　1250　16000　2000　2500						

注：括号内的基准直径不推荐采用。

表 7-3　普通 V 带的长度系列和带长修正系数 K_L（GB/T 11154—1997）

基准长度 L_d/mm	K_L					基准长度 L_d/mm	K_L			
	Y	Z	A	B	C		Z	A	B	C
200	0.81					1600	1.04	0.99	0.92	0.83
224	0.82					1800	1.06	1.01	0.95	0.86
250	0.84					2000	1.08	1.03	0.98	0.88
280	0.87					2240	1.10	1.06	1.00	0.91
315	0.89					2500	1.30	1.09	1.03	0.93
355	0.92					2800		1.11	1.05	0.95
400	0.96	0.79				3150		1.13	1.07	0.97
450	1.00	0.80				3550		1.17	1.09	0.99
500	1.02	0.81				4000		1.19	1.13	1.02
560		0.82				4500			1.15	1.04
630		0.84	0.81			5000			1.18	1.07
710		0.86	0.83			5600				1.09
800		0.90	0.85			6300				1.12
900		0.92	0.87	0.82		7100				1.15
1000		0.94	0.89	0.84		8000				1.18
1120		0.95	0.91	0.86		9000				1.21
1250		0.98	0.93	0.88		10000				1.23
1400		1.01	0.96	0.90						

注：当表中数系不能满足要求时，可按 GB/T 13575.1—2008 选取。

普通 V 带的标记由带型、基准长度和标准号组成。V 带的标记及制造厂家通常印在带的顶面上。例如 A 型带，基准长度为 1430mm，标记为

$$A \quad 1430 \quad GB/T \ 1171$$

7.3.2　V 带轮的结构

V 带轮的设计要求应满足质量小且质量分布均匀；足够的承载能力；良好的结构工艺性；轮槽工作面要精细加工，以减少带的磨损；各槽的尺寸和角度应保持一定的精度，以使载荷分布较为均匀等。

如图 7-8 所示，普通 V 带轮通常由轮缘、轮辐、轮毂组成。带轮的结构形式根据带轮的直径确定。一般小带轮（$d_a < 150mm$）采用实心式〔见图 7-8（a）〕；中带轮（$d_a = 150mm \sim 450mm$）采用腹板式或孔板式〔见图 7-8（b）、（c）〕；大带轮（$d_a > 450mm$）采用轮辐式〔见图 7-8（d）〕。轮缘上面制有与带的型号、根数相对应的轮槽，可参考表 7-4 确定。V 带轮结构尺寸见表 7-5。其他尺寸可参阅有关机械设计手册。

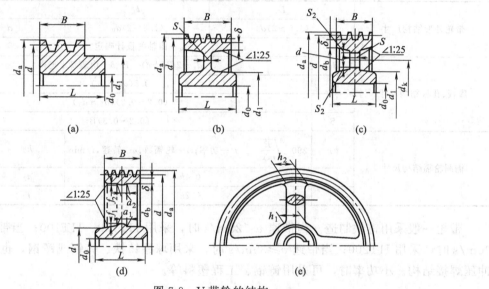

图 7-8　V 带轮的结构

表 7-4　V 带轮轮槽尺寸（GB/T 10412—2002）　　　　　　　　mm

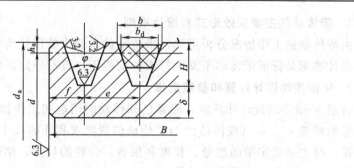

槽　　型	Y	Z	A	B	C	D	E
基准宽度 b_d	5.3	8.5	11.0	14.0	19.0	27.0	32.0
顶宽 b	6.3	10.1	13.2	17.2	23.0	32.7	38.7
基准线上槽深 h_{amin}	1.6	2.0	2.75	3.5	4.8	8.1	9.6

续表

槽　　　型	Y	Z	A	B	C	D	E
槽间距 e	8 ± 0.3	12 ± 0.3	15 ± 0.3	19 ± 0.4	25.5 ± 0.5	37 ± 0.6	44.5 ± 0.7
槽中心至轮端面间距 f_{min}	6	7	9	11.5	16	23	28
槽深 H_{min}	6.3	9	11.45	14.3	19.1	28	33
槽底至轮缘厚度 δ_{min}	5	5.5	6	7.5	10	12	15
轮外缘宽度 B			$B=(Z-1)e+2f$　Z—轮槽数				
轮外圆直径 d_a			$d_a=d+2h_a$				
轮槽角 φ	32	对应基准直径 d	$\leqslant60$	—	—	—	—	—	—
	34		—	$\leqslant80$	$\leqslant118$	$\leqslant190$	$\leqslant315$	—	—
	36		60	—	—	—	—	$\leqslant475$	$\leqslant600$
	38		—	$\geqslant80$	$\geqslant118$	$\geqslant190$	$\geqslant315$	>475	>600

表 7-5　V 带轮结构尺寸

		L	d_1	d_a
带轮外形结构尺寸		$(1.5\sim2)d_0$	$(1.8\sim2)d_0$	$d+2h_a$
		d_0—由轴的设计确定		
腹板、孔板结构尺寸	d_b	$d_a-2(H+\delta)$　H,δ—由表 7-4 查得		
	d_k	$0.5(d_b+d_1)$		
	d_s	$(0.2\sim0.3)(d_b-d_1)$		
	S	$(0.2\sim0.3)B$		
椭圆轮辐结构尺寸	h_1	$290\sqrt[3]{\dfrac{P}{nA}}$　P—功率；A—轮辐数；n—转速，r/min	h_2	$0.8h_1$
	a_1	$0.4h_1$	a_2	$0.8a_1$
	f_1	$0.2h_1$	f_2	$0.2h_2$

带轮一般采用铸铁制造。当带速 $v<25m/s$ 时，采用 HT150、HT100；当带速 $v=25\sim30m/s$ 时，采用 HT200；当带速 $v\geqslant35m/s$ 时，采用球墨铸铁、铸钢或锻钢，也可采用钢板冲压焊接结构。小功率时，可采用铸铝、工程塑料等。

7.4　V 带传动的设计

7.4.1　带传动的主要失效形式和设计准则

由带传动的工作情况分析可知，带传动的主要失效形式为打滑和疲劳破坏。因此，带传动的设计准则是保证带传动不发生打滑的前提下，具有一定的疲劳强度和寿命。

7.4.2　V 带传动设计计算和参数选择

普通 V 带传动设计计算时，通常已知传动的用途和工作情况；传递的功率 P；主动轮、从动轮的转速 n_1、n_2（或传动比 i）；传动位置要求和外廓尺寸要求；原动机类型等。

设计时主要确定带的型号、长度和根数；带轮的尺寸、结构和材料；传动的中心距；带的初拉力和压轴力；张紧和防护等。

1. 确定计算功率

设 P 为传动的额定功率

$$P_C=K_A P \tag{7-13}$$

式中　K_A——工作情况系数，见表 7-6。

表 7-6　工作情况系数 K_A（GB/T 13575.1—2008）

载荷性质	工 作 机	原 动 机					
		空、轻载启动			重载启动		
		每天工作时间/h					
		<10	10～16	>16	<10	10～16	>16
载荷平稳	液压搅拌机、离心式水泵和压缩机、通风机和鼓风机（≤7.5kW）、轻载输送机	1.0	1.1	1.2	1.1	1.2	1.3
载荷变动小	带式运输机、通风机（>7.5kW）、发电机、旋转式水泵和压缩机（非离心式）、金属切削机床、印刷机、旋转筛和木工机械	1.1	1.2	1.3	1.2	1.3	1.4
载荷变动较大	制砖机、斗式提升机、往复式水泵和压缩机、冲剪机床、磨粉机、纺织机械、橡胶机械、振动器、起重机、重载输送机	1.2	1.3	1.4	1.4	1.5	1.6
载荷变动很大	破碎机（旋转式、鄂式等）、球磨机、挖掘机、辊压机	1.3	1.4	1.5	1.5	1.6	1.8

注：1. 空、轻载启动——电动机（交流启动、△启动、直流并励），四缸以上的内燃机、装有离心式离合器、液力联轴器的动力机。

重载启动——电动机（联机交流启动、直流复励或串励），四缸以下的内燃机。

2. 在反复启动、正反转频繁、工作条件恶劣等场合，K_A 应取表值的 1.2 倍。

2. V 带型号的选择

根据计算功率 P_C 和小轮转速 n_1，按图 7-9 选取 V 带的型号。若临近两种型号的交界线时，可按两种型号同时计算，通过分析比较选取。

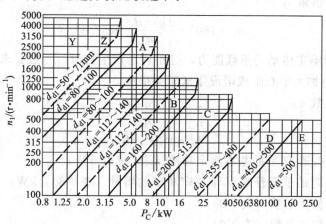

图 7-9　普通 V 带型号选择线图

3. 确定带轮基准直径 d_{d1}、d_{d2}

表 7-2 列出了 V 带轮的最小基准直径和带轮的基准直径系列，选择小带轮基准直径时，应使 $d_{d1} > d_{dmin}$，以减小带内的弯曲应力。大带轮的基准直径 d_{d2} 由式（7-6）可得

$$d_{d2} = \frac{n_1}{n_2} d_{d1} = i d_{d1} \tag{7-14}$$

d_{d2} 应取标准值。

4. 验算带速 v

$$v = \frac{\pi d_{d1} n_1}{60 \times 1000} \quad (7\text{-}15)$$

若带速 $v > 25\text{m/s}$，则带绕过带轮时离心力过大，使带与带轮之间的摩擦力降低而使传动能力下降，而且离心力过大降低了带的疲劳强度和寿命。而当 $v < 5\text{m/s}$ 时，在传递相同功率时带所传递的圆周力增大，使带的根数增加。带速 v 应在 $5 \sim 25\text{m/s}$ 的范围内，其中以 $10 \sim 20\text{m/s}$ 为宜。如带速超过上述范围，应重选小带轮直径 d_{d1}。

5. 确定中心距 a 和基准长度 L_d

传动中心距过小虽结构紧凑，但传动带包角减小、带太短，带的绕转次数增多，导致降低带的寿命和工作能力；带传动中心距过大，将有利于增大包角，但使结构外廓尺寸大，还会因载荷变化引起带的颤动，降低工作能力。若已知条件未对中心距提出具体的要求，一般可按下式初选中心距 a_0，即

$$0.7(d_{d1} + d_{d2}) \leqslant a_0 \leqslant 2(d_{d1} + d_{d2}) \quad (7\text{-}16)$$

由几何关系初定的 V 带基准长度

$$L_0 = 2a_0 + \frac{\pi}{2}(d_{d1} + d_{d2}) + \frac{(d_{d1} - d_{d2})^2}{4a_0} \quad (7\text{-}17)$$

由表 7-3 选取相近的基准长度 L_d。最后按下式近似计算实际所需的中心距

$$a \approx a_0 + \frac{L_d - L_0}{2} \quad (7\text{-}18)$$

考虑安装调整和张紧的需要，应使中心距有适当的调整量。一般取

$$a_{max} = a + 0.03L_d$$

$$a_{min} = a - 0.015L_d$$

6. 验算小带轮包角 α_1

$$\alpha_1 = 180° - \frac{d_{d2} - d_{d1}}{a} \times 57.3° \quad (7\text{-}19)$$

包角 α_1 只接影响带传动的承载能力，过小容易产生打滑。一般要求 $\alpha \geqslant 120°$（特殊情况下 $\alpha \geqslant 90°$），否则应加大中心距或增设张紧轮等措施。

7. 确定带的根数 z

$$z = \frac{P_C}{(P_0 + \Delta P_0)K_\alpha K_L} \quad (7\text{-}20)$$

式中　P_0——单根普通 V 带的基本额定功率（表 7-7），kW；

　　ΔP_0——$i \neq 1$ 时的单根普通 V 带额定功率的增量（表 7-8），kW；

　　K_L——带长修正系数（表 7-3）；

　　K_α——包角修正系数（表 7-9）。

　　z——应圆整为整数，通常 $z < 10$，以使各根带受力均匀。

8. 确定初拉力 F_0 并计算作用在轴上的载荷 F_Q

单根普通 V 带合适的初拉力 F_0 可按下式计算。

$$F_0 = \frac{500P_C}{zv}\left(\frac{2.5}{K_\alpha} - 1\right) + qv^2 \quad (7\text{-}21)$$

式中各符号的意义同前。

表 7-7 单根普通 V 带的基本额定功率 P_0（kW）（在包角 $\alpha=180°$、特定长度、平稳工作条件下）

带型	小带轮基准直径 $D_1/$ mm	小带轮转速 $n_1/$（r/min）						
		400	730	800	980	1200	1460	2800
Z	50	0.06	0.09	0.10	0.12	0.14	0.16	0.26
	63	0.08	0.13	0.15	0.18	0.22	0.25	0.41
	71	0.09	0.17	0.20	0.23	0.27	0.31	0.50
	80	0.14	0.20	0.22	0.26	0.30	0.36	0.56
A	75	0.27	0.42	0.45	0.52	0.60	0.68	1.00
	90	0.39	0.63	0.68	0.79	0.93	1.07	1.64
	100	0.47	0.77	0.83	0.97	1.14	1.32	2.05
	112	0.56	0.93	1.00	1.18	1.39	1.62	2.51
	125	0.67	1.11	1.19	1.40	1.66	1.93	2.98
B	125	0.84	1.34	1.44	1.67	1.93	2.20	2.96
	140	1.05	1.69	1.82	2.13	2.47	2.83	3.85
	160	1.32	2.16	2.32	2.72	3.17	3.64	4.89
	180	1.59	2.61	2.81	3.30	3.85	4.41	5.76
	200	1.85	3.05	3.30	3.86	4.50	5.15	6.43
C	200	2.41	3.80	4.07	4.66	5.29	5.86	5.01
	224	2.99	4.78	5.12	5.89	6.71	7.47	6.08
	250	3.62	5.82	6.23	7.18	8.21	9.06	6.56
	280	4.32	6.99	7.52	8.65	9.81	10.74	6.13
	315	5.14	8.34	8.92	10.23	11.53	12.48	4.16
	400	7.06	11.52	12.10	13.67	15.04	15.51	—

表 7-8 单根普通 V 带额定功率的增量 ΔP_0（kW）（在包角 $\alpha=180°$、特定长度、平稳工作条件下）

带型	小带轮转速 $n_1/$（r/min）	传动比 i									
		1.00～1.01	1.02～1.04	1.05～1.08	1.09～1.12	1.13～1.18	1.19～1.24	1.25～1.34	1.35～1.51	1.52～1.99	≥2.0
Z	400	0.00	0.00	0.00	0.00	0.00	0.00	0.00	0.00	0.01	0.01
	730	0.00	0.00	0.00	0.00	0.00	0.00	0.01	0.01	0.01	0.02
	800	0.00	0.00	0.00	0.00	0.01	0.01	0.01	0.01	0.02	0.02
	980	0.00	0.00	0.00	0.00	0.01	0.01	0.01	0.02	0.02	0.02
	1200	0.00	0.00	0.01	0.01	0.01	0.01	0.02	0.02	0.02	0.03
	1460	0.00	0.00	0.01	0.01	0.01	0.02	0.02	0.02	0.02	0.03
	2800	0.00	0.01	0.02	0.02	0.03	0.03	0.03	0.04	0.04	0.04
A	400	0.00	0.01	0.01	0.02	0.02	0.03	0.03	0.04	0.04	0.05
	730	0.00	0.01	0.02	0.03	0.04	0.05	0.06	0.07	0.08	0.09
	800	0.00	0.01	0.02	0.03	0.04	0.05	0.06	0.08	0.09	0.10
	980	0.00	0.01	0.03	0.04	0.05	0.06	0.07	0.08	0.10	0.11
	1200	0.00	0.02	0.03	0.05	0.07	0.08	0.10	0.11	0.13	0.15
	1460	0.00	0.02	0.04	0.06	0.08	0.09	0.11	0.13	0.15	0.17
	2800	0.00	0.04	0.08	0.11	0.15	0.19	0.23	0.26	0.30	0.34
B	400	0.00	0.01	0.03	0.04	0.06	0.07	0.08	0.10	0.11	0.13
	730	0.00	0.02	0.05	0.07	0.10	0.12	0.15	0.17	0.20	0.22
	800	0.00	0.03	0.06	0.08	0.11	0.14	0.17	0.20	0.23	0.25
	980	0.00	0.03	0.07	0.10	0.13	0.17	0.20	0.23	0.26	0.30
	1200	0.00	0.04	0.08	0.13	0.17	0.21	0.25	0.30	0.34	0.38
	1460	0.00	0.05	0.10	0.15	0.20	0.25	0.31	0.36	0.40	0.46
	2800	0.00	0.10	0.20	0.29	0.39	0.49	0.59	0.69	0.79	0.89

续表

带型	小带轮转速 n_1/(r/min)	传 动 比 i									
		1.00~1.01	1.02~1.04	1.05~1.08	1.09~1.12	1.13~1.18	1.19~1.24	1.25~1.34	1.35~1.51	1.52~1.99	≥2.0
C	400	0.00	0.04	0.08	0.12	0.16	0.20	0.23	0.27	0.31	0.35
	730	0.00	0.07	0.14	0.21	0.27	0.34	0.41	0.48	0.55	0.62
	800	0.00	0.08	0.16	0.23	0.31	0.39	0.47	0.55	0.63	0.71
	980	0.00	0.09	0.19	0.27	0.37	0.47	0.56	0.65	0.74	0.83
	1200	0.00	0.12	0.24	0.35	0.47	0.59	0.70	0.82	0.94	1.06
	1460	0.00	0.14	0.28	0.42	0.58	0.71	0.85	0.99	1.14	1.27
	2800	0.00	0.27	0.55	0.82	1.10	1.37	1.64	1.92	2.19	2.47

表 7-9　包角修正系数 K_α（GB/T 13575.1—2008）

包角 α/(°)	180	175	170	165	160	155	150	145	140	135	130	120	110	100	95	90
K_a	1.00	0.99	0.98	0.96	0.95	0.93	0.92	0.91	0.89	0.88	0.86	0.82	0.78	0.74	0.72	0.69

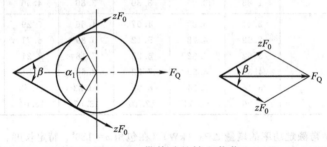

图 7-10　带传动的轴上载荷

F_Q 可近似地按带两边的初拉力 F_0 的合力来计算。由图 7-10 可得，作用在轴上的载荷 F_Q 为

$$F_Q = 2zF_0 \sin\frac{\alpha_1}{2} \tag{7-22}$$

式中各符号的意义同前。

9. 带轮结构设计（参见 7.3.2），绘制零件图

【例 7-1】　设计某普通 V 带传动。电动机额定功率 $P = 4kW$，满载转速 $n_1 = 1440r/min$，从动轴转速 $n_2 = 400r/min$，中心距约为 450mm，二班制工作。

解

（1）确定计算功率 P_C

由表 7-6 查得 $K_A = 1.2$，由式（7-14）得

$$P_C = K_A P = 1.2 \times 4 = 4.8kW$$

（2）选取普通 V 带型号

根据 $P = 4.8kW$，$n_1 = 1440r/min$，由图 7-9 选用 A 型普通 V 带。

（3）确定带轮基准直径 d_{d1}、d_{d2}

根据表 7-2 和图 7-9 选取 $d_{d1} = 100mm$ 且 $d_{d1} = 100mm > d_{dmin} = 75mm$。

大轮带轮基准直径 d_{d2} 为

$$d_{d2} = \frac{n_1}{n_2} d_{d1} = \frac{1440}{400} \times 100 = 360mm$$

按表 7-2，选取标准直径 $d_{d2}=355$mm，实际传动比 i、从动轮的实际转速分别为

$$i=\frac{d_{d1}}{d_{d2}}=\frac{355}{100}=3.55$$

$$n_2=n_1/i=1440/3.55\text{r/min}=405.6\text{r/min}$$

从动轮的转速误差率为

$$\frac{405.6-400}{400}\times100\%=1.4\%$$

在 ±5% 以内，为允许值。

（4）验算带速 v［式（7-15）］

$$v=\frac{\pi d_{d1}n_1}{60\times1000}=\frac{\pi\times100\times1440}{60\times1000}=7.54\text{m/s}$$

带速度在 5~25m/s 范围内。

（5）确定带的基准长度 L_d 和实际中心距 a

按结构设计要求初步确定中心距 $a_0=450$mm

由式（7-17）得

$$L_0=2a_0+\frac{\pi}{2}(d_{d1}+d_{d2})+\frac{(d_{d2}-d_{d1})^2}{4a_0}$$

$$=2\times450+\frac{\pi}{2}(100+355)+\frac{(355-100)^2}{4\times450}=1650\text{mm}$$

由表 7-3 选择基准长度 $L_d=1600$mm，则实际中心距 a 由式（7-18）得

$$a\approx a_0+\frac{L_d-L_0}{2}$$

$$=450+\frac{1600-1650}{2}=425\text{mm}$$

中心距 a 的变动范围为

$$a_{\min}=a-0.015L_d$$

$$=425-0.015\times1600=422.6\text{mm}$$

$$a_{\max}=a+0.03L_d$$

$$=425+0.03\times1600=473\text{mm}$$

（6）校验小带轮包角 α_1

由式（7-19）得

$$\alpha_1=180°-\frac{d_{d2}-d_{d1}}{a}\times57.3°$$

$$=180°-\frac{355-100}{425}\times57.3°$$

$$=159.10°>120°$$

（7）计算 V 带的根数 z

由式（7-20）得

$$z\geqslant\frac{P_C}{(P_0+\Delta P_0)K_aK_L}$$

根据 $d_{d1}=100$mm，$n_1=1440$r/min，查表 7-7，用内插法得

$$P_0=1.3\text{kW}$$

根据 $n_1 = 1440\text{r/min}$，$i = 3.55$ 查表 7-8 得

$$\Delta P_0 = 0.17\text{kW}$$

由表 7-3 查得 $K_L = 0.99$，根据 $\alpha = 159.10°$，用插入法由表 7-9 得 $K_\alpha = 0.9473$。则

$$z = \frac{4.8}{(1.3 + 0.17) \times 0.9437 \times 0.99} = 3.06 \text{根}$$

取 $z = 4$ 根

（8）求初拉力 F_0 及带轮轴上的压力 F_Q

由表 7-1 查得 A 型普通 V 带的每米质量 $q = 0.105\text{kg/m}$，根据式（7-21）得单根 V 带的初拉力为

$$F_0 = \frac{500 P_C}{zv}\left(\frac{2.5}{K_\alpha} - 1\right) + qv^2$$

$$= \frac{500 \times 4.8}{4 \times 7.54}\left(\frac{2.5}{0.9473} - 1\right) + 0.105 \times (7.54)^2 = 136.39\text{N}$$

由式（7-22）可得作用在轴上的压力 F_Q

$$F_Q = 2F_0 z \sin\frac{a_1}{2}$$

$$= 2 \times 136.39 \times 4 \sin\frac{159.10°}{2} = 1073.02\text{N}$$

（9）带轮的结构设计（参阅本章 7.3.2，设计过程及带轮工作图略）

（10）设计结果

选用 4 根 A-1600 GB 1171—89V 带，中心距 $a = 425\text{mm}$，带轮直径 $d_{d1} = 100\text{mm}$，$d_{d2} = 355\text{mm}$，轴上压力 $F_Q = 1073.02\text{N}$。

7.5 带传动的张紧、安装与维护

7.5.1 带传动的张紧装置

带传动在张紧状态下工作一段时间后，会出现塑性变形而松弛，使初拉力 F_0 减小，传动能力下降。因此，必须将带重新张紧，以保证带传动正常工作。

带传动常用的张紧方法有调节中心距和采用张紧轮两种。

1. 调节中心距

调节中心距有定期张紧装置和自动张紧装置两类。

（1）定期张紧装置 图 7-11（a）、（b）是采用滑轨和调节螺钉或采用摆动架和调节螺栓改变中心距的张紧方法。前者适用于水平或倾斜不大的布置，后者适用于垂直或接近垂直的布置。

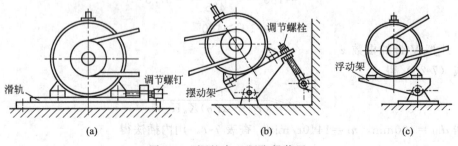

(a)   (b)   (c)

图 7-11 调整中心距张紧装置

（2）自动张紧装置　图 7-11（c）是采用自重，使带轮随浮动架绕固定轴摆动而改变中心距的自动张紧方法。多用于中小功率传动。

2. 采用张紧轮

若中心距不能调节时，可采用具有张紧轮的装置，如图 7-12 所示。张紧轮一般设置在松边内侧且靠近大带轮。若设置在外侧时，应靠近小带轮，以增加小带轮的包角，提高带的疲劳强度。

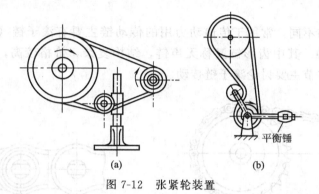

图 7-12　张紧轮装置

7.5.2　带传动的安装和维护

为了保证带传动的正常运转，延长带的寿命，必须重视正确地使用和维护保养。

1. 带传动的安装

① 安装带轮时，各带轮的轴线必须保持平行。各带轮的对应轮槽中心线均应共面且与轴线垂直，否则会加速带的磨损，降低带的寿命，轴承工作恶化。

② 安装带时，应采用缩小中心距后套上带再调整的方法，严禁将带强行撬入或撬出，以免对带损坏，降低其使用寿命。

③ 同组使用的 V 带应型号相同、长度相等，不同厂家生产的 V 带、新旧 V 带不能同组使用。

④ 安装 V 带时，按规定的初拉力张紧。对于中等中心距的带传动，可凭经验张紧，张紧程度以大拇指将带按下 15mm 为宜。新带使用前，最好预先拉紧一段时间后再使用。

2. 带传动的维护

① 严防 V 带与油、酸、碱等介质接触，以免变质，也不宜在阳光下曝晒。

② 定期检查传动带，若有一根松弛或断裂，应全部更换新带。

③ 带传动的工作温度不应超过 60°。

④ 为了保证安全生产，带传动须安装防护罩。

⑤ 如带传动久置后再用，应将传送带放松。

7.6　链传动简介

7.6.1　链传动的特点和类型

链传动由安装在平行轴上的主动链轮 1、从动链轮 2 和绕在两链轮上的环形链条 3 组成（见图 7-13），以链条作中间挠性件，通过链条与链轮轮齿的啮合来传递运动和动力。

链传动与带传动相比，无弹性滑动和打滑现象，需要的张紧力小，能保持准确的平均传动比，结构简单，工作可靠，相同工况下传动尺寸小，能实现远距离传动，耐用、易维护，能在高温、多尘，有污染等恶劣环境条件下工作。但链传动仅能用于平行轴间的传动，瞬时速度不均匀，瞬时传动比不恒定，传动中有一定的冲击、振动和噪声。因此多用于不宜采用带传动和齿轮传动，传动距离较远，功率较大，平均传动比准确的场合。

链传动的传动比 $i \leqslant 8$；中心距 $a \leqslant 5 \sim 6m$；传递功率 $P \leqslant 100kW$；圆周速度 $v \leqslant 15m/s$；传动效率 $\eta = 0.92 \sim 0.96$。链传动广泛用于矿山、农业、石油、冶金、运输及机床和轻工业机械中。

按照链条的结构不同，常用于传递动力用的传动链主要有滚子链（见图 7-14）和齿形链（见图 7-15）两种。其中齿形链又称无声链，结构复杂，价格较高，适用于高速、运动精度较高的场合。本节主要讨论滚子链传动。

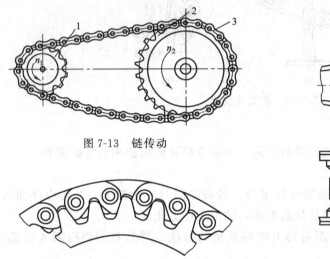

图 7-13 链传动

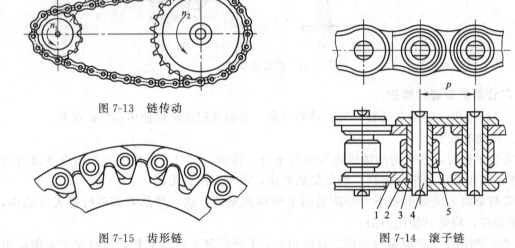

图 7-14 滚子链

图 7-15 齿形链

7.6.2 滚子链传动

如图 7-14 所示，滚子链由内链板 1、套筒 3 和滚子 5 组成内链节，外链板 2 和销轴 4 组成外链节。内链板 1 和套筒 3、外链板 2 和销轴 4 分别用过盈配合固联在一起。内、外链节构成铰链。滚子与套筒、套筒与销轴均为间隙配合。当链条啮入和啮出时，内、外链节作相对转动，同时，滚子沿链轮轮齿滚动，可减少链条与轮齿的磨损。

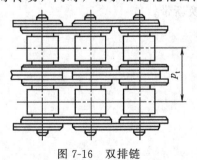

图 7-16 双排链

为减轻链条的重量并使链板各横剖面的抗拉强度大致相等。内、外链板均制成"∞"字形。组成链条的各零件，由碳钢或合金钢制成，并进行热处理，以提高强度和耐磨性。

滚子链相邻两滚子中心的距离称为链节距，用 p 表示，它是链条的主要参数。节距 p 越大，链条各零件的尺寸越大，所能承受的载荷越大。

滚子链可制成单排链和多排链，如双排链（见图 7-16）或三排链。排数越多，承载能力越大。由于制造和装配精度，会使各排链受力不均匀，故一般不超过 3 排。

滚子链的长度以链节数表示。链节数最好取偶数，以便链条联成环形时正好是内、外链板相接，接头处可用开口销或弹簧夹锁紧（见图 7-17）。若链节数为奇数时，则需采用过渡链节（见图 7-18），过渡链节的链板需单独制造，另外当链条受拉时，过渡链节还要承受附加的弯曲载荷，使强度降低，通常应尽量避免。

滚子链已标准化，分为 A、B 两个系列，常用的是 A 系列。表 7-10 列出了常用 A 系列

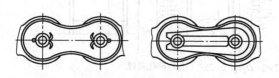

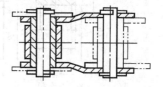

图 7-17　偶数链的过渡链节　　　　　　　图 7-18　奇数链的过渡链节

表 7-10　A 系列滚子链的主要参数

链号	节距 p / mm	排距 p_t /mm	滚子外径 d_{max} /mm	内链节内宽 b_{1max} /mm	销轴直径 d_{2max} /mm	内链节外宽 b_{2max} /mm	外链节内宽 b_{3min} /mm	销轴长度 b_{4max} /mm	止销端加长量 b_{5max} /mm	内链板高度 h_{max} /mm	极限载荷（单排）Q_{min} /N	每米质量（单排）q /(kg/m)
08A	12.70	14.38	7.95	7.85	3.96	11.18	11.23	17.8	3.9	12.07	13800	0.60
10A	15.875	18.11	10.16	9.40	5.08	13.84	13.89	21.8	4.1	15.098	21800	1.00
12A	19.05	22.78	11.91	12.57	5.94	17.75	17.81	26.9	4.6	18.08	21100	1.50
16A	25.40	29.29	15.88	15.75	7.92	22.61	22.66	33.5	5.4	24.13	55600	2.60
20A	31.75	35.76	19.05	18.90	9.53	27.46	27.51	41.1	6.1	30.18	86700	3.80
24A	38.10	45.44	22.23	25.22	11.10	35.46	35.51	50.8	6.6	36.20	124600	5.60
28A	44.45	48.87	25.40	25.22	12.27	37.19	37.24	54.9	7.4	42.24	169000	7.50
32A	50.80	58.55	28.58	31.55	14.27	45.21	45.26	65.5	7.9	48.26	222400	10.10
40A	63.50	71.55	39.68	37.85	19.84	54.89	54.94	80.3	10.2	60.33	347000	16.10
48A	76.20	87.83	47.63	47.35	23.80	67.82	67.87	95.5	10.5	72.39	500400	22.60

注：1. 多排链极限拉伸载荷按表列数值乘以排数计算。

2. 使用过渡链节时，其极限载荷按表列数值的 80% 计算。

滚子链的主要参数。设计时，应根据载荷大小及工作条件等选用适当的链条型号；确定链传动的几何尺寸及链轮的结构尺寸。

套筒滚子链的标记为：

链号—排数×链节数　标准编号

例如：A 系列、双排、120 节、节距为 38.1mm 的标准滚子链，标记应为

24A—2×120　GB/T 1243—2006

7.6.3　链轮

链轮的结构根据其直径大小，小直径采用实心式（也可与轴做成一体链轮轴）、中等直径采用孔板式、大直径采用焊接式和组合式等结构形式，如图 7-19 所示。

轮齿的齿形应保证链节能平稳地进入和退出啮合，受力良好，不易脱链，便于加工。

滚子链链轮的齿形已标准化，有双圆弧齿形 ［见图 7-20（a）］ 和三圆弧一直线齿形 ［见图 7-20（b）］ 两种，前者齿形简单，后者可用标准刀具加工。具体尺寸参阅相关机械设计手册。

链轮的轮齿应有足够的接触强度和耐磨性，故齿面多经热处理。因小链轮的啮合次数比大链轮多，所受冲击力也大，故所用材料一般优于大链轮。常用的链轮材料有碳素钢（如 Q235、Q275、45、ZG310-570 等）、灰铸铁（如 HT200）等。重要的链轮可采用合金钢。

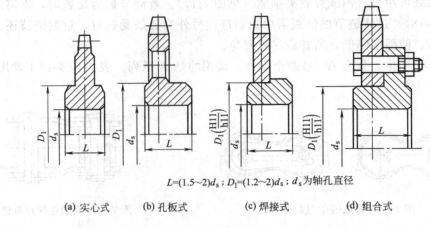

$L=(1.5\sim2)d_s$；$D_1=(1.2\sim2)d_s$；d_s为轴孔直径

(a) 实心式　　　(b) 孔板式　　　(c) 焊接式　　　(d) 组合式

图 7-19　链轮的结构

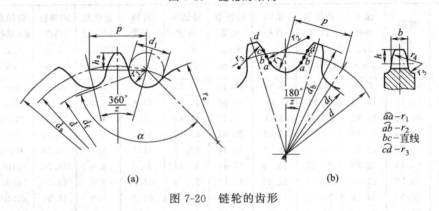

图 7-20　链轮的齿形

7.6.4　滚子链传动的失效形式

链传动的失效形式主要有以下几种。

(1) 链板疲劳破坏　由于链条受变应力的作用，经过一定的循环次数后，链板会发生疲劳破坏，在正常润滑条件下，疲劳强度是限定链传动承载能力的主要因素。

(2) 滚子、套筒的冲击疲劳破坏　链节与链轮啮合时，滚子与链轮间会产生冲击，高速时冲击载荷较大，套筒与滚子表面发生冲击疲劳破坏。

(3) 销轴与套筒的胶合　当润滑不良或速度过高时，销轴与套筒的工作表面摩擦发热较大，而使两表面发生粘附磨损，严重时则产生胶合。

(4) 链条铰链磨损　链在工作过程中，销轴与套筒的工作表面会因相对滑动而磨损，导致链节的伸长，容易引起跳齿和脱链。

(5) 过载拉断　在低速 ($v<6\text{m/s}$) 重载或瞬时严重过载时，链条可能被拉断。

7.6.5　链传动的润滑

链传动良好的润滑将会减少磨损、缓和冲击，提高承载能力，延长使用寿命，因此链传动应合理地确定润滑方式和润滑剂种类。

常用的润滑方式有几种。

(1) 人工定期润滑　用油壶或油刷给油［见图 7-21 (a)］，每班注油一次，适用于链速 $v\leqslant4\text{m/s}$ 的不重要传动。

(2) 滴油润滑　用油杯通过油管向松边的内、外链板间隙处滴油，用于链速 $v\leqslant10\text{m/s}$

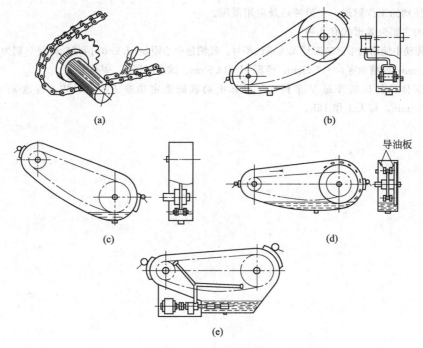

图 7-21　链传动润滑方法

的传动 ［见图 7-21（b）］。

（3）油浴润滑　链从密封的油池中通过，链条浸油深度以 6～12mm 为宜，适用于链速 $v=6～12m/s$ 的传动 ［见图 7-21（c）］。

（4）飞溅润滑　在密封容器中，用甩油盘将油甩起，经由壳体上的集油装置将油导流到链上。甩油盘速度应大于 3m/s，浸油深度一般为 12～15mm ［见图 7-21（d）］。

（5）压力油循环润滑　用油泵将油喷到链上，喷口应设在链条进入啮合之处。适用于链速 $v \geqslant 8m/s$ 的大功率传动 ［见图 7-21（e）］。

链传动常用的润滑油有 L-AN32、L-AN46、L-AN68、L-AN100 等全损耗系统用油。温度低时，黏度宜低；功率大时，黏度宜高。对于不便采用润滑油的场合，允许涂抹润滑脂，但应定期清洗与涂抹。

思考与练习题

7-1　试述带传动的工作原理、主要特点及应用范围？

7-2　什么是初拉力？什么是有效圆周力？二者之间有何关系？

7-3　带传动中弹性滑动与打滑有何区别？它们对于带传动各有什么影响？

7-4　带传动的打滑一般发生在大带轮还是小带轮上？为什么？

7-5　带在工作时产生哪些应力？如何分布？应力分布情况说明哪些问题？

7-6　什么是带的基准长度？什么是带轮的基准直径？

7-7　说明普通 V 带轮的结构组成及结构形式、材料选用的基本原则。

7-8　带传动的设计原则是什么？

7-9　在 V 带传动设计中，为什么要检验带速和包角？

7-10　带传动为什么应有张紧设置？常用的带张紧方法有哪些？

7-11 试述链传动的工作原理、主要特点及应用范围。

7-12 链传动的主要失效形式有几种？

7-13 某 V 带传动中使用的带已破旧且无法辨认型号。经测量中心距 $a \approx 1.2\text{m}$，两带轮外径分别为 $d_{a1} \approx 260\text{mm}$，$d_{a2} \approx 510\text{mm}$，轮槽顶宽 $b \approx 17.5\text{mm}$，槽深 $H \approx 14.5\text{mm}$。试选用带型、基准长度。

7-14 设计某液体搅拌机的普通 V 带传动，已知电动机的额定功率 $P = 2.2\text{kW}$，转速 $n_1 = 1440\text{r/min}$，$n_2 = 340\text{r/min}$，每天工作 16h。

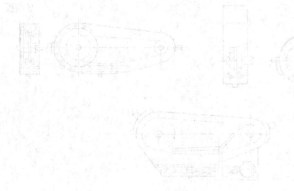

第8章　齿轮传动

本章介绍了渐开线直齿圆柱齿轮、斜齿圆柱齿轮以及直齿锥齿轮的特点、基本参数、几何尺寸的计算和应用，分析了啮合原理和设计计算。重点讨论直齿圆柱齿轮的失效形式和设计计算，并结合直齿圆柱齿轮参数的测量实训，加深对齿轮传动的理解和认识。

8.1　齿轮传动的特点和类型

齿轮传动用来传递任意两轴之间的运动和动力，是现代机械中应用最广的一种机械传动。和其他传动形式比较，齿轮传动的优点是工作可靠、寿命较长；传动比稳定、传动效率高，一对高精度的渐开线齿轮，效率可达 99％以上；可实现平行轴、任意角相交轴、任意角交错轴之间的传动；适用的功率和速度范围广。它的主要缺点有：加工和安装精度要求较高，制造成本也较高；无过载保护；不适宜于远距离两轴之间的传动。

齿轮传动的类型很多，按照一对齿轮轴线的相互位置，齿轮传动可做如下分类（见图8-1）：

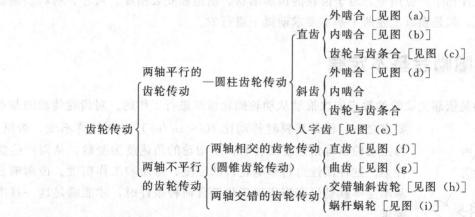

按照轮齿齿廓曲线的形状，齿轮传动可分为渐开线齿轮、圆弧齿轮、摆线齿轮等。本章主要讨论制造、安装方便、应用最广的渐开线齿轮。

按照齿轮传动的工作条件又可分为开式齿轮传动和闭式齿轮传动。前者轮齿外露，灰尘易于落在齿面，润滑不良，齿面易磨损；后者轮齿封闭在箱体内，可以保证良好的润滑和工作要求，应用广泛。

齿轮传动在工作过程中用于传递运动和动力，必须满足以下两个基本要求。

（1）传动准确、平稳　齿轮传动的最基本要求之一是瞬时传动比恒定不变，以避免产生动载荷、冲击、振动和噪声。

（2）承载能力强　齿轮传动在具体的工作条件下，必须有足够的工作能力，以保证齿轮

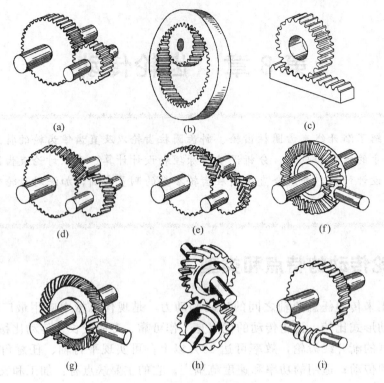

(a)　　　　　　　(b)　　　　　　　(c)

(d)　　　　　　　(e)　　　　　　　(f)

(g)　　　　　　　(h)　　　　　　　(i)

图 8-1　齿轮传动的主要类型

在整个工作过程中不致产生各种失效。

　　在齿轮设计和生产应用中，对于齿轮的齿廓形状、制造和安装精度、尺寸、材料、热处理工艺因素等，都是在以上述两个基本要求前提下进行的。

8.2　齿廓啮合基本定律

　　齿轮传动是依靠主动轮的轮齿依次推动从动轮的轮齿来进行工作的。对齿轮传动的基本要求之一，就是其瞬时传动比 $i(i=\omega_1/\omega_2)$ 必须保持不变，否则，当主动轮以等角速度回转时，从动轮的角速度为变数，从而产生惯性力。这种惯性力将影响轮齿的强度、寿命和工作精度。齿廓啮合基本定律就是研究当齿廓形状符合何种条件时，才能满足这一基本要求。

　　图 8-2 表示两相互啮合的齿廓在 K 点接触，两轮的角速度分别为 ω_1 和 ω_2。过 K 点作两齿廓的公法线 N_1N_2，与连心线 O_1O_2 交于 C 点。两轮齿廓上 K 点的速度分别为

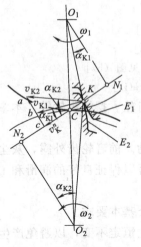

图 8-2　齿廓曲线与齿轮传动比的关系

$$\begin{cases} v_{K1} = \omega_1\,\overline{O_1K} \\ v_{K2} = \omega_2\,\overline{O_2K} \end{cases} \quad\text{(a)}$$

且 v_{K1} 和 v_{K2} 在法线 N_1N_2 上的分速度应相等，否则两齿廓将会压坏或分离。即

$$v_K^n = v_{K1}\cos\alpha_{K1} = v_{K2}\cos\alpha_{K2} \quad\text{(b)}$$

由式 （a）、（b） 得

$$i_{12}=\frac{\omega_1}{\omega_2}=\frac{\overline{O_2K}\cos\alpha_{K2}}{\overline{O_1K}\cos\alpha_{K1}} \tag{c}$$

过 O_1、O_2 分别作 N_1N_2 的垂线 O_1N_1 和 O_2N_2，得 $\angle KO_1N_1=\alpha_{K1}$、$\angle KO_2N_2=\alpha_{K2}$，故式 （c） 可写成

$$i_{12}=\frac{\omega_1}{\omega_2}=\frac{\overline{O_2K}\cos\alpha_{K2}}{\overline{O_1K}\cos\alpha_{K1}}=\frac{\overline{O_2N_2}}{\overline{O_1N_1}} \tag{d}$$

又因 $\triangle CO_1N_1 \backsim \triangle CO_2N_2$，则式 （d） 又可写成

$$i_{12}=\frac{\omega_1}{\omega_2}=\frac{\overline{O_2N_2}}{\overline{O_1N_1}}=\frac{\overline{O_2C}}{\overline{O_1C}} \tag{8-1}$$

由式 （8-1） 可知，要保证传动比为定值，则比值 $\dfrac{\overline{O_2C}}{\overline{O_1C}}$ 应为常数。现因两轮轴心连线 $\overline{O_1O_2}$ 为定长，故欲满足上述要求，C 点应为连心线上的定点，这个定点 C 称为节点。

因此，为使齿轮保持恒定的传动比，必须使 C 点为连心线上的固定点。或者说，欲使齿轮保持定角速比，不论齿廓在任何位置接触，过接触点所作的齿廓公法线都必须与两轮的连心线交于一定点。这就是齿廓啮合的基本定律。

凡满足齿廓啮合基本定律而互相啮合的一对齿廓，称为共轭齿廓。符合齿廓啮合基本定律的齿廓曲线有无穷多，传动齿轮的齿廓曲线除要求满足定角速比外，还必须考虑制造、安装和强度等要求。在机械中，常用的齿廓有渐开线齿廓、摆线齿廓和圆弧齿廓，其中以渐开线齿廓应用最广。本章只讨论渐开线齿轮传动。

8.3 渐开线及渐开线齿廓

8.3.1 渐开线的形成及性质

如图 8-3 所示，一直线 KN 与半径为 r_b 的圆相切，当直线沿该圆作纯滚动时，直线上任一点 K 的轨迹即为该圆的渐开线。这个圆称为渐开线的基圆，而作纯滚动的直线 KN 称为渐开线的发生线。θ_K 称为渐开线在 K 点的展角。

由渐开线的形成可知，它有以下性质。

① 发生线在基圆上滚过的一段长度等于基圆上相应被滚过的一段弧长，即 $\overline{KN}=\overset{\frown}{AN}$。

② 因 N 点是发生线沿基圆滚动时的速度瞬心，故发生线 KN 是渐开线上 K 点的法线。又因发生线始终与基圆相切，所以渐开线上任一点的法线必与基圆相切。

③ 发生线与基圆的切点 N 即为渐开线上 K 点的曲率中心，线段 $\overline{KN}$ 为 K 点的曲率半径。随着 K 点离基圆愈远，相应的曲率半径愈大；而 K 点离基圆愈近，相应的曲率半径愈小。如图 8-4 所示，$\overline{K_1N_1}<\overline{K_2N_2}$。

④ 渐开线的形状取决于基圆的大小。如图 8-4 所示，基圆半径愈小，渐开线愈弯曲；基圆半径愈大，渐开线愈趋平直。当基圆半径趋于无穷大时，渐开线便成为直线。所以渐开线齿条（直径为无穷大的齿轮）具有直线齿廓。

⑤ 渐开线是从基圆开始向外逐渐展开的，故基圆以内无渐开线。

8.3.2 渐开线齿廓符合齿廓啮合基本定律

以渐开线为齿廓曲线的齿轮称为渐开线齿轮。

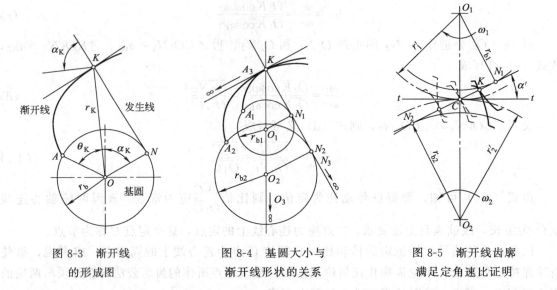

图 8-3　渐开线　　　　图 8-4　基圆大小与　　　　图 8-5　渐开线齿廓
的形成图　　　　　渐开线形状的关系　　　　满足定角速比证明

如图 8-5 所示，两渐开线齿轮的基圆分别为 r_{b1}、r_{b2}，过两轮齿廓啮合点 K 作两齿廓的公法线 N_1N_2，根据渐开线的性质，该公法线必与两基圆相切，即为两基圆的内公切线。又因两轮的基圆为定圆，在其同一方向的内公切线只有一条。所以无论两齿廓在任何位置接触（如图中虚线位置接触），过接触点所作两齿廓的公法线（即两基圆的内公切线）为一固定直线，它与连心线 O_1O_2 的交点 C 必是一定点。因此渐开线齿廓满足定角速比要求。

由图 8-5 知，两轮的传动比为

$$i_{12}=\frac{\omega_1}{\omega_2}=\frac{\overline{O_2C}}{\overline{O_1C}}=\frac{r_{b2}}{r_{b1}} \tag{8-2}$$

上式表明两轮的传动比为一定值，并与两轮的基圆半径成反比。公法线与连心线 O_1O_2 的交点 C 称为节点，以 O_1、O_2 为圆心，$\overline{O_1C}$、$\overline{O_2C}$ 为半径作圆，这对圆称为齿轮的节圆，其半径分别以 r_1' 和 r_2' 表示。从图中可知，一对齿轮传动相当于一对节圆的纯滚动，而且两齿轮的传动比也等于其节圆半径的反比。故一对齿轮的传动比为

$$i=\frac{\omega_1}{\omega_2}=\frac{r_2'}{r_1'}=\frac{r_{b2}}{r_{b1}} \tag{8-3}$$

8.3.3　渐开线齿廓的压力角

在一对齿廓的啮合过程中，齿廓接触点的法线与该点的速度方向的夹角，称为齿廓在该点的压力角。如图 8-3 所示，齿廓上 K 点的法线与该点的速度 v_K 之间的夹角 α_K 称为齿廓上 K 点的压力角。由图可知

$$\cos\alpha_K=\frac{\overline{ON}}{\overline{OK}}=\frac{r_b}{r_K} \tag{8-4}$$

上式说明渐开线齿廓上各点压力角不等，向径 r_K 越大，其压力角越大。在基圆上压力角等于零。

8.3.4　啮合线、啮合角、齿廓间的压力作用线

一对齿轮啮合传动时，齿廓啮合点（接触点）的轨迹称为啮合线。对于渐开线齿轮，无论在哪一点接触，接触齿廓的公法线总是两基圆的内公切线 N_1N_2（见图 8-5）。齿轮啮合

时，齿廓接触点又都在公法线上，因此，内公切线 N_1N_2 即为渐开线齿廓的啮合线。

过节点 C 作两节圆的公切线 tt，它与啮合线 N_1N_2 间的夹角称为啮合角。啮合角等于齿廓在节圆上的压力角，用 α' 表示，由于渐开线齿廓的啮合线是一条定直线 N_1N_2，故啮合角的大小始终保持不变。啮合角不变表示齿廓间压力方向不变；若齿轮传递的力矩恒定，则轮齿之间、轴与轴承之间压力的大小和方向均不变，这也是渐开线齿轮传动的一大优点。

8.3.5　渐开线齿轮的中心距可分性

当一对渐开线齿轮制成之后，其基圆半径是不能改变的，因此从式（8-3）可知，即使两轮的中心距稍有改变，其传动比仍保持原值不变，这种性质称为渐开线齿轮传动的可分性。这是渐开线齿轮传动的另一重要优点，这一优点给齿轮的制造、安装带来了很大方便。

8.4　渐开线标准直齿圆柱齿轮各部分名称和几何尺寸计算

8.4.1　齿轮参数

图 8-6 所示为直齿圆柱齿轮的一部分。为了使齿轮在两个方向都能传动，轮齿两侧齿廓由形状相同、方向相反的渐开线曲面组成。

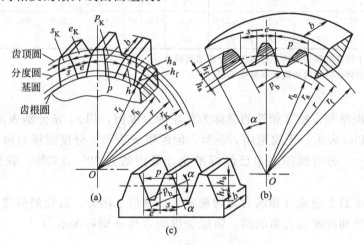

图 8-6　齿轮各部分名称

齿轮各参数名称如下。

1. 齿顶圆

齿顶端所确定的圆称为齿顶圆，其半径和直径用 r_a、d_a 表示。

2. 齿根圆

齿槽底部所确定的圆称为齿根圆，其半径和直径用 r_f、d_f 表示。

3. 齿槽

相邻两齿之间的空间称为齿槽。齿槽两侧齿廓之间的弧长称为该圆上的齿槽宽，用 e_K 表示。

4. 齿厚

在任意直径 d_K 的圆周上，轮齿两侧齿廓之间的弧长称为该圆上的齿厚，用 s_K 表示。

5. 齿距

相邻两齿同侧齿廓之间的弧长称为该圆上的齿距，用 p_K 表示。显然

$$p_K = s_K + e_K \qquad (8-5)$$

$$d_K = \frac{p_K}{\pi} z \qquad (8-6)$$

式中　z——齿轮的齿数；

　　　d_K——任意圆的直径。

6. 模数

在式（8-6）中含有无理数"π"，这对齿轮的计算和测量都不方便。因此，规定比值 $\frac{p}{\pi}$ 等于整数或简单的有理数，并作为计算齿轮几何尺寸的一个基本参数。这个比值称为模数，以 m 表示，单位为 mm，即 $m = \frac{p}{\pi}$，齿轮的主要几何尺寸都与 m 成正比。

为了便于齿轮的互换使用和简化刀具，齿轮的模数已经标准化。我国规定的模数系列见表 8-1。

表 8-1　标准模数系列 （GB/T 1357—2008）

第一系列	1	1.25	1.5	2	2.5	3	4	5	6	8	10
	12	16	20	25	32	40	50				
第二系列	1.75	2.25	2.75	(3.25)	3.5	(3.75)	4.5	5.5	(6.5)	7	9
	(11)	14	18	22	28	36	45				

注：1. 本表适用于渐开线圆柱齿轮，对斜齿轮是指法面模数。

　　2. 优先采用第一系列，括号内的模数尽可能不用。

7. 分度圆

标准齿轮上齿厚和齿槽宽相等的圆称为齿轮的分度圆，用 r、d 分别表示其半径和直径。分度圆上的齿厚以 s 表示；齿槽宽用 e 表示；齿距用 p 表示。分度圆压力角通常称为齿轮的压力角，用 α 表示。分度圆压力角已经标准化，常用的为 20°、15°等，我国规定标准齿轮 $\alpha = 20°$。

由于齿轮分度圆上的模数和压力角均规定为标准值，因此，齿轮的分度圆可定义为：齿轮上具有标准模数和标准压力角的圆。齿轮分度圆直径 d 则可表示为

$$d = \frac{p}{\pi} z = mz \qquad (8-7)$$

8. 齿顶与齿根

在轮齿上介于齿顶圆和分度圆之间的部分称为齿顶，其径向高度称为齿顶高，用 h_a 表示。介于齿根圆和分度圆之间的部分称为齿根，其径向高度称为齿根高，用 h_f 表示。齿顶圆与齿根圆之间轮齿的径向高度称为全齿高，用 h 表示，故

$$h = h_a + h_f \qquad (8-8)$$

齿轮的齿顶高和齿根高可用模数表示为

$$h_a = h_a^* m \qquad (8-9)$$

$$h_f = (h_a^* + c^*) m \qquad (8-10)$$

式中 h_a^* 和 c^* 分别称为齿顶高系数和顶隙系数。我国规定的标准值为正常齿 $h_a^* = 1$，$c^* = 0.25$；短齿 $h_a^* = 0.8$，$c^* = 0.3$。

9. 顶隙

顶隙是指一对齿轮啮合时，一个齿轮的齿顶圆到另一个齿轮的齿根圆的径向距离。顶隙

有利于润滑油的流动。顶隙按下式计算

$$c = c^* m$$

8.4.2　标准齿轮

若一齿轮的模数、分度圆压力角、齿顶高系数、齿顶隙系数均为标准值，且其分度圆上齿厚与齿槽宽相等，则称为标准齿轮。因此，对于标准齿轮

$$s = e = \frac{p}{2} = \frac{\pi m}{2} \tag{8-11}$$

标准直齿圆柱齿轮传动的参数和几何尺寸计算公式列于表 8-2。

表 8-2　标准直齿圆柱齿轮传动的参数和几何尺寸计算公式

名　称	代　号	公式与说明
齿数	z	根据工作要求确定
模数	m	由轮齿的承载能力确定，并按表 8-1 取标准值
压力角	α	$\alpha = 20°$
分度圆直径	d	$d_1 = mz_1$　$d_2 = mz_2$
齿顶高	h_a	$h_a = h_a^* m$
齿根高	h_f	$h_f = (h_a^* + c^*)m$
齿全高	h	$h = h_a + h_f$
顶隙	c	$c = c^* \cdot m$
齿顶圆直径	d_a	$d_{a1} = d_1 + 2h_a = m(z_1 \pm 2h_a^*)$　$d_{a2} = m(z_2 \pm 2h_a^*)$
齿根圆直径	d_f	$d_{f1} = d_1 \mp 2h_f = m(z_1 \mp 2h_a^* \mp 2c^*)$　$d_{f2} = m(z_2 \mp 2h_a^* \mp 2c^*)$
分度圆齿距	p	$p = m\pi$
分度圆齿厚	s	$s = \frac{1}{2}\pi m$
分度圆齿槽宽	e	$e = \frac{1}{2}\pi m$
基圆直径	d_b	$d_{b1} = d_1 \cos\alpha = mz_1 \cos\alpha$　$d_{b2} = mz_2 \cos\alpha$

注：表中正负号，上面符合用于外齿轮，下面符号用于内齿轮。

如图 8-6（b）所示，内齿圆柱齿轮的轮齿是分布在空心圆柱体的内表面上，与外齿轮相比，有以下几个不同点。

① 内齿轮的齿厚相当于外齿轮的齿槽宽；内齿轮的齿槽宽相当于外齿轮的齿厚。

② 内齿轮的齿顶圆在它的分度圆之内，齿根圆在它的分度圆之外。

如图 8-6（c）所示，齿条可以看作齿轮的一种特殊形式。与齿轮相比有以下两个主要特点。

① 齿条的齿廓是直线，因而齿廓上各点的法线是平行的；传动时齿条是直线移动，故各点的速度大小和方向均相同；齿廓上各点的压力角也都相同，等于齿廓的倾斜角。

② 与分度线相平行的各直线上的齿距都相等。

8.5　渐开线直齿圆柱齿轮传动分析

8.5.1　渐开线齿轮正确啮合的条件

如图 8-7 所示，设相邻两齿同侧齿廓齿与啮合线 $N_1 N_2$（也为啮合点的公法线）的交点 K_1 和 K_2，线段 $K_1 K_2$ 的长度称为齿轮的法向齿距。要使两轮正确啮合，它们的法向齿距必须相等。有渐开线的性质可知，法向齿距等于两轮基圆上的齿距。因此，两轮正确啮合必须满足 $p_{b1} = p_{b2}$，且 $p_b = \pi m \cos\alpha$，故

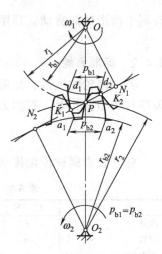

图 8-7　正确啮合的条件

$$\pi m_1 \cos\alpha_1 = \pi m_2 \cos\alpha_2$$

由于模数和压力角已经标准化，为满足上式，应使

$$\begin{cases} m_1 = m_2 = m \\ \alpha_1 = \alpha_2 = \alpha \end{cases} \tag{8-12}$$

上式表明，渐开线齿轮的正确啮合条件是两轮的模数和压力角必须分别相等。

齿轮的传动比可写成

$$i = \frac{\omega_1}{\omega_2} = \frac{r_2'}{r_1'} = \frac{r_{b2}}{r_{b1}} = \frac{r_2 \cos\alpha}{r_1 \cos\alpha} = \frac{r_2}{r_1} = \frac{z_2}{z_1} \tag{8-13}$$

8.5.2　齿轮传动的标准中心距

一对齿轮传动时，齿轮节圆上的齿槽宽与另一齿轮节圆上的齿厚之差称为齿侧间隙。在齿轮加工时，刀具轮齿与工件轮齿之间是没有齿侧间隙的；在齿轮传动中，为了消除反向传动空程和减少撞击，也要求齿侧间隙等于零。

由前述已知，标准齿轮分度圆的齿厚和齿槽宽相等，一对正确啮合的渐开线齿轮的模数相等，即

$$s_1 = e_1 = s_2 = e_2 = \frac{\pi m}{2}$$

因此，当分度圆和节圆重合时，便可满足无侧隙啮合条件。安装时使分度圆与节圆重合的一对标准齿轮的中心距称为标准中心距，用 a 表示。

$$a = r_1' + r_2' = r_1 + r_2 = \frac{m}{2}(z_1 + z_2) \tag{8-14}$$

显然，此时的啮合角 α 就等于分度圆上的压力角。应当指出，分度圆和压力角是单个齿轮本身所具有的，而节圆和啮合角是两个齿轮相互啮合时才出现。标准齿轮传动只有在分度圆与节圆重合时，压力角和啮合角才相等。

8.5.3　渐开线齿轮连续传动的条件

图 8-8 所示为一对相互啮合的齿轮，设轮 1 为主动轮，轮 2 为从动轮。齿廓的啮合是由主动轮 1 的齿根部推动从动轮 2 的齿顶开始，因此，从动轮齿顶圆与啮合线的交点 B_2 即为一对齿廓进入啮合的开始。随着轮 1 推动轮 2 转动，两齿廓的啮合点沿着啮合线移动。当啮合点移动到齿轮 1 的齿顶圆与啮合线的交点 B_1 时（图中虚线位置），这对齿廓终止啮合，两齿廓即将分离。故啮合线 $N_1 N_2$ 上的线段 $B_1 B_2$ 为齿廓啮合点的实际轨迹，称为实际啮合线，而线段 $N_1 N_2$ 称为理论啮合线。

当一对轮齿在 B_2 点开始啮合时，前一对轮齿仍在 K 点啮合，则传动就能连续进行。由图可见，这时实际啮合线段 $B_1 B_2$ 的长度大于齿轮的法线齿距。如果前一对轮齿已于 B_1 点脱离啮合，而后一对轮齿仍未进入啮合，则这时传动发生中断，将引起冲击。所以，保证连续传动的条

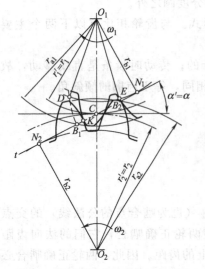

图 8-8　渐开线齿轮连续传动的条件

件是使实际啮合线长度大于或至少等于齿轮的法线齿距（即基圆齿距 p_b）。

通常将实际啮合线长度与基圆齿距之比称为齿轮的重合度，用 ε 表示，即

$$\varepsilon = \frac{\overline{B_1 B_2}}{p_b} \geqslant 1 \tag{8-15}$$

理论上当 $\varepsilon = 1$ 时，就能保证一对齿轮连续传动，但考虑齿轮的制造、安装误差和啮合传动中轮齿的变形，实际上应使 $\varepsilon > 1$。一般机械制造中，常使 $\varepsilon \geqslant 1.1 \sim 1.4$。重合度越大，表示同时啮合的齿的对数越多。对于标准齿轮传动，其重合度都大于 1，故通常不必进行验算。

8.6 渐开线齿轮的加工原理及变位齿轮简介

8.6.1 齿轮轮齿的加工方法

轮齿加工的基本要求是齿形准确和分齿均匀。轮齿的加工方法很多，最常用的是切削加工法，此外还有铸造法、热轧法等。轮齿的切削加工方法按其原理可分为仿形法和范成法两类。

1. 仿形法

仿形法是用与齿轮齿槽形状相同的圆盘铣刀或指状铣刀在铣床上进行加工，如图 8-9 所示。加工时铣刀绕本身的轴线旋转，刀具的剖面形状应与齿槽的齿廓形状完全相同，每切完一个齿槽，刀具退回原位，同时轮坯转过 $360°/z$，再铣第二个齿槽。其余依此类推。这种加工方法简单，不需要专用机床，但精度差，而且是逐个齿切削，切削不连续，故生产率低，仅适用于单件生产及精度要求不高的齿轮加工。

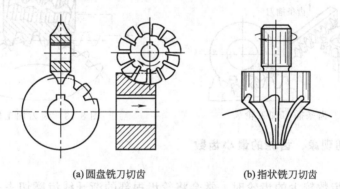

(a) 圆盘铣刀切齿　　　　　(b) 指状铣刀切齿

图 8-9　仿形法加工齿轮

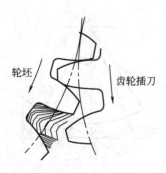

图 8-10　范成法加工齿轮

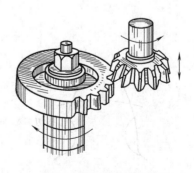

图 8-11　齿轮插刀切齿

2. 范成法

范成法是利用一对齿轮（或齿轮与齿条）互相啮合时其共轭齿廓互为包络线的原理来切齿的（见图 8-10）。如果把其中一个齿轮（或齿条）做成刀具，就可以切出与它共轭的渐开线齿廓。

范成法种类很多，有插齿、滚齿、剃齿、磨齿等，其中最常用的是插齿和滚齿，剃齿和磨齿用于精度和粗糙度要求较高的场合。

（1）插齿　如图 8-11 所示为用齿轮插刀加工齿轮时的情形。齿轮插刀的形状和齿轮相似，其模数和压力角与被加工齿轮相同。加工时，插齿刀沿轮坯轴线方向作上下往复的切削运动；同时，机床的传动系统严格地保证插齿刀与轮坯之间的范成运动。齿轮插刀刀具顶部比正常齿高出 $c^* m$，以便切出顶隙部分。

当齿轮插刀的齿数增加到无穷多时，其基圆半径变为无穷大，插刀的齿廓变成直线齿廓，齿轮插刀就变成齿条插刀，图 8-12 为齿条插刀加工轮齿的情形。

（2）滚齿　齿轮插刀和齿条插刀都只能间断地切削，生产率低。目前广泛采用齿轮滚刀在滚齿机上进行轮齿的加工。

滚齿加工方法基于齿轮与齿条相啮合的原理。图 8-13 为滚刀加工轮齿的情形。滚刀 1 的外形类似沿纵向开了沟槽的螺旋，其轴向剖面齿形与齿条相同。当滚刀转动时，相当于这个假想的齿条连续地向一个方向移动，轮坯 2 又相当于与齿条相啮合的齿轮，从而滚刀能按照范成原理在轮坯上加工出渐开线齿廓。滚刀除旋转外，还沿轮坯的轴向逐渐移动，以便切出整个齿宽。

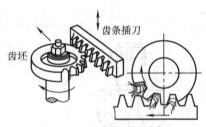

图 8-12　齿条插刀加工轮齿

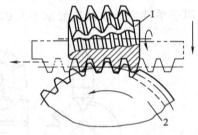

图 8-13　滚刀加工轮齿

8.6.2　轮齿的根切现象，齿轮的最小齿数

1. 根切现象

用范成法加工齿数较少的齿轮时，常会将轮齿根部的渐开线齿廓切去一部分，如图 8-14 所示。这种现象称为根切。根切将使轮齿的抗弯强度降低，重合度减小，故应设法避免。

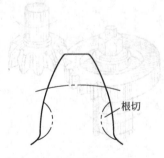

图 8-14　轮齿的根切现象

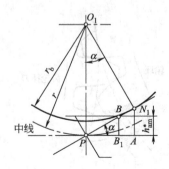

图 8-15　避免根切的条件

2. 不发生根切的最小齿数

对于标准齿轮，用范成法齿条型刀具加工齿轮时，要避免根切（见图8-15），刀具的齿顶线与啮合线的交点 B 必须不得超过啮合极限点 N_1，即

$$\overline{BB_1} \leqslant \overline{N_1A}$$

因为

$$\overline{BB_1} = h_a^* m$$

$$\overline{N_1A} = \overline{PN_1}\sin = r\sin^2\alpha = \frac{1}{2}mz\sin^2\alpha$$

所以

$$h_a^* m \leqslant \frac{1}{2}mz\sin^2\alpha$$

故不根切的最少齿数

$$z_{min} \geqslant \frac{2h_a^*}{\sin^2\alpha}$$

当 $\alpha = 20°$，$h_a^* = 1$ 时，$z_{min} = 17$；$h_a^* = 0.8$ 时，$z_{min} = 14$。

8.6.3　变位齿轮简介

标准齿轮存在下列主要缺点：为了避免加工时发生根切，标准齿轮的齿数必须大于或等于最少齿数 z_{min}；标准齿轮不适用于实际中心距 a' 不等于标准中心距 a 的场合；一对互相啮合的标准齿轮，小齿轮容易磨损并且抗弯能力比大齿轮低。为了弥补这些缺点，在机械中出现了变位齿轮。

图8-16所示为齿条刀具。齿条刀具上与刀具顶线平行而其齿厚等于齿槽宽的直线，称为刀具的中线。中线以及与中线平行的任一直线，称为分度线。除中线外，其他分度线上的齿厚与齿槽宽不相等。

加工齿轮时，若齿条刀具的中线与轮坯的分度圆相切并作纯滚动，由于刀具中线上的齿厚与齿槽宽相等，则被加工齿轮分度圆上的齿厚与齿槽距相等，其值为 $\frac{\pi m}{2}$，因此被加工出来的齿轮为标准齿轮〔见图8-16（a）〕。

若刀具与轮坯的相对运动关系不变，但刀具相对轮坯中心离开或靠近一段距离 xm〔见图8-16（b）、（c）〕，则轮坯的分度圆不再与刀具中线相切，而是与中线以上或以下的某一分度线相切。这时与轮坯分度圆相切并作纯滚动的刀具分度线上的齿厚与齿槽宽不相等，因此被加工的齿轮在分度圆上的齿厚与齿槽宽也不相等。当刀具远离轮坯

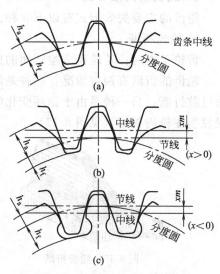

图 8-16　变位齿轮的切削原理

中心移动时，被加工齿轮的分度圆齿厚增大。当刀具向轮坯中心靠近时，被加工齿轮的分度圆齿厚减小。这种由于刀具相对于轮坯位置发生变化而加工的齿轮，称为变位齿轮。齿条刀具中线相对于被加工齿轮分度圆所移动的距离，称为变位量，用 xm 表示，m 为模数，x 为变位系数。刀具中线远离轮坯中心称为正变位（$x>0$），切出的齿轮称为正变位齿轮；刀具靠近轮坯中心称为负变位（$x<0$），加工的齿轮称为负变位齿轮。变位齿轮的几何尺寸计算见有关资料。

采用变位齿轮可以制成齿数少于 z_{min} 而不发生根切的齿轮，可以实现非标准中心距的无侧隙传动，可以使大小齿轮的抗弯能力接近相等。

8.6.4　变位齿轮传动的类型

根据一对齿轮的变位因数之和 $x_\Sigma = x_1 + x_2$ 的取值不同，变位齿轮传动分为三种基本类型。

1. 零传动（$x_\Sigma = x_1 + x_2 = 0$）

零传动又分为两种情况：若 $x_1 = x_2 = 0$，即为标准传动；若 $x_1 = -x_2$，则实际中心距 a' 仍为标准中心距 a，$a' = a$，啮合角 $\alpha' = \alpha$，但两个齿轮的齿顶高、齿根高都发生了变化，全齿高不变，这种变位传动称为高度变位齿轮传动。为了防止小齿轮的根切和增大小齿轮的齿厚，一般小齿轮采用正变位，而大齿轮采用负变化。

2. 正传动（$x_\Sigma = x_1 + x_2 > 0$）

正传动的实际中心距 a' 大于标准中心距 a，即 $a' > a$，啮合角 $\alpha' > \alpha$，故又称为正角度变位传动。变位系数适当分配的正传动有利于提高其强度和使用寿命，因此在机械中广泛应用。

3. 负传动（$x_\Sigma = x_1 + x_2 < 0$）

负传动的实际中心距 a' 小于标准中心距 a，即 $a' < a$，$a' < \alpha$，故又称负角度变位传动。这种传动对齿轮根部强度有削弱作用，一般只在需要调整中心距（$a' < a$）时才有应用。

8.7 渐开线直齿圆柱齿轮强度计算

8.7.1 轮齿的失效形式

轮齿的主要失效形式有以下 5 种。

1. 轮齿折断

齿轮工作时，若轮齿危险剖面的应力超过材料所允许的极限值，轮齿将发生折断。

轮齿的折断有两种情况：一种是因短时意外的严重过载或受到冲击载荷时突然折断，称为过载折断；另一种是由于循环变化的弯曲应力的反复作用而引起的疲劳折断。轮齿折断一般发生在轮齿根部（见图 8-17）。

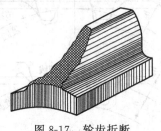

图 8-17 轮齿折断

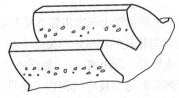

图 8-18 齿面点蚀

2. 齿面点蚀

在润滑良好的闭式齿轮传动中，当齿轮工作了一定时间后，在轮齿工作表面上会产生一些细小的凹坑，称为点蚀（见图 8-18）。点蚀的产生主要是由于轮齿啮合时，齿面的接触应力按脉动循环变化，在这种脉动循环变化接触应力的多次重复作用下，由于疲劳，在轮齿表面层会产生疲劳裂纹，裂纹的扩展使金属微粒剥落下来而形成疲劳点蚀。通常疲劳点蚀首先发生在节线附近的齿根表面处。点蚀使齿面有效承载面积减小，点蚀的扩展将会严重损坏齿廓表面，引起冲击和噪声，造成传动的不平稳。齿面抗点蚀能力主要与齿面硬度有关，齿面硬度越高，抗点蚀能力越强。点蚀是闭式软齿面（HBW≤350）齿轮传动的主要失效形式。

而对于开式齿轮传动，由于齿面磨损速度较快，即使轮齿表层产生疲劳裂纹，但还未扩展到金属剥落时，表面层就已被磨掉，因而一般看不到点蚀现象。

3. 齿面胶合

在高速重载传动中，由于齿面啮合区的压力很大，润滑油膜因温度升高容易破裂，造成齿面金属直接接触，其接触区产生瞬时高温，致使两轮齿表面焊粘在一起，当两齿面相对运动时，较软的齿面金属被撕下，在轮齿工作表面形成与滑动方向一致的沟痕（见图 8-19），这种现象称为齿面胶合。

在实际中采用提高齿面硬度、降低齿面粗糙度、限制油温、增加油的黏度、选用加有抗胶合添加剂的合成润滑油等方法，可以防止胶合的产生。

图 8-19　齿面胶合

磨损厚度

图 8-20　齿面磨损

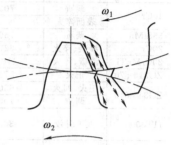

图 8-21　齿面的塑性流动

4. 齿面磨损

互相啮合的两齿廓表面间有相对滑动，在载荷作用下会引起齿面的磨损。尤其在开式传动中，由于灰尘、砂粒等硬颗粒容易进入齿面间而发生磨损。齿面严重磨损后，轮齿将失去正确的齿形（见图 8-20），会导致严重噪声和振动，影响轮齿正常工作，最终使传动失效。

对于新的齿轮传动装置来说，在开始运转一段时间内，会发生跑合磨损。这对传动是有利的，使齿面表面粗糙度值降低，提高了传动的承载能力。但跑合结束后，应更换润滑油，以免发生磨粒磨损。

采用闭式传动，减小齿面粗糙度值和保持良好的润滑可以减少齿面磨损。

5. 齿面塑性变形

在重载的条件下，较软的齿面上表层金属可能沿滑动方向滑移，出现局部金属流动现象，使齿面产生塑性变形，导致主动轮齿面节线处出现凹沟，从动轮齿面节线处出现凸棱，齿廓失去正确的齿形（见图 8-21）。在启动和过载频繁的传动中较易产生这种失效形式。

采用提高齿面硬度、选用黏度较高的润滑油等方法可防止齿面的塑性变形。

8.7.2　齿轮材料及热处理

对齿轮材料的要求是齿面有足够的硬度和耐磨性，轮齿心部有较强韧性，以承受冲击载荷和变载荷。常用的齿轮材料是各种牌号的优质碳素钢、合金结构钢、铸钢和铸铁等，一般多采用锻件或轧制钢材。当齿轮直径在 $400 \sim 600mm$ 范围内时，可采用铸钢；低速齿轮可采用灰铸铁。有时也采用非金属材料。表 8-3 列出了常用齿轮材料的力学性能及应用范围。

齿轮常用的热处理方法有以下几种。

1. 表面淬火

表面淬火一般用于中碳钢和中碳合金钢。表面淬火处理后齿面硬度可达 $52 \sim 56HRC$，耐磨性好，齿面接触强度高。表面淬火的方法有高频淬火和火焰淬火等。

表 8-3　常用的齿轮材料及力学性质

材　料	热处理方法	强度极限 σ_b/MPa	屈服极限 σ_s/MPa	硬　度 HBW	许用接触应力 $[\sigma_H]$/MPa	许用弯曲应力$[\sigma_F]$/MPa	应用范围
45	正火	580	290	160～217	468～513	280～301	低速轻载
	调质	640	350	217～255	513～545	301～315	低速中载
	表面淬火	750	450	40～50 HRC	972～1053	427～504	高速中载或低速重载，冲击很小
40Cr	调质	700	500	240～286	612～675	399～427	中速中载
	表面淬火			48～55HRC	1035～1098	483～518	高速中载，无剧烈冲击
35SiMn		750	450	217～269	585～648	388～420	
20Cr	渗碳、淬火	637	392	56～62HRC	1350	645	高速中载，承受冲击
20CrMnTi	渗碳、淬火	1100	850	56～62HRC	1350	645	
ZG310-570	正火	570	320	160～210	270～301	171～189	中速、中载、大直径
ZG340-640	正火、回火	650	350	170～230	288～306	182～196	
	调质	700	380	240～270	468～490	248～259	
HT300	人工时效	300		187～255	290～347	80～105	低速轻载，冲击很小
QT600-3	正火	600		190～272	436～535	262～315	低、中速轻载，冲击小

2. 渗碳淬火

渗碳淬火用于处理低碳钢和低碳合金钢，渗碳淬火后齿面硬度可达 56～62HRC，齿面接触强度高，耐磨性好，而轮齿心部仍保持有较高的韧性，常用于受冲击载荷的重要齿轮传动。

3. 调质

调质处理一般用于处理中碳钢和中碳合金钢。调质处理后齿面硬度可达 220～260HBW。

4. 正火

正火能消除内应力、细化晶粒，改善力学性能和切削性能。中碳钢正火处理可用于机械强度要求不高的齿轮传动中。

经热处理后齿面硬度≤350HBW 的齿轮称为软齿面齿轮，多用于中、低速机械。当大小齿轮都是软齿面时，考虑到小齿轮齿根较薄，弯曲强度较低，且受载次数较多，因此应使小齿轮齿面硬度比大齿轮高 30～50HBW。

齿面硬度＞350HBW 的齿轮称为硬齿面齿轮，其最终热处理在轮齿精切后进行。因热处理后轮齿会产生变形，故对于精度要求高的齿轮，需进行磨齿。当大小齿轮都是硬齿面时，小齿轮的硬度应略高，也可和大齿轮相等。

近年，由于齿轮材质和齿轮加工工艺技术的迅速发展，越来越广泛地选用硬齿面齿轮。

8.7.3　设计准则

齿轮在具体的工作情况下，必须具有足够的、相应的工作能力，以保证在整个工作寿命期间内不发生失效。齿轮传动的设计准则是根据齿轮可能出现的失效形式来进行的，但是对于齿面磨损、塑性变形等，尚未形成相应的设计准则，所以目前在齿轮传动设计中，通常只按保证齿根弯曲疲劳强度和齿面接触疲劳强度进行计算。而对于高速重载齿轮传动，还要按保证齿面抗胶合能力的准则进行计算（参阅 GB 6413—86）。

由工程实际得知，在闭式齿轮传动中，对于软齿面（≤350HBW）齿轮，齿面点蚀是主要的失效形式，通常按接触疲劳强度进行设计，弯曲疲劳强度校核；而对于硬齿面（＞350HBW）齿轮，常因齿根折断失效，通常按弯曲疲劳强度进行设计，接触疲劳强度校核。开式（半开式）齿轮传动，齿面磨损是主要的失效形式，按弯曲疲劳强度进行设计，确定齿轮的模数，考虑磨损得因素，应将模数增大 10%～20%，不必校核齿面接触疲劳强度。

8.7.4　直齿圆柱齿轮轮齿的受力分析和计算载荷

1. 轮齿的受力分析

图 8-22 所示为一对直齿圆柱齿轮啮合传动时的受力情况。若忽略齿面间的摩擦力，则轮齿之间的总作用力 F_n 将沿着轮齿啮合点的公法线 $N_1 N_2$ 方向，故也称法向力。法向力 F_n 可分解为两个分力即圆周力 F_t 和径向力 F_r。

圆周力
$$F_t = \frac{2T_1}{d_1}$$

径向力
$$F_r = F_t \tan\alpha \tag{8-16}$$

法向力
$$F_n = \frac{F_t}{\cos\alpha}$$

式中　T_1——小齿轮上的转矩，N·mm；

　　　d_1——小齿轮的分度圆直径，mm；

　　　α——分度圆压力角，(°)。

圆周力 F_t 的方向，在主动轮上与圆周速度方向相反，在从动轮上与圆周速度方向相同。径向力 F_r 的方向分别由作用点指向各自的轮心。

2. 计算载荷

上述受力分析是在载荷沿齿宽均匀分布的理想条件下进行的，法向力 F_n 称为名义载荷。但实际运转时，由于齿轮、轴、支承等存在制造、安装误差，以及受载时产生变形等，使载荷沿齿宽不是均匀分布，造成载荷局部集中。轴和轴承的刚度越小、齿宽 b 越宽，载荷集中越严重。此外，由于各种原动机和工作机的特性不同（例如机械的启动和制动、工作机构速度的突然变化和过载等），导致在齿轮传动中还将引起附加动载荷。因此在齿轮强度计算时，通常用计算载荷 F_{nc} 代替名义载荷 F_n。

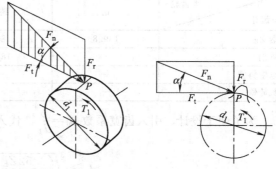

图 8-22　直齿圆柱齿轮传动的受力分析

$$F_{nc} = F_n K \tag{8-17}$$

式中　K——载荷系数，由表 8-4 查取。

表 8-4　载荷系数 K

原动机载荷特性工		工作机载荷特性			
		均匀平稳	轻微振动	中等振动	强烈振动
		电动机	汽轮机、液压马达	多缸内燃机	单缸内燃机
均匀平稳	均匀传送的带式或板式运输机、通风机、轻型离心机、离心泵、机床进给传动等	1.0	1.25	1.5	1.75
轻微振动	不均匀传送的带式或板式运输机、机床主传动、工业和矿山通风机、起重机旋转机构等	1.1	1.35	1.6	1.85
中等振动	橡胶搅拌机、球磨机、木工机械、提升机构等	1.25	1.5	1.75	2.0
强烈振动	挖掘机、破碎机、冲床、轧机等	1.5	1.75	2.0	2.25 或更大

8.7.5 齿面接触疲劳强度计算

齿面点蚀主要与齿面的接触应力的大小有关，为避免齿面发生点蚀，应限制齿面的接触应力。一对齿轮啮合可以看作两个是圆柱体接触。由8.7.1节可知，两个齿轮啮合时，疲劳点蚀一半出现在节线附近，因此一般以节点处的接触应力来计算齿面的接触疲劳强度。

在载荷作用下接触区产生的最大接触应力可根据弹性力学的赫兹公式计算，结合齿轮传动的特点可得齿面接触疲劳强度校核公式为

$$\sigma_H = 3.52 Z_E \sqrt{\frac{KT_1(u\pm1)}{bd_1^2 u}} \leqslant [\sigma_H] \tag{8-18}$$

式中"+"用于外啮合，"-"用于内啮合；σ_H 为齿面接触应力，单位为 MPa；$[\sigma_H]$ 为齿轮材料的许用接触应力单位为 MPa，见表8-3；T_1 为小齿轮上的转矩，单位为 N·mm；b 为齿宽，单位为 mm；u 为齿数比，即大齿轮与小齿轮齿数之比，$u = z_2/z_1$；K 为载荷系数，见表8-4；d_1 为小齿轮的分度圆直径，单位为 mm；Z_E 为齿轮材料的弹性系数，单位为 $\sqrt{\text{MPa}}$，见表8-5。

表 8-5　材料弹性系数 Z_E（$\sqrt{\text{MPa}}$）

小齿轮 \ 大齿轮	钢	铸钢	球墨铸铁	灰铸铁
钢 Z_E	189.8	188.9	181.4	162.0
铸钢	—	188.0	180.5	161.4
球墨铸铁	—	—	173.9	156.6
灰铸铁	—	—	—	143.7

为了便于设计，引入齿宽系数 $\psi_d = \dfrac{b}{d_1}$，代入式（8-18）得到齿面接触疲劳强度的设计公式

$$d_1 \geqslant \sqrt[3]{\left(\frac{3.52 Z_E}{[\sigma_H]}\right)^2 \frac{(u\pm1)KT_1}{\psi_d u}} \tag{8-19}$$

对于一对钢制齿轮，将 $Z_E = 189.8\sqrt{\text{MPa}}$ 代入式（8-18）、式（8-19），可得钢制标准齿轮传动的齿面接触强度校核公式

$$\sigma_H = 668 \sqrt{\frac{KT_1(u\pm1)}{bd_1^2 u}} \leqslant [\sigma_H] \tag{8-20}$$

齿面接触强度设计公式

$$d_1 \geqslant 76.43 \sqrt[3]{\frac{KT_1(u\pm1)}{[\sigma_H]^2 \psi_d u}} \tag{8-21}$$

应用以上公式时要注意，一对齿轮啮合时，两齿轮的接触应力 σ_{H1} 和 σ_{H2} 相等但许用接触应力 $[\sigma_{H1}]$ 和 $[\sigma_{H2}]$ 一般不相等，应选用较小值代入公式计算。

8.7.6 轮齿的弯曲强度计算

轮齿的弯曲强度主要与齿根弯曲应力有关。为了防止齿轮在工作时发生轮齿折断，应限制轮齿根部的弯曲应力。

进行轮齿弯曲应力计算时，假定全部载荷由一对轮齿承受且作用于齿顶处，这时齿根所受的弯曲力矩最大。计算轮齿弯曲应力时，将轮齿看作宽度为 b 的悬臂梁（见图8-23）。

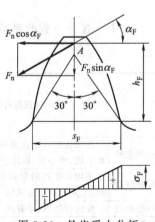

图 8-23　轮齿受力分析

其危险截面可用 30°切线法确定，即作与轮齿对称中心线成 30°夹角并与齿根圆角相切的斜线，两切点的连线是危险截面位置。设法向力 F_n 移至轮齿中线并分解成相互垂直的两个分力，即 $F_1 = F_n \cos \alpha_F$，$F_2 = F_n \sin \alpha_F$，其中 F_1 使齿根产生弯曲应力，F_2 则产生压缩应力。因压应力数值较小，为简化计算，在计算轮齿弯曲强度时只考虑弯曲应力。应用材料力学方法，可得齿根危险截面的弯曲疲劳强度的校核公式为

$$\sigma_F = \frac{2KT_1}{bm^2 z_1} Y_F Y_S \leqslant [\sigma_F] \tag{8-22}$$

式中　b——齿宽，mm；

m——模数，mm；

T_1——小轮传递转矩，N·mm；

K——载荷系数；

z_1——小齿轮齿数；

Y_F——齿形系数，见表 8-6，对标准齿轮，Y_F 只与齿数有关；

Y_S——应力修正系数，见表 8-7。

表 8-6　标准外啮合齿轮的齿形系数 Y_F

Z	12	14	16	17	18	19	20	22	25	28	30	35	40	45	50	60	80	100	$\geqslant$200
Y_F	3.47	3.22	3.03	2.97	2.91	2.85	2.81	2.75	2.65	2.58	2.54	2.47	2.41	2.37	2.35	2.30	2.25	2.18	2.14

表 8-7　标准外啮合齿轮的应力修正系数 Y_S

Z	12	14	16	17	18	19	20	22	25	28	30	35	40	45	50	60	80	100	$\geqslant$200
Y_S	1.44	1.47	1.51	1.53	1.54	1.55	1.56	1.58	1.59	1.61	1.63	1.65	1.67	1.69	1.71	1.73	1.77	1.80	1.88

引入齿宽系数 $\psi_d = \dfrac{b}{d_1}$，则得轮齿弯曲强度设计公式为

$$m \geqslant 1.26 \sqrt[3]{\frac{KT_1 Y_F Y_S}{\psi_d z_1^2 [\sigma_F]}} \tag{8-23}$$

应用以上公式时应注意，齿轮传动一对齿轮的齿数不同，故齿形系数 Y_F 和应力修正系数 Y_S 也不相等，而且两轮的材料和热处理方法，硬度也不一定相同，则许用应力 $[\sigma_F]$ 也不一定相等。因此，设计计算时，应将 $Y_F Y_S / [\sigma_F]$ 值进行比较，选用较大值代入公式计算。计算得出的模数应取标准值。

8.8　斜齿圆柱齿轮传动

8.8.1　斜齿圆柱齿轮的形成及啮合特性

当发生线在基圆上作纯滚动时，发生线上任一点的轨迹为该圆的渐开线。而对于具有一定宽度的直齿圆柱齿轮，其齿廓侧面是发生面 S 在基圆柱上作纯滚动时，平面 S 上任一与基圆柱母线 NN 平行的直线 KK 所形成的渐开线曲面，如图 8-24 所示。直齿圆柱齿轮啮合时，其接触线是与轴线平行的直线，因而一对齿廓沿齿宽同时进入啮合或退出啮合，容易引起冲击和噪声，传动平稳性差，不适宜用于高速齿轮传动。

斜齿圆柱齿轮是发生面在基圆柱上作纯滚动时，平面 S 上直线 KK 不与基圆柱母线 NN 平行，而是与 NN 成一角度 β_b，当 S 平面在基圆柱上作纯滚动时，斜直线 KK 的轨迹

形成斜齿轮的齿廓曲面，KK 与基圆柱母线的夹角 β_b 称为基圆柱上的螺旋角。如图 8-25 所示，斜齿圆柱齿轮啮合时，其接触线都是平行于斜直线 KK 的直线，因齿高有一定限制，故在两齿廓啮合过程中，接触线长度由零逐渐增长，从某一位置以后又逐渐缩短，直至脱离啮合，即斜齿轮进入和脱离接触都是逐渐进行的，故传动平稳，噪声小，此外，由于斜齿轮的轮齿是倾斜的，同时啮合的轮齿对数比直齿轮多，故重合度比直齿轮大。

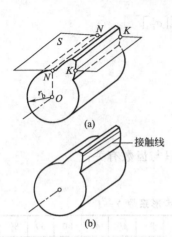

图 8-24　直齿轮齿廓曲面的形成

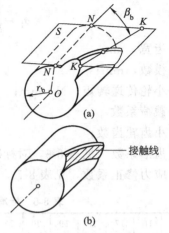

图 8-25　斜齿轮齿廓曲面的形成

8.8.2　斜齿圆柱齿轮的几何参数和尺寸计算

垂直于斜齿轮轴线的平面称为端面，与分度圆柱螺旋线垂直的平面称为法面，在进行斜齿圆柱齿轮几何尺寸计算时，应当注意端面参数与法面参数之间的关系。

1. 螺旋角

一般用分度圆柱面上的螺旋角 β 表示斜齿圆柱齿轮轮齿的倾斜程度。通常所说斜齿轮的螺旋角是指分度圆柱上的螺旋角。斜齿轮的螺旋角一般为 $8°\sim20°$。

2. 模数和压力角

图 8-26 为斜齿圆柱齿轮分度圆柱面的展开图。从图上可知，端面齿距 p_t 与法面齿距 p_n 的关系为

$$p_t = \frac{p_n}{\cos\beta} \tag{8-24}$$

因 $p = \pi m$，故法面模数 m_n 和端面模数 m_t 之间的关系为

$$m_n = m_t\cos\beta \tag{8-25}$$

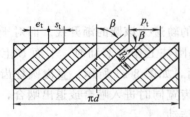

图 8-26　斜齿圆柱齿轮的展开图

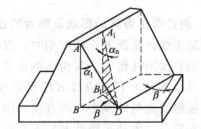

图 8-27　端面压力角和法面压力角

图 8-27 是端面（ABD 平面）压力角和法面（A_1B_1D 平面）压力角的关系。

由图可见

$$\tan\alpha_t = \frac{BD}{AB}$$

$$\tan\alpha_n = \frac{B_1D}{A_1B_1}$$

因为 $B_1D = BD\cos\beta$，故

$$\tan\alpha_n = \tan\alpha_t \cos\beta \tag{8-26}$$

用铣刀或滚刀加工斜齿轮时，刀具沿着螺旋齿槽方向进行切削，刀刃位于法面上，故一般规定斜齿圆柱齿轮的法面模数和法面压力角为标准值。

一对斜齿圆柱齿轮的正确啮合条件是两轮的法面压力角相等，法面模数相等，两轮螺旋角大小相等而旋向相反（内啮合旋向相同），即

$$m_{n1} = m_{n2}，\alpha_{n1} = \alpha_{n2}，\beta_1 = \pm\beta_2。$$

3. 斜齿圆柱齿轮的几何尺寸计算

由斜齿轮齿廓曲面的形成可知，斜齿轮的端面齿廓曲线为渐开线。从端面看，一对渐开线斜齿轮传动相当于一对渐开线直齿轮传动，故可将直齿轮的几何尺寸计算方式用于斜齿轮的端面。渐开线标准斜齿轮的几何尺寸按表 8-8 的公式计算。

表 8-8　外啮合标准斜齿圆柱齿轮传动的参数和几何尺寸计算

名称	代号	计 算 公 式
端面模数	m_t	$m_t = \dfrac{m_n}{\cos\beta}$　m_n 为标准值
螺旋角	β	$\beta = 8° \sim 20°$
端面压力角	α_t	$\alpha_t = \arctan\dfrac{\tan\alpha_n}{\cos\beta}$　α_n 为标准值
分度圆直径	d_1,d_2	$d_1 = m_t z_1 = \dfrac{m_n z_1}{\cos\beta}$　　$d_2 = m_t z_2 = \dfrac{m_n z_2}{\cos\beta}$
齿顶高	h_a	$h_a = m_n$
齿根高	h_f	$h_f = 1.25 m_n$
全齿高	h	$h = h_a + h_f = 2.25 m_n$
顶隙	c	$c = h_f - h_a = 0.25 m_n$
齿顶圆直径	d_{a1},d_{a2}	$d_{a1} = d_1 + 2h_a$　　　$d_{a2} = d_2 + 2h_a$
齿根圆直径	d_{f1},d_{f2}	$d_{f1} = d_1 - 2h_f$　　　$d_{f2} = d_2 - 2h_f$
中心距	a	$a = \dfrac{d_1+d_2}{2} = \dfrac{m_t}{2}(z_1+z_2) = \dfrac{m_n(z_1+z_2)}{2\cos\beta}$

8.8.3　斜齿圆柱齿轮的当量齿数

用仿形法加工斜齿轮时，铣刀是沿着螺旋线方向进刀的，故应当按照齿轮的法面齿形来选择铣刀。另外，在计算轮齿的强度时，因为力作用在法面内，所以也需要知道法面的齿形。通常采用近似方法确定。

如图 8-28 所示，过分度圆柱面上 C 点作轮齿螺旋线的法平面 nn，它与分度圆柱面的交线为一椭圆。

其长半轴 $a = \dfrac{d}{2\cos\beta}$，短半轴 $b = \dfrac{d}{2}$，椭圆在 C 点的曲率半径 $\rho = \dfrac{a^2}{b} = \dfrac{d}{2\cos^2\beta}$，以 ρ 为分

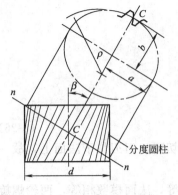

图 8-28　斜齿轮的当量圆柱齿轮

度圆半径，以斜齿轮的法面模数 m_n 为模数，$\alpha_n = 20°$，作一直齿圆柱齿轮，它与斜齿轮的法面齿形十分接近。这个假想的直齿圆柱齿轮称为斜齿圆柱齿轮的当量齿轮。它的齿数 z_v 称为当量齿数。

$$z_v = \frac{2\rho}{m_n} = \frac{d}{m_n \cos^2\beta} = \frac{m_n z}{m_n \cos^3\beta} = \frac{z}{\cos^3\beta} \tag{8-27}$$

式中　z——斜齿轮的实际齿数。

由式（8-26）可知，斜齿轮的当量齿数总是大于实际齿数，并且往往不是整数。

因斜齿轮的当量齿轮为一直齿圆柱齿轮，其不发生根切的最少齿数 $z_{vmin} = 17$，则正常齿标准斜齿轮不发生根切的最少齿数为

$$z_{min} = z_{vmin} \cos^3\beta \tag{8-28}$$

由上式可知，标准斜齿轮不产生根切的最少齿数小于 17。因此，斜齿轮传动机构紧凑。

8.8.4　斜齿圆柱齿轮强度设计

1. 轮齿上的作用力

如图 8-29 所示，作用在斜齿圆柱齿轮轮齿上的法向力 F_n 可以分解为三个互相垂直的分力，即圆周力 F_t、径向力 F_r 和轴向力 F_a。

$$F_t = \frac{2T_1}{d_1}$$

$$F_r = \frac{F_t \tan\alpha_n}{\cos\beta} \tag{8-29}$$

$$F_a = F_t \tan\beta$$

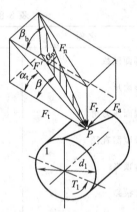

图 8-29　斜轮齿上的作用力

圆周力 F_t 和径向力 F_r 的方向与直齿圆柱齿轮相同；轴向力 F_a 的方向取决于轮齿螺旋线的方向和齿轮的转动方向。确定主动轮的轴向力方向可用左、右手定则判定。当主动轮是右旋时用右手，左旋时用左手，即握住齿轮的轴线，四指弯曲方向为它的转向，则大拇指的指向为轴向力的方向。从动轮上所受各力与主动轮的大小相等，方向相反。

2. 强度计算

因为斜齿轮啮合时重合度较大，同时啮合的轮齿对数较多，而且轮齿的接触线是倾斜的，有利于降低斜齿轮的弯曲应力，因此斜齿轮轮齿的抗弯能力比直齿轮高。

（1）齿面接触强度计算　斜齿轮传动除了重合度较大之外，还因在法面内斜齿轮当量齿轮的分度圆半径增大，齿廓的曲率半径增大，而使斜齿轮的齿面接触应力也较直齿轮有所降低。因此斜齿轮轮齿的抗点蚀能力也较直齿轮高，由于上述特点，标准斜齿轮传动齿面接触强度的校核公式和设计公式为

$$\sigma_H = 3.17 Z_E \sqrt{\frac{(u \pm 1) K T_1}{u b d_1^2}} \leqslant [\sigma_H] \tag{8-30}$$

$$d_1 \geqslant \sqrt[3]{\left(\frac{3.17 Z_E}{[\sigma_H]}\right)^2 \frac{(u \pm 1) K T_1}{\psi_d u}} \tag{8-31}$$

上式中各参数的意义和单位同前述。

（2）轮齿弯曲强度计算 斜齿轮轮齿的弯曲应力是在轮齿的法面内进行分析的，方法与直齿圆柱齿轮中所述的方法相似。

$$\sigma_F = \frac{1.6KT_1Y_FY_S}{bm_nd_1} = \frac{1.6KT_1Y_FY_S\cos\beta}{bm_n^2z_1} \leqslant [\sigma_F] \tag{8-32}$$

$$m_n \geqslant 1.17\sqrt[3]{\frac{KT_1Y_FY_S\cos^2\beta}{\psi_d z_1^2[\sigma_F]}} \tag{8-33}$$

式中 m_n——斜齿轮的法面模数，计算出的数值应按表 8-1 选取标准值；

Y_F——齿形系数，应根据当量齿数 z_v 查得；

$[\sigma_F]$——齿轮许用弯曲应力，确定方法与直齿轮相同。

其余各参数的意义和单位同前述。

斜齿轮传动的中心距 $a = m_n(z_1 + z_2)/(2\cos\beta)$，其值一般取整。根据已选定的 z_1、z_2，由下式调整螺旋角 β，圆整中心距 a。

$$\beta = \arccos\frac{m_n(z_1+z_2)}{2a} \tag{8-34}$$

一般取 $\beta = 8° \sim 15°$。对于高速大功率的传动，可采用人字齿轮，螺旋角可以增大，取 $\beta = 25° \sim 45°$。

8.9 直齿圆锥齿轮传动

8.9.1 直齿圆锥齿轮传动特性

圆锥齿轮用于相交两轴之间的传动。与圆柱齿轮不同，圆锥齿轮的轮齿是沿圆锥面分布的，其轮齿尺寸朝锥顶方向逐渐缩小，如图 8-30 所示。

圆锥齿轮的运动关系相当于一对锥顶共点的圆锥体即节圆锥相互作纯滚动。与圆柱齿轮相似，除节圆锥外，圆锥齿轮还有分度圆锥、齿顶圆锥、齿根圆锥、基圆锥。两轴交角 $\Sigma = \delta_1 + \delta_2$，由传动要求确定，可为任意值，其中应用最广泛的是两轴交角 $\Sigma = 90°$。

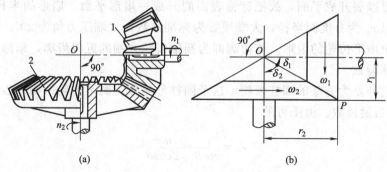

图 8-30 直齿锥齿轮传动

锥齿轮有直齿、斜齿和曲线齿之分，其中直齿锥齿轮最常用，斜齿锥齿轮已逐渐被曲线齿锥齿轮代替。直齿锥齿轮的制造精度较低，工作时振动和噪声都较大，适用于低速轻载传动；曲线齿锥齿轮传动平稳，承载能力强，常用于高速重载传动，但其设计和制造较复杂。本书只讨论两轴相互垂直的标准直齿圆锥齿轮传动。

图 8-30（b）所示为一对标准直齿圆锥齿轮，其节圆锥与分度圆锥重合，δ_1、δ_2 为节锥

角，r_1、r_2 为大端分度圆半径，齿数分别为 z_1、z_2。当 $\Sigma = \delta_1 + \delta_2 = 90°$ 时，其传动比

$$i = \frac{\omega_1}{\omega_2} = \frac{n_1}{n_2} = \frac{r_2}{r_1} = \frac{z_2}{z_1} = \frac{OP\sin\delta_2}{OP\sin\delta_1} = \tan\delta_2 = \cot\delta_1 \tag{8-35}$$

8.9.2 直齿圆锥齿轮的齿廓曲线、背锥和当量齿数

如图 8-31 所示，当发生面 A 沿基圆锥作纯滚动时，平面上一条通过锥顶的直线 OK 将形成一渐开线曲面，此曲面即为直齿圆锥齿轮的齿廓曲面，直线 OK 上各点的轨迹都是渐开线。渐开线 NK 上各点与锥顶 O 的距离均相等，所以该渐开线必在一个以 O 为球心，OK 为半径的球面上，因此圆锥齿轮的齿廓曲线理论上是以锥顶 O 为球心的球面渐开线。但因球面渐开线无法在平面上展开，给设计和制造造成困难，故常用背锥上的齿廓曲线来代替球面渐开线。

图 8-32 所示为一圆锥齿轮的轴线平面，$\triangle OAB$、$\triangle Obb$、$\triangle Oaa$ 分别表示其分度圆锥、顶圆锥和根圆锥与轴线平面的交线。过 A 点作 OA 的垂线，与圆锥齿轮的轴线交于 O' 点，以 OO' 为轴线，$O'A$ 为母线作圆锥，这个圆锥称为背锥。若将球面渐开线的轮齿向背锥上投影，则 a、b 点的投影为 a'、b' 点，由图可见 $a'b'$ 和 ab 相差很小，因此可以用背锥上的齿廓曲线来代替圆锥齿轮的球面渐开线。

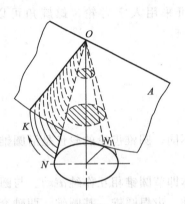

图 8-31　球面渐开线的形成

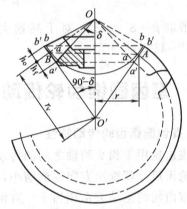

图 8-32　圆锥齿轮的背锥和当量齿数

因圆锥面可以展开成平面，故把背锥表面展开成一扇形平面，扇形的半径 r_v 就是背锥母线的长度，以 r_v 为分度圆半径，大端模数为标准模数，大端压力角为 $20°$，按照圆柱齿轮的作图方法画出扇形齿轮的齿形。该齿廓即为圆锥齿轮大端的近似齿廓，扇形齿轮的齿数为圆锥齿轮的实际齿数。

将扇形齿轮补足为完整的圆柱齿轮，这个圆柱齿轮称为圆锥齿轮的当量齿轮，当量齿轮的齿数 z_v 称为当量齿数。由图可见

$$r_v = \frac{r}{\cos\delta} = \frac{mz}{2\cos\delta}$$

而 $r_v = \dfrac{mz_v}{2}$，故

$$z_v = \frac{z}{\cos\delta} \tag{8-36}$$

因 δ 总是大于 $0°$，故 $z_v > z$，且往往不是整数。

由此可知，标准圆锥齿轮不发生根切的最少齿数为

$$z_{\min} = z_{v\min} \cdot \cos\delta = 17\cos\delta < 17$$

用仿形法加工锥齿轮时选择铣刀、轮齿弯曲强度计算及范成法加工齿轮确定不产生根切的最小齿数时，都是以 z_v 为依据的。

综上所述，一对圆锥齿轮的啮合相当于一对当量圆柱齿轮的啮合，因此可把圆柱齿轮的啮合原理运用到圆锥齿轮。

直齿锥齿轮的正确啮合条件由当量圆柱齿轮的正确啮合条件得到，即两锥齿轮的大端模数和压力角分别相等且等于标准值，即

$$m_1 = m_2 = m$$

$$\alpha_1 = \alpha_2 = \alpha$$

此外，两轮的锥距还必须相等。

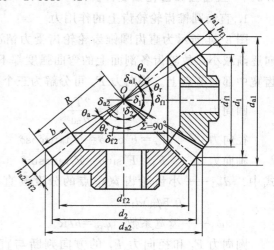

图 8-33　锥齿轮的几何尺寸

8.9.3　直齿圆锥齿轮传动的几何尺寸计算

直齿圆锥齿轮传动的几何尺寸计算是以其大端为标准，方便测量和计算。标准直齿圆锥齿轮的基本参数有 m、z、α、δ、h_a^*、c^*，国家标准规定大端分度圆上的模数为标准值，见表 8-9。大端压力角 $\alpha = 20°$，齿顶高系数 $h_a^* = 1$，$c^* = 0.2$。如图 8-33 所示，当轴交角 $\Sigma = 90°$ 时，标准直齿圆锥齿轮的几何尺寸计算公式见表 8-10。

表 8-9　圆锥齿轮模数系列（GB/T 12368—1990）

0.9	1	1.125	1.25	1.375	1.5	1.75	2	2.25	2.5
2.75	3	3.25	3.5	3.75	4	4.5	5	5.5	6
6.5	7	8	9	10	11	12	14	16	18
20	22	25	28	30	32	36	40	45	50

表 8-10　标准直齿圆锥齿轮传动（$\Sigma = 90°$）的几何尺寸计算

名　称	符号	计　算　方　式　及　说　明
传动比	i	$i = \dfrac{z_2}{z_1} = \tan\delta_2 = \cot\delta_1$　　单级 $i < 6 \sim 7$
分度圆锥角	δ_1, δ_2	$\delta_2 = \arctan\dfrac{z_2}{z_1}$　　$\delta_1 = 90° - \delta_2$
分度圆直径	d_1, d_2	$d_1 = mz_1$　　$d_2 = mz_2$
齿顶高	h_a	$h_a = m$
齿根高	h_f	$h_f = 1.2m$
全齿高	h	$h = 2.2m$
顶隙	c	$c = 0.2m$
齿顶圆直径	d_{a1}, d_{a2}	$d_{a1} = d_1 + 2m\cos\delta_1$　　$d_{a2} = d_2 + 2m\cos\delta_2$
齿根圆直径	d_{f1}, d_{f2}	$d_{f1} = d_1 - 2.4m\cos\delta_1$　　$d_{f2} = d_2 - 2.4m\cos\delta_2$
外锥距	R	$R = \sqrt{r_1^2 + r_2^2} = \dfrac{m}{2}\sqrt{z_1^2 + z_2^2} = \dfrac{d_1}{2\sin\delta_1} = \dfrac{d_2}{2\sin\delta_2}$
齿宽	b	$b \leqslant \dfrac{R}{3}$，　$b \leqslant 10m$
齿顶角	θ_a	$\theta_a = \arctan\dfrac{h_a}{R}$　　（不等顶隙齿）　　$\theta_a = \theta_f$（等顶隙齿）
齿根角	θ_f	$\theta_f = \arctan\dfrac{h_f}{R}$
根锥角	δ_{f1}, δ_{f2}	$\delta_{f1} = \delta_1 - \theta_f$　　$\delta_{f2} = \delta_2 - \theta_f$
顶锥角	δ_{a1}, δ_{a2}	$\delta_{a1} = \delta_1 + \theta_a$　　$\delta_{a2} = \delta_2 + \theta_a$

8.9.4　直齿圆锥齿轮强度计算

1. 直齿圆锥齿轮轮齿上的作用力

图 8-34 所示为直齿圆锥齿轮轮齿受力情况。由于圆锥齿轮的轮齿厚度和高度向锥顶方向逐渐减小，故轮齿各剖面上的弯曲强度都不相同，为简化起见，通常假定载荷集中作用在齿宽中部的节点上。法向力 F_n 可分解为三个分力。

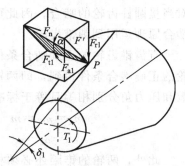

$$圆周力 \qquad F_t = \frac{2T_1}{d_{m1}}$$

$$径向力 \qquad F_r = F'\cos\delta = F_t\tan\alpha\cos\delta \qquad (8\text{-}37)$$

$$轴向力 \qquad F_a = F'\sin\delta = F_t\tan\alpha\sin\delta$$

式中　d_{m1}——小齿轮齿宽中点的分度圆直径，$d_{m1} = (1 - 0.5\psi_R)d_1$；

　　　ψ_R——齿宽系数，$\psi_R = b/R$。

图 8-34　直齿圆锥齿轮受力分析

圆周力 F_t 和径向力 F_r 的方向判断与直齿圆柱齿轮相同。轴向力 F_a 的方向对两个齿轮都是背着锥顶。当两轴夹角 $\Sigma = 90°$ 时，因 $\sin\alpha_1 = \cos\alpha_2$，$\cos\alpha_1 = \sin\alpha_2$，故 $F_{r1} = -F_{a2}$，$F_{a1} = -F_{r2}$，$F_{t1} = -F_{t2}$，负号表示二力的方向相反。

2. 直齿圆锥齿轮强度计算

直齿圆锥齿轮传动的强度计算与直齿圆柱齿轮传动基本相同。由前述可知，直齿圆锥齿轮传动的强度可近似地按齿宽中部处的当量直齿圆柱齿轮的参数与公式进行计算。

（1）齿面接触强度的校核公式和设计公式

$$\sigma_H = \frac{4.98Z_E}{(1-0.5)\psi_R}\sqrt{\frac{KT_1}{\psi_R u d_1^3}} \leqslant [\sigma_H] \qquad (8\text{-}38)$$

$$d_1 \geqslant \sqrt[3]{\frac{KT_1}{\psi_R u}\left(\frac{4.98Z_E}{(1-0.5)\psi_R[\sigma_H]}\right)^2} \qquad (8\text{-}39)$$

式中　u——齿数比，对于单级直齿圆锥齿轮传动，可取 $u = 1\sim5$；

　　　ψ_R——齿宽系数，$\psi_R = 0.25\sim0.3$；

其余参数的含义及其单位与直齿圆柱齿轮相同。

（2）齿根弯曲强度的校核公式和设计公式

$$\sigma_F = \frac{4KT_1Y_FY_S}{\psi_R(1-0.5\psi_R)^2 z_1^2 m^3 \sqrt{u^2+1}} \leqslant [\sigma_F] \qquad (8\text{-}40)$$

$$m \geqslant \sqrt[3]{\frac{4KT_1Y_FY_S}{\psi_R(1-0.5\psi_R)^2 z_1^2[\sigma_F]\sqrt{u^2+1}}} \qquad (8\text{-}41)$$

式中　Y_F——齿形系数；

　　　Y_S——应力修正系数，按当量齿数 z_v 由表 8-6、表 8-7 查取。计算得出 m，按表 8-9 圆整为标准值。

8.10　齿轮的结构

齿轮强度计算和几何尺寸计算，主要是确定齿轮的模数、分度圆直径、齿顶圆直径、齿根圆直径、齿宽等；齿轮的结构一般包括轮缘、轮辐和轮毂等结构尺寸和结构形式，需通过结构设计来确定。具体的结构应根据结构大小、材料、工艺要求及经验公式等确定。

常用的齿轮结构有以下几种。

当齿根圆直径与轴径接近，圆柱齿轮的齿根圆至键槽底部的距离 $x \leqslant (2 \sim 2.5)m_n$ 时，或圆锥齿轮小端的齿根圆至键槽底部的距离 $x \leqslant (1.6 \sim 2)m$ 时，应将齿轮与轴做成一体，称为齿轮轴（见图 8-35）。

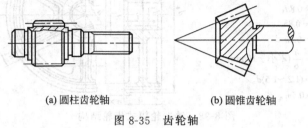

(a) 圆柱齿轮轴　　　　　(b) 圆锥齿轮轴

图 8-35　齿轮轴

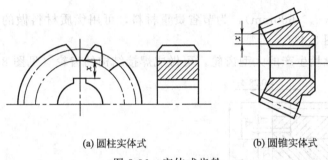

(a) 圆柱实体式　　　　　(b) 圆锥实体式

图 8-36　实体式齿轮

当齿顶圆直径 $d_a \leqslant 200$mm 时，可采用实体式结构，一般采用锻造齿轮（见图 8-36）。

当齿顶圆直径 $d_a = 200 \sim 500$mm 时，可采用腹板式结构，一般采用锻造齿轮（见图 8-37）。

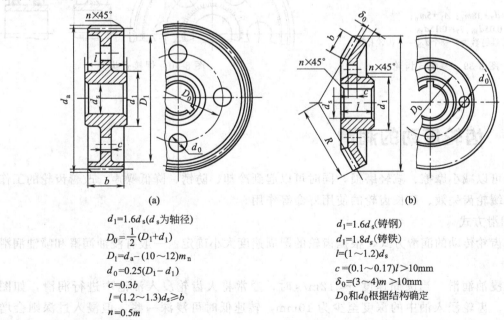

(a)

$d_1 = 1.6d_s (d_s$ 为轴径)
$D_0 = \frac{1}{2}(D_1 + d_1)$
$D_1 = d_a - (10 \sim 12)m_n$
$d_0 = 0.25(D_1 - d_1)$
$c = 0.3b$
$l = (1.2 \sim 1.3)d_s \geqslant b$
$n = 0.5m$

(b)

$d_1 = 1.6d_s$（铸钢）
$d_1 = 1.8d_s$（铸铁）
$l = (1 \sim 1.2)d_s$
$c = (0.1 \sim 0.17)l > 10$mm
$\delta_0 = (3 \sim 4)m > 10$mm
D_0 和 d_0 根据结构确定

图 8-37　腹板式圆柱、圆锥齿轮

当齿顶圆直径 $d_a > 500$mm 时，可采用轮辐式结构，一般都用铸造齿轮（见图 8-38）。

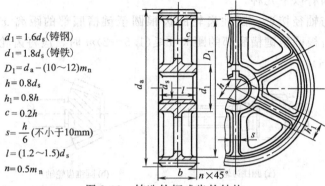

$d_1 = 1.6d_s$（铸钢）
$d_1 = 1.8d_s$（铸铁）
$D_1 = d_a - (10 \sim 12)m_n$
$h = 0.8d_s$
$h_1 = 0.8h$
$c = 0.2h$
$s = \dfrac{h}{6}$（不小于10mm）
$l = (1.2 \sim 1.5)d_s$
$n = 0.5m_n$

图 8-38　铸造轮辐式齿轮结构

对于大型齿轮（$d_a > 600$mm），为节省贵重材料，可用优质材料做的齿圈套装于铸钢或铸铁的轮心上（见图 8-39）。

对于单件或小批量生产的大型齿轮，可做成焊接结构的齿轮（见图 8-40）。

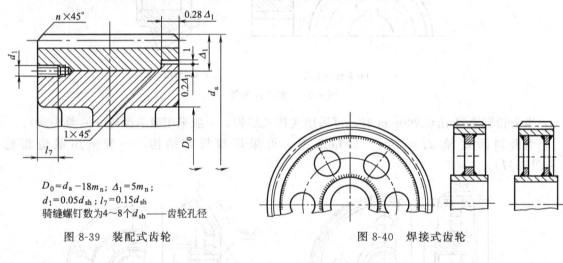

$D_0 = d_a - 18m_n$；$\Delta_1 = 5m_n$；
$d_1 = 0.05d_{sh}$；$l_7 = 0.15d_{sh}$
骑缝螺钉数为4～8个　d_{sh}——齿轮孔径

图 8-39　装配式齿轮

图 8-40　焊接式齿轮

8.11　齿轮传动的润滑

润滑可以减小摩擦、减轻磨损，同时可以起到冷却、防锈、降低噪声、改善齿轮的工作状态、延缓轮齿失效、延长齿轮的使用寿命等作用。

1. 润滑方式

闭式齿轮传动的润滑方式，根据齿轮的圆周速度大小确定。一般有浸油润滑和喷油润滑两种。

（1）浸油润滑　当圆周速度 $v < 12$m/s 时，通常将大齿轮浸入油池中进行润滑，如图 8-41所示。齿轮浸入油中的深度至少为 10mm，转速低时可浸深一些，但浸入过深则会增大运动阻力并使油温升高。在多级齿轮传动中，对于未浸入油池内的齿轮，可采用带油轮将油带到未浸入油池内的齿轮齿面上，如图 8-42 所示。浸油齿轮可将油甩到齿轮箱壁

上，有利于散热。

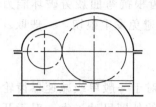
图 8-41　浸油润滑

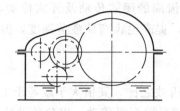
图 8-42　采用惰轮的浸油润滑

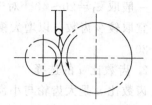
图 8-43　喷油润滑

（2）喷油润滑　当齿轮的圆周速度 $v>12m/s$ 时，由于圆周速度大，齿轮搅油剧烈，且粘附在齿廓面上的油易被甩掉，因此不宜采用浸油润滑，而应采用喷油润滑，如图 8-43 所示，即用油泵将具有一定压力的润滑油经喷油嘴喷到啮合的齿面上。

对于开式齿轮传动，由于其传动速度较低，通常采用人工定期加油润滑或润滑脂进行润滑。

2. 润滑剂的选择

选择润滑油时，先根据齿轮的工作条件以及圆周速度查得运动黏度值，再根据选定的黏度确定润滑油的牌号（见表 8-11）。

表 8-11　齿轮润滑油年度推荐值

齿轮材料	强度极限 σ_b/MPa	圆周速度 v/(m/s)						
		<0.5	0.5～1	1～2.5	2.5～5	5～12.5	12.5～25	>25
		运动黏度 ν(50℃)/(mm/s)						
塑料、青铜、铸铁	—	180	120	85	60	45	34	—
钢	450～1000	270	180	120	85	60	45	34
	1000～1250	270	270	180	120	85	60	45
渗碳或表面淬火钢	1250～1580	450	270	270	180	120	85	60

必须经常检查齿轮传动润滑系统的状况（如润滑油的油面高度等）。油面过低则润滑不良，油面过高会增加搅油功率的损失。对于压力喷油润滑系统还需检查油压状况，油压过低会造成供油不足，油压过高则可能是油路不畅通所致，需及时调整油压。

8.12　标准齿轮传动的设计计算

8.12.1　齿轮的主要参数的选择

1. 模数 m、齿数 z 的选择

模数的大小影响轮齿的抗弯强度，一般在满足轮齿弯曲疲劳强度的前提下，宜取较小模数，以增大齿数，减少切齿量。对于传递动力的齿轮，要保证 $m \geqslant 2mm$。

初步确定模数时，一般对于软齿面齿轮（齿面硬度≤350HBW），$m=(0.007～0.02)a$；对于硬齿面齿轮（齿面硬度>350HBW），$m=(0.016～0.0315)a$；载荷平稳，中心距大时取大值，反之取小值。开式齿轮传动 $m=0.02a$ 左右。

当中心距确定时，齿数增多，重合度增大，能提高传动的平稳性，并降低摩擦损耗，提高传动效率。因此，对于软齿面的闭式传动，在满足弯曲疲劳强度的前提下，宜采用较多齿数，一般取 $z_1 = 20 \sim 40$。对于硬齿面的闭式传动及开式传动，齿根抗弯曲疲劳破坏能力较低，宜取较少齿数，以增大模数，提高轮齿弯曲疲劳强度，但要避免发生根切，一般取 $z_1 = 17 \sim 20$。

2. 齿数比 u 的选择

齿数比 u 是大齿轮与小齿轮齿数之比，其值大于或等于 1。对于一般单级减速器齿轮传动，通常取 $u \leqslant 7$。当 $u > 7$ 时，宜采用多级传动，以免传动装置的外廓尺寸过大。对于开式或手动的齿轮传动，可取 $u_{max} = 8 \sim 12$。对增速齿轮传动，常取 $u \leqslant 2.5 \sim 3$。

一般齿轮传动，若对传动比不作严格要求时，则实际传动 i（或齿数比 u）允许有 $\pm 5\%$ 的误差。

3. 齿宽系数 ψ_d 的选择

增大齿宽系数 ψ_d，可减小齿轮传动装置的径向尺寸，降低齿轮的圆周速度。但齿宽系数过大则需提高结构刚度，否则将会出现载荷分布严重不均。齿宽系数小，齿宽小；齿宽系数大，齿宽大。齿宽系数 ψ_d 按表 8-12 查取。为了便于安装和补偿轴向尺寸的变动，在齿轮减速器中，一般将小齿轮的宽度 b_1 取得比大齿轮的宽度 b_2 大 $5 \sim 10$ mm，但在强度计算时，仍按大齿轮的宽度计算。

表 8-12　齿宽系数 ψ_d

	齿轮相对于轴承的位置	齿面硬度	
		软齿面（≤350HBW）	硬齿面（＞350HBW）
闭式	对称布置	0.8～1.4	0.4～0.9
	不对称布置	0.6～1.2	0.3～0.6
	悬臂布置	0.3～0.4	0.2～0.25
开式		0.3～0.5	

8.12.2　齿轮精度等级的选择

我国国家标准 GB/T 10095—2008，对渐开线圆柱齿轮规定了 13 个精度等级，其中 0～2 级要求非常高，属于未来发展等级；3～5 级为高精度等级；6～8 级为最常用的中精度等级；9 级为较低精度等级；10～12 级为低精度等级。齿轮精度等级的选择主要根据传动的使用条件、传递的功率、圆周速度以及其他经济、技术要求决定，参见表 8-13。

表 8-13　常用精度等级的选择

项目	齿轮的精度等级							
	6级		7级		8级		9级	
加工方法	用范成法在精密机床上精磨或精剃		用范成法在精密机床上精插或精滚，对淬火齿轮需磨齿或精刮齿或有修正能力的研齿		用范成法插齿或滚齿，必要时剃齿或刮齿或研齿		用范成法或仿形法粗滚或型铣	
	硬化	调质	硬化	调质	硬化	调质	硬化	调质
齿面粗糙度 Ra/μm	≤0.80		≤1.60		≤3.2	≤6.3	≤3.2	≤6.3

续表

项目	齿轮的精度等级			
	6 级	7 级	8 级	9 级
用途	用于分度机构或高速重载的齿轮,如机床、精密仪器、汽车、船舶、飞机中的重要齿轮	用于高、中速重载齿轮,如机床、汽车、内燃机中的较重要的齿轮,标准系列减速器中的齿轮	一般机械中的齿轮,不属于分度系统的机床齿轮,飞机、拖拉机中不重要的齿轮,纺织机械、农业机械中的重要齿轮	轻载传动的不重要齿轮,或低速传动、对精度要求低的齿轮
圆周速度 $u/(m/s)$ 圆柱齿轮 直齿	≤20	≤15	≤10	≤4
斜齿	≤30	≤25	≤15	≤6

【例】　某单级直齿圆柱齿轮减速器用电动机驱动,单向运转,载荷平稳。传动功率 $P=5kW$,传动比 $i=4.8$,小齿轮转速 $n_1=960r/min$,试设计此齿轮传动。

解

(1) 选择材料及确定许用应力　根据设计要求查表 8-3,大、小齿轮均选用软齿面,小齿轮用 45 钢调质,齿面硬度为 217～255HBW;大齿轮用 45 钢正火,齿面硬度为 160～217HBW。由表 8-13 选用 8 级精度。

(2) 按齿面接触强度设计　因两齿轮均为钢制,故可用式 (8-20) 确定 d_1。即

$$d_1 \geqslant 76.43 \sqrt[3]{\frac{KT_1(u\pm1)}{[\sigma_H]^2\psi_d u}}$$

确定有关参数与系数

① 转矩　$T_1=9.55\times10^6\times\dfrac{P}{n_1}=9.55\times10^6\times\dfrac{5}{960}=49740$ N·mm

② 载荷系数 查表 8-4 取 $K=1.2$。

③ 小齿轮齿数 $z_1=24$,则大齿轮齿数 $z_2=iz_1=4.8\times24=115$。由表 8-12 取齿宽系数 $\psi_d=0.8$。

④ 由表 8-3 取许用接触应力 $[\sigma_{H1}]=520MPa$,$[\sigma_{H2}]=470MPa$。

故

$$d_1\geqslant76.43\sqrt[3]{\frac{KT_1(u\pm1)}{[\sigma_H]^2\psi_d u}}=76.43\sqrt[3]{\frac{1.2\times49740(4.8+1)}{470^2\times0.8\times4.8}}=56.7mm$$

$$m=\frac{d_1}{z_1}=\frac{56.7}{24}=2.36mm$$

由表 8-1 取标准模数 $m=2.5$。

(3) 计算主要尺寸

$$d_1=mz_1=2.5\times24=60mm$$

$$d_2=mz_2=2.5\times115=287.5mm$$

$$b = \psi_d d_1 = 0.8 \times 60 = 48 \text{mm}$$

圆整后取 $b_2 = 50 \text{mm}$，$b_1 = b_2 + 5 = 50 + 5 = 55 \text{mm}$。

$$a = \frac{1}{2} m(z_1 + z_2) = \frac{1}{2} 2.5(24 + 115) = 173.75 \text{mm}$$

（4）校核齿根弯曲疲劳强度　由式（8-22）校核，即

$$\sigma_F = \frac{2KT_1}{bm^2 z_1} Y_F Y_S \leqslant [\sigma_F]$$

确定有关参数与系数

由表 8-6 取齿形系数 $Y_{F1} = 2.68$，$Y_{F2} = 2.18$。

由表 8-7 取应力修正系数 $Y_{S1} = 1.59$，$Y_{S2} = 1.80$。

由表 8-3 取许用弯曲应力 $[\sigma_{F1}] = 301 \text{MPa}$，$[\sigma_{F2}] = 280 \text{MPa}$。

故

$$\sigma_{F1} = \frac{2KT_1}{bm^2 z_1} Y_F Y_S = \frac{2 \times 1.2 \times 49740}{50 \times 2.5^2 \times 24} \times 2.68 \times 1.59 = 67.8 \text{MPa} \leqslant [\sigma_F] = 301 \text{MPa}$$

$$\sigma_{F2} = \sigma_{F2} \frac{Y_{F2} Y_{S1}}{Y_{F1} Y_{S1}} = 67.8 \times \frac{2.18 \times 1.8}{2.68 \times 1.59} = 62.4 \text{MPa} \leqslant [\sigma_F] = 280 \text{MPa}$$

齿根弯曲强度校核合格。

（5）验算齿轮的圆周速度 v

$$v = \frac{\pi d_1 n_1}{60 \times 1000} = \frac{\pi \times 60 \times 960}{60 \times 1000} = 3.01 \text{m/s} < 10 \text{m/s}$$

由表 8-13 可知，选 8 级精度合适。

（6）几何尺寸计算及绘制齿轮零件工作图　略。

实训　渐开线直齿圆柱齿轮参数测定

1. 实训目的

（1）学会应用普通游标卡尺和公法线千分尺测定标准渐开线直齿圆柱齿轮基本参数的方法。

（2）巩固齿轮各部分名称、尺寸与基本参数之间的关系及渐开线的性质。

（3）学会渐开线标准直齿圆柱齿轮与变位齿轮的判别方法。

（4）掌握测量工具的使用，提高操作技能。

2. 实训设备和工具

（1）标准渐开线直齿圆柱齿轮和变位齿轮各一对。

（2）游标卡尺和公法线千分尺各一把。

（3）计算器（自备）。

3. 实训原理

渐开线齿轮几何尺寸由基本参数齿数 z、模数 m、压力角 α、齿顶高系数 h_a^*、顶隙系数 c^* 和变位系数 x 表示。基本参数可以通过游标卡尺、公法线千分尺测量得到的数据根据渐开线直齿圆柱齿轮几何尺寸的公式计算出来（见图 8-44）。

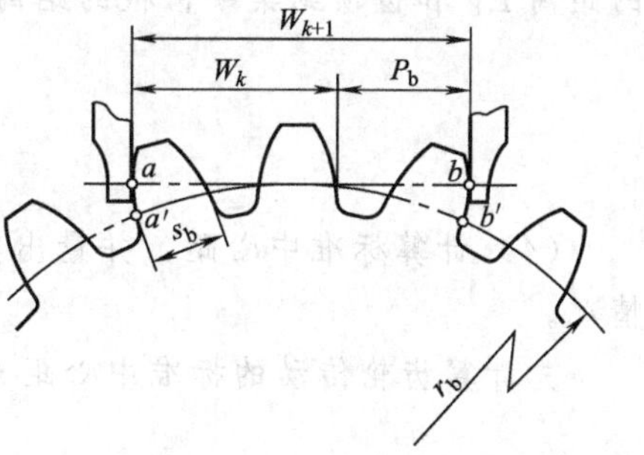

图 8-44　公法线长度的测量

4. 实训方法与步骤

（1）直接从被测齿轮上数出齿轮齿数 z。

（2）测量公法线长度 W_k、W_{k+1}，确定模数 m。

测量公法线长度时必须使公法线千分尺的两个卡脚与轮齿的渐开线齿廓相切，且使切点 a、b 位于牙齿的中部附近。为减少测量误差，W_k 值应在齿轮一周的三个均分位置各测量一次，取其平均值。

首先要根据被齿轮的齿数 z 确定测量公法线的跨齿数 k，可按下列公式计算。

$$k = \frac{\alpha}{180°}z + 0.5$$

式中　α——压力角，对于标准齿轮 $\alpha=20°$，则 $n=0.1111z+0.5$。

实际跨齿数 k 要取最接近上式的整数，也可从表 8-14 中直接选取：

表 8-14　实际跨齿数

z	12～18	19～27	28～36	37～45	46～54	55～63	64～72	73～81	82～90
k	2	3	4	5	6	7	8	9	10

当跨过 k 个齿的公法线长度 W_k 为：

$$W_k = (k-1)p_b + s_b$$

当跨过 $(k+1)$ 个齿时，公法线长度 W_{k+1} 为：

$$W_{k+1} = kp_b + s_b$$

$$W_{k+1} - W_k = p_b$$

$$W_{k+1} - kp_b = s_b$$

所以可以得到齿轮基圆上的齿距 p_b 和齿厚 s_b。

由 $p_b = \pi m \cos\alpha$，可得 $m = p_b/\pi\cos\alpha$

式中 α 分取 $20°$ 或 $15°$，代入上式求出相应的 m，选取最接近于标准模数值，即为所求的模数 m 和压力角 α。也可查表 8-1 直接找出对应模数 m 和压力角 α。

（3）测量齿轮的齿顶圆和齿根圆直径 d_a、d_f。

当齿轮的齿数为偶数时，可用游标卡尺直接测出。

当齿轮的齿数为奇数时，可用游标卡尺分别测出齿轮的轴孔直径 d_k、孔壁到某一齿顶

的距离 L_1 和齿顶到某一齿根的距离 L_2，如图 8-45 所示。

$$d_a = d_k + 2L_1$$

$$d_f = d_k + 2L_2$$

（4）计算标准中心距，并量出实际中心距，确定传动情况，初步判断变位齿轮存在的情况。

先计算齿轮传动的标准中心距 a

$$a = \frac{1}{2}m(z_1 + z_2)$$

再测量实际中心距 a'。

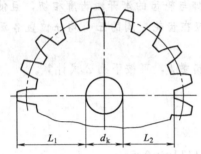

图 8-45　齿数为奇数的齿轮参数的测量

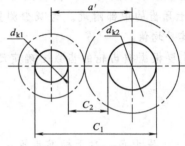

图 8-46　中心距的测量

测量中心距时，可直接测量齿轮内孔直径 d_{k1}、d_{k2} 及两孔的外距离长度 C_1 或内距离长度 C_2，如图 8-46 所示。然后按下式计算。

$$a' = C_1 - \frac{1}{2}(d_{k1} + d_{k2})$$

或

$$a' = C_2 + \frac{1}{2}(d_{k1} + d_{k2})$$

用实测的中心距 a' 与标准中心距 a 比较：

$$a' = a \quad 为零传动（标准传动或零变位齿轮传动）$$

$$a' > a \quad 为正传动（正变位齿轮传动）$$

$$a' < a \quad 为负传动（负变位齿轮传动）$$

（5）确定基本参数。

① 齿轮模数 $m = p_b/\pi\cos\alpha$：通过测量尺寸 d_a、d_f、s_b 验证 m、α 并取标准值。

② 齿顶高系数 h_a^*、顶隙系数 c^*：由测量尺寸 d_a、d_f 确定 h_a^*、c^* 并取标准值。

③ 计算标准齿轮几何尺寸（计算公式见表 8-2）。

5. 思考题

① 决定渐开线齿轮轮齿齿廓形状的参数有哪些？

② 测量渐开线齿轮公法线长度是根据渐开线的什么性质？

③ 测量公法线长度时，游标卡尺卡脚放在渐开线齿廓工作段的不同位置上，对测量结果有无影响，为什么？

④ 两个标准齿轮，其模数、压力角相同，但齿数不同，其公法线长度是否相等？基圆齿距是否相等？为什么？

6. 编写实训报告

渐开线直齿圆柱齿轮参数测定实训报告

实训地点		实训时间		组 别	
班 级		姓 名		学 号	

实训数据和结果

1. 测量数据记录

齿轮编号		齿轮1				齿轮2				计算公式
项目	单位	测量数据			平均测量值	测量数据			平均测量值	
		1	2	3		1	2	3		
齿数 z										
跨齿数 k										
公法线长度 W_k										
公法线长度 W_{k+1}										
孔壁到齿顶距 L_1										
孔壁到齿根距 L_2										
孔内径 d_k										
两孔外距 C_1										
两孔内距 C_2										

2. 几何参数计算

项 目	单位	计 算 公 式	计算结果	
			齿轮1	齿轮2
模数 m				
压力角 α	(°)	20		
基圆齿距 p_b				
基圆齿厚 s_b				
分度圆直径 d				
标准齿顶圆直径 d_a				
测量齿顶圆直径 d_a'				
标准齿根圆直径 d_f				
测量齿根圆直径 d_f'				
标准全齿高 h				
测量全齿高 h'				
标准中心距 a				
测量中心距 a'				
传动类型				

实训分析结论	
评语	

成绩		指导教师		评阅时间	

思考与练习题

8-1 齿轮传动的基本要求是什么？渐开线有哪些特性？为什么渐开线齿轮能满足齿廓啮合基本定律？

8-2 解释下列名词：分度圆、节圆、基圆、压力角、啮合角、啮合线、重合度。

8-3 在什么条件下分度圆与节圆重合？在什么条件下压力角与啮合角相等？

8-4 渐开线齿轮正确啮合与连续传动的条件是什么？

8-5 为什么要限制最少齿数？对于 $\alpha=20°$ 正常齿制直齿圆柱齿轮和斜齿圆柱齿轮的 z_{min} 各等于多少？

8-6 齿轮的主要失效形式有哪几种？说明产生的原因。

8-7 闭式软齿面及闭式硬齿面齿轮传动的主要失效形式是什么？设计准则是什么？

8-8 斜齿圆柱齿轮的齿数 z 与其当量齿数 z_v 有什么关系？

8-9 什么是直齿锥齿轮的当量圆柱齿轮？其当量齿数如何计算？它有什么用途？

8-10 若一对齿轮的传动比和中心距保持不变而改变其齿数，试问这对于齿轮的接触强度和弯曲强度各有何影响？

8-11 试根据渐开线特性说明一对模数相等，压力角相等，但齿数不等的渐开线标准直齿圆柱齿轮，其分度圆齿厚、齿顶圆齿厚和齿根圆齿厚是否相等？哪一个较大？

8-12 为修配两个损坏的标准直齿圆柱齿轮，现测得齿轮1的参数为：$h=4.5mm$，$d_a=44mm$；齿轮2的参数为：$p=6.28mm$，$d_a=162mm$。试计算两齿轮的模数 m 和齿数 z。

8-13 若已知一对标准安装的直齿圆柱齿轮的中心距 $a=188mm$，传动比 $i=3.5$，小齿轮齿数 $z_1=22$，试求这对齿轮的 m、d_1、d_2、d_{a1}、d_{a2}、d_{f1}、d_{f2}、p。

8-14 已知一对外啮合正常齿标准斜齿圆柱齿轮传动的中心距 $a=200mm$，法面模数 $m_n=2mm$，法面压力角 $\alpha_n=20°$，齿数 $z_1=30$，$z_2=166$，试计算该对齿轮的端面模数 m_t，分度圆直径 d_1、d_2，齿根圆直径 d_{f1}、d_{f2} 和螺旋角 β。

8-15 在一个中心距 $a=155mm$ 的旧箱体内，配上一对齿数为 $z_1=23$、$z_2=76$，模数 $m_n=3mm$ 的斜齿圆柱齿轮，试问这对齿轮的螺旋角 β 应为多少？

8-16 试分析图8-47所示齿轮传动中各齿轮所受的力，并用受力图表示出各力的作用位置和方向。

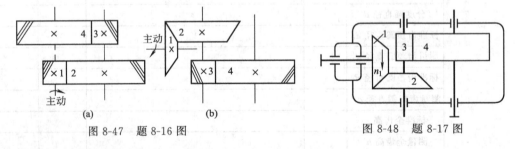

图 8-47 题 8-16 图   图 8-48 题 8-17 图

8-17 图8-48中所示的直齿圆锥齿轮-斜齿圆柱齿轮组成的双级传动装置，小圆锥齿轮1的转向 n_1 如图所示，试分析：

(1) 为使中间轴 Ⅱ 所受的轴向力可抵消一部分，确定斜齿轮3和斜齿轮4的轮齿旋向（可画在图上）；

(2) 在图中分别画出圆锥齿轮2和斜齿轮3所受的圆周力 F_t，径向力 F_r，轴向力 F_a 的方向。

8-18 已知单级斜齿轮传动 $P=10kW$，$n_1=1210r/min$，$i=4.1$，电动机驱动，双向传动，有中等冲击，设小齿轮用35SiMn调质，大齿轮用45钢调质，$z_1=23$，试计算此单级斜齿轮传动。

第 9 章　蜗杆传动

本章主要介绍了普通蜗杆传动的主要参数、几何尺寸计算、强度计算、效率以及热平衡计算。讨论了蜗杆传动的主要失效形式和通常设计准则。简要介绍了蜗杆、蜗轮的主要结构形式和材料的选用。

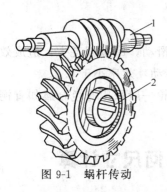

图 9-1　蜗杆传动

蜗杆传动主要由蜗杆 1、蜗轮 2 和机架组成（见图 9-1），一般蜗杆为主动件。蜗杆传动用于在交错轴间传递运动和动力，通常交错角为 90°。与其他机械传动比较，蜗杆传动具有传动比大、结构紧凑、运转平稳、噪声较小等优点，因此蜗杆传动广泛用于各种机械和仪表中，常用作减速，仅少数机械，如离心机，内燃机增压器等，蜗轮为主动件，用于增速。

9.1　蜗杆传动的类型和特点

9.1.1　蜗杆传动的类型

按蜗杆形式不同，蜗杆传动分为圆柱蜗杆传动 [见图 9-2（a）]、环面蜗杆传动 [见图 9-2（b）]、锥面蜗杆传动 [见图 9-2（c），较少用]。

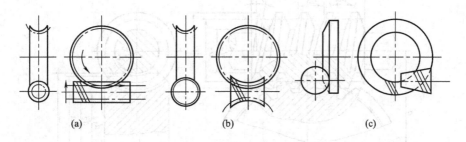

图 9-2　蜗杆传动的类型

常用的圆柱蜗杆按齿廓曲线形状的不同分为阿基米德蜗杆（ZA）、渐开线蜗杆（ZI）和法面直廓蜗杆（ZN）三种。其中阿基米德蜗杆由于加工方便，应用最为广泛。本章主要讨论这种蜗杆传动。

如图 9-3 所示为阿基米德蜗杆，垂直于轴线平面的端面齿廓为阿基米德螺旋线，在过轴线的平面内法向齿廓为直线，在车床上切制时切削刃顶面通过轴线，加工简单，但磨削有误差，精度较低。

按螺旋线方向不同，蜗杆可分为左旋和右旋。

9.1.2　蜗杆传动的特点

（1）传动比大，结构紧凑　一般在动力传动中，传动比 $i=10\sim80$；在分度机构中，i 可达 1000。这是蜗杆传动的最大特点。

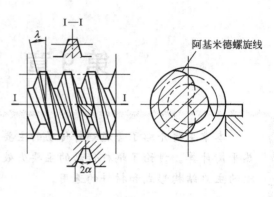

图 9-3　阿基米德蜗杆

（2）传动平稳，无噪声　因为蜗杆齿是连续不间断的螺旋齿，它与蜗轮齿啮合时是连续不断的，蜗杆齿没有进入和退出啮合的过程，故工作平稳，冲击、振动、噪声小。

（3）具有自锁性　蜗杆的螺旋升角很小时，蜗杆只能带动蜗轮传动，而蜗轮不能带动蜗杆转动。

（4）蜗杆传动效率低　因蜗杆传动齿面间存在较大的相对滑动，摩擦损耗大，造成效率较低。一般传动效率为 0.7～0.9，尤其是具有自锁性的蜗杆传动，效率小于 0.5。

（5）蜗轮的造价较高　为减轻齿面的磨损及防止胶合，蜗轮一般采用有色金属如青铜制造，成本高。

9.2　普通圆柱蜗杆传动的主要参数和几何尺寸计算

如图 9-4 所示，通过蜗杆轴线并与蜗轮轴线垂直的平面，称为中间平面。在中间平面内阿基米德蜗杆具有渐开线齿条的齿廓，其两侧边的夹角为 2α，与蜗杆啮合的蜗轮齿廓可认为是渐开线。所以在中间平面内蜗轮与蜗杆的啮合传动相当于渐开线齿条与齿轮的啮合传动。因此蜗杆传动的几何尺寸计算与齿条齿轮传动相似。

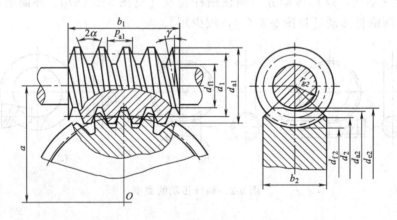

图 9-4　蜗杆传动的主要参数和几何尺寸

9.2.1　蜗杆传动的主要参数及选择

1. 模数 m 和压力角 α

为了方便加工，规定蜗杆的轴向模数为标准模数。蜗轮的端面模数等于蜗杆的轴向模数，因此蜗轮端面模数也应为标准模数。标准模数系列见表 9-1。压力角标准值为 20°。

表 9-1　圆柱蜗杆的基本尺寸和参数

m /mm	d_1 /mm	z_1	q	$m^2 d_1$ /mm³	m /mm	d_1 /mm	z_1	q	$m^2 d_1$ /mm³
1	18	1	18.000	18	6.3	363	1、2、4、6	10.000	2500
1.25	20	1	16.000	31.25	8	80	1、2、4、6	10.000	5120
1.6	20	1、2、4	12.500	51.2	10	90	1、2、4、6	9.000	9000
2	22.4	1、2、4、6	11.200	89.6	12.5	112	1、2、4	8.960	17500
2.5	28	1、2、4、6	11.200	175	16	140	1、2、4	8.750	35840
3.15	35.5	1、2、4、6	11.270	352	20	160	1、2、4	8.000	64000
4	40	1、2、4、6	10.000	640	25	200	1、2、4	8.000	125000
5	50	1、2、4、6	10.000	1250					

注：本表选自 GB 10085—88，所得的 d_1 数值为国际规定的优先使用值。

2. 蜗杆头数 z_1、蜗轮齿数 z_2 和传动比 i

选择蜗杆头数 z_1 时，主要考虑传动比、效率及加工等因素。通常蜗杆头数 $z_1 = 1$、2、4。若要得到大的传动比且要求自锁时，可取 $z_1 = 1$；当传递功率较大时，为提高传动效率，可采用多头蜗杆，通常取 $z_1 = 2$ 或 4。

蜗轮齿数 z_2 由传动比和蜗杆的头数决定。为了避免蜗轮轮齿发生根切，z_2 不应小于 26，但不宜大于 80。因为 z_2 过大，会使结构尺寸增大，蜗杆长度也随之增加，致使蜗杆刚度降低而影响啮合精度。

对于蜗杆为主动件的蜗杆传动，当蜗杆转过一周时，蜗轮将转过 z_1 个齿，故传动比为

$$i = \frac{n_1}{n_2} = \frac{z_2}{z_1} \tag{9-1}$$

式中　n_1，n_2——蜗杆和蜗轮的转速，r/min；

　　　z_1，z_2——蜗杆头数和蜗轮齿数。

注意蜗杆传动的传动比 i 仅与齿数 z_1、z_2 有关，不等于蜗轮与蜗杆分度圆直径之比，即 $i = z_2/z_1 \neq d_2/d_1$。

3. 蜗杆直径系数 q 和导程角 λ

加工蜗杆的滚刀，其参数（m、λ、z_1）和分度圆直径 d_1 必须与相应的蜗杆相同，故 d_1 不同的蜗杆，必须采用不同的滚刀。为减少滚刀数量并便于刀具的标准化，制定了蜗杆分度圆直径的标准系列（见表 9-1）。

如图 9-5 所示，蜗杆螺旋面和分度圆柱的交线是螺旋线，λ 为蜗杆分度圆柱上的螺旋线导程角，p_{a1} 为轴向齿距，由图可得

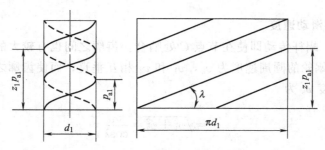

图 9-5　蜗杆分度圆柱展开图

$$\tan\lambda=\frac{z_1 p_{a1}}{\pi d_1}=\frac{z_1 m}{d_1}=\frac{z_1}{q} \tag{9-2}$$

上式中 $q=\dfrac{d_1}{m}$，称为蜗杆直径系数，表示蜗杆分度圆直径与模数的比。当 m 一定时，q 增大，则 d_1 变大，蜗杆的刚度和强度相应提高。

又因 $\tan\lambda=\dfrac{z_1}{q}$，当 q 较小时，λ 越大，传动效率越高，在蜗杆轴刚度允许的情况下，应尽可能选用较小的 q 值。

9.2.2 圆柱蜗杆传动的几何尺寸计算

圆柱蜗杆传动的几何尺寸计算见表 9-2。

表 9-2 圆柱蜗杆传动的几何尺寸计算

名称	计 算 公 式	
	蜗 杆	蜗 轮
分度圆直径	$d_1=mq$	$d_2=mz_2$
齿顶高	$h_a=m$	$h_a=m$
齿根高	$h_f=1.2m$	$h_f=1.2m$
顶圆直径	$d_{a1}=m(q+2)$	$d_{a1}=m(z_2+2)$
根圆直径	$d_{f1}=m(q-2.4)$	$d_{f2}=m(z_2-2.4)$
径向间隙	$c=0.2m$	
中心距	$a=\dfrac{m}{2}(q+z)$	
蜗杆轴向齿距，蜗轮端面齿距	$p_{a1}=p_{t2}=\pi m$	

9.2.3 蜗杆传动的正确啮合条件

如图 9-4 所示，在中间平面内蜗杆与蜗轮的齿距相等。即蜗杆传动的正确啮合条件为：

① 在中间平面内，蜗杆的轴向模数 m_{a1} 与蜗轮的端面模数 m_{t2} 必须相等；

② 蜗杆的轴向压力角 α_{a1} 与蜗轮的端面压力角 α_{t2} 必须相等；

③ 两轴线交错角为 90°时，蜗杆分度圆柱上的导程角 λ 应等于蜗轮分度圆柱上的螺旋角 β，且两者的旋向相同。

9.3 蜗杆的失效形式和设计准则

9.3.1 蜗杆传动的滑动速度

如图 9-6 所示，蜗杆传动即使在节点 C 处啮合，齿廓之间也有较大的相对滑动。设蜗杆的圆周速度为 v_1，蜗轮的圆周速度为 v_2，v_1 和 v_2 相互垂直，而使齿廓之间产生很大的相对滑动，相对滑动速度 v_s 为

$$v_s=\sqrt{v_1^2+v_2^2}=\frac{v_1}{\cos\lambda} \tag{9-3}$$

由图可见，相对滑动速度 v_s 沿蜗杆螺旋线方向。由于齿廓之间的相对滑动引起磨损和

发热，导致传动效率降低。

9.3.2 蜗杆传动的主要失效形式和设计准则

由于材料及结构方面的原因，蜗杆轮齿的强度总是高于蜗轮轮齿的强度，故失效常发生在蜗轮齿上。因此强度计算是针对蜗轮进行的。蜗杆传动的相对滑动速度大，因摩擦引起的发热量大、效率低，故主要失效形式为胶合，其次是点蚀和磨损。

目前对于胶合和磨损，还没有完善的计算方法，故通常参照圆柱齿轮进行齿面接触疲劳强度及齿根弯曲疲劳强度的条件性计算，并在选择许用应力时，适当考虑胶合与磨损失效的影响。由于蜗杆传动轮齿间有较大的滑动，工作时发热量大，若闭式蜗杆传动散热不够，可能引起润滑失效而导致齿面胶合，故对闭式蜗杆传动还要进行热平衡计算。

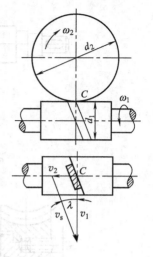

图 9-6 蜗杆传动的滑动速度

对于闭式蜗杆传动，通常按齿面接触疲劳强度设计，按齿根弯曲疲劳强度和热平衡校核；对于开式蜗杆传动或传动时载荷变动较大，或蜗轮齿数 $z_2 > 90$ 时，通常只需按齿根弯曲强度进行设计。

9.4 蜗杆传动的材料和结构

9.4.1 蜗杆传动的材料

由蜗杆传动的失效形式可知，选用材料时不仅要满足强度要求，而且还应具有良好的减摩性、抗磨性和抗胶合的能力。实践证明，蜗杆传动较理想的匹配材料是磨削淬硬的钢制蜗杆和青铜蜗轮。

蜗杆一般用碳素钢或合金钢制造。对于高速重载的蜗杆，可用 15Cr，20Cr，20CrMnTi 和 20MnVB 等，经渗碳淬火至硬度为 56～63HRC，也可用 40、45、40Cr、40CrNi 等经表面淬火至硬度为 45～50HRC。对于不太重要的传动及低速中载蜗杆，常用 45、40 等钢经调质或正火处理，硬度为 220～230HBW。

蜗轮常用锡青铜、无锡青铜或铸铁制造。锡青铜用于滑动速度 $v_s > 3m/s$ 的传动，常用牌号有 ZCuSn10Pb1 和 ZCuSn5Pb5Zn5；无锡青铜一般用于 $v_s \leqslant 4m/s$ 的传动，常用牌号为 ZCuAl9Fe4Ni4Mn2；铸铁用于滑动速度 $v_s < 2m/s$ 的传动，常用牌号有 HT150 和 HT200 等。近年来，随着塑料工业的发展，也可用尼龙或增强尼龙来制造蜗轮。

9.4.2 蜗杆和蜗轮的结构

蜗杆通常与轴做成一体，除螺旋部分的结构尺寸取决于蜗杆的几何尺寸外，其余的结构尺寸可参考轴的结构尺寸而定。图 9-7（a）为铣制蜗杆，在轴上直接铣出螺旋部分，刚性较好。图 9-7（b）为车制蜗杆，因需有退刀槽，故刚性稍差。

蜗轮的结构有整体式和组合式两类。图 9-8（a）所示为整体式结构，多用于铸铁蜗轮或尺寸很小的青铜蜗轮。为了节省有色金属，对于尺寸较大的青铜蜗轮一般制成组合式结构，为防止齿圈和轮心因发热而松动，常在接缝处再拧入 4～6 个螺钉，以增强联接的可靠性 [见图 9-8（b）]，或采用螺栓联接 [见图 9-8（c）]，也可在铸铁轮心上浇注青铜齿圈 [见图 9-8（d）]。

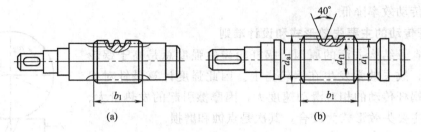

图 9-7　蜗杆的结构形式

$a \approx 1.6m + 1.5mm$，$c \approx 1.5m$，$B = (1.2 \sim 1.8)d$，$b = a$，
$d_3 = (1.6 \sim 1.8)d$，$d_4 = (1.2 \sim 1.5)\ m$，$l_1 = 3d_4$（m 为蜗轮模数）

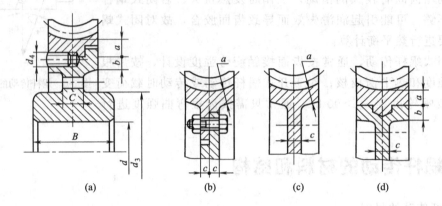

图 9-8　蜗轮的结构形式

9.5　蜗杆传动的受力分析和强度计算

9.5.1　蜗杆传动的受力分析

蜗杆传动的受力分析与斜齿圆柱齿轮相似。如图 9-9 所示，作用在齿面上的法向力 F_n 可分解为三个相互垂直的分力：圆周力 F_t，径向力 F_r 和轴向力 F_a。由于蜗杆轴与蜗轮轴交错成 90°，根据作用与反作用原理，蜗杆的圆周力 F_{t1} 等于蜗轮的轴向力 F_{a2}、蜗杆的轴向力 F_{a1} 等于蜗轮的圆周力 F_{t2}、蜗杆的径向力 F_{r1} 等于蜗轮的径向力 F_{r2}，即

$$F_{t1} = F_{a2} = \frac{2T_1}{d_1}$$

$$F_{t2} = F_{a1} = \frac{2T_2}{d_2} \qquad (9\text{-}4)$$

$$F_{r1} = F_{r2} = F_{t2} \tan\alpha$$

式中　T_1，T_2——作用于蜗杆和蜗轮上的转矩，N·m；

$\quad\quad\quad T_2 = T_1 i\eta$，$\eta$ 为蜗杆传动效率；

$\quad\quad d_1$，d_2——蜗杆和蜗轮的分度圆直径，mm；

$\quad\quad\quad \alpha$——压力角，$\alpha = 20°$。

蜗杆和蜗轮受力方向的判定方法，与斜齿圆柱齿轮相同。当蜗杆为主动件时，蜗杆的圆周力 F_{t1} 与转向相

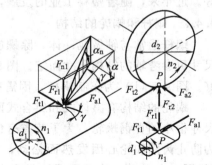

图 9-9　蜗杆传动的受力分析

反；径向力 F_{r1} 的方向由啮合点指向轴心；轴向力 F_{a1} 的方向由左右手定则判定，即右旋用右手（左旋用左手），四指弯曲的方向与蜗杆转动方向一致，大拇指指向为轴向力的方向。蜗轮的受力方向根据作用与反作用原理确定。

9.5.2　圆柱蜗杆传动的强度计算

1. 蜗轮齿面的接触强度计算

蜗轮齿面的接触强度计算与斜齿轮相似，以蜗杆蜗轮在节点处啮合的相应参数代入赫兹公式，可得青铜或铸铁蜗轮轮齿齿面接触强度的校核公式为

$$\sigma_H = 500\sqrt{\frac{KT_2}{m^2 d_1 z_2^2}} \leqslant [\sigma_H] \tag{9-5}$$

设计公式为

$$m^2 d_1 \geqslant \left(\frac{500}{z_2 [\sigma_H]}\right)^2 K T_2 \tag{9-6}$$

式中　K——载荷系数，通常取 $K = 1 \sim 1.4$；当载荷平稳，滑动速度 $v_s \leqslant 3\text{m/s}$ 时取小值，反之取大值；

$[\sigma_H]$——蜗轮材料的许用接触应力，MPa，$[\sigma_H]$ 值见表 9-3 和表 9-4。

表 9-3　锡青铜蜗轮的许用应力

蜗轮材料	铸造方法	滑动速度 $v_s/(\text{m/s})$	$[\sigma_H]/\text{MPa}$		$[\sigma_F]/\text{MPa}$	
			蜗杆齿面硬度		受载状况	
			≤350HBW	>45HRC	单侧	双侧
ZCuSn10Pb1	砂模	≤12	180	200	51	32
	金属模	≤25	200	220	70	40
ZCuSn5Pb5Zn5	砂模	≤10	110	125	33	24
	金属模	≤12	135	150	40	29

表 9-4　铝青铜及铸铁蜗轮的许用应力 $[\sigma_H]$

蜗轮材料	铸造方法	蜗杆材料	$[\sigma_H]/\text{MPa}$							$[\sigma_F]/\text{MPa}$	
			滑动速度 $v_s/(\text{m/s})$							受载状况	
			0.5	1	2	3	4	6	8	单侧	双侧
ZCuAl10Fe3	砂模	淬火钢	250	230	210	180	160	120	90	82	64
HT150、HT200	砂模	渗碳钢	130	115	90	—	—	—	—	40~48	25~30
HT150	砂模	调质钢	110	90	70	—	—	—	—	40~48	35

设计计算时可按 $m^2 d_1$ 值由表 9-1 确定模数 m 和蜗杆分度圆直径 d_1，最后按表 9-2 计算出蜗杆和蜗轮的主要几何尺寸及中心距。

2. 蜗轮轮齿弯曲强度计算

由蜗轮轮齿接触强度和热平衡计算所限定的承载能力，通常都能满足弯曲强度的要求，因此只有对于受强烈冲击、振动的传动，或蜗轮采用脆性材料时，才需要考虑蜗轮轮齿的弯曲强度。其计算公式可参阅有关设计手册。

9.6　蜗杆传动的效率、润滑和热平衡计算

9.6.1　蜗杆传动的效率

闭式蜗杆传动工作时，功率的损耗有轮齿啮合摩擦损耗、轴承摩擦损耗和搅油损耗三部分。所以闭式蜗杆传动的总效率为

$$\eta = \eta_1 \eta_2 \eta_3 \tag{9-7}$$

式中　η_1，η_2，η_3——蜗杆传动的啮合效率、轴承效率、搅油效率。

其中最主要的是轮齿啮合效率 η_1，当蜗杆主动时，η_1 可近似按螺旋副的效率计算，即

$$\eta_1 = \frac{\tan\lambda}{\tan(\lambda + \rho_v)} \tag{9-8}$$

式中　ρ_v——当量摩擦角，与蜗杆蜗轮的材料、表面状况、润滑油的种类及相对滑动速度有关，对于在油池中工作的钢蜗杆和青铜蜗轮，一般可取 $\rho_v = 2° \sim 3°$；对于开式传动的钢蜗杆和铸铁蜗轮，可取 $\rho_v = 3° \sim 7°$。

由上式可知，η_1 随 ρ_v 的减小而增大，随 v_s 的增大而减小。在一定范围内 η_1 随 λ 增大而增大，故动力传动常用多头蜗杆以增大 λ，但 λ 过大时，蜗杆制造困难，效率提高很少，故通常取 $\lambda < 30°$。

初步计算时，蜗杆传动效率可近似取下列数值：闭式传动，当 $z_1 = 1$ 时，$\eta = 0.7 \sim 0.75$；$z_1 = 2$ 时，$\eta = 0.75 \sim 0.82$；$z_1 = 4$ 时，$\eta = 0.82 \sim 0.92$；开式传动，当 $z_1 = 1$、2 时，$\eta = 0.6 \sim 0.7$。

9.6.2　蜗杆传动的润滑

由于蜗杆传动的相对滑动速度大，效率低，发热量大，因此为了提高传动效率，降低工作面温度，避免胶合，减少磨损，蜗杆传动的润滑十分必要。

在闭式蜗杆传动中，润滑油黏度和润滑的方式，主要取决于蜗杆蜗轮的相对滑动速度、载荷类型，见表9-5。对于青铜蜗轮，不允许采用抗胶合能力强的活性润滑油，以免腐蚀齿面。

在开式蜗杆传动中，采用黏度较高的齿轮油或润滑脂进行润滑。

表 9-5　蜗杆传动润滑油黏度及润滑方式

滑动速度 v_s/(m/s)	<1	<2.5	<5	5～10	10～15	15～25	>25
工作条件	重载	重载	中载	—	—	—	—
运动黏度 $v(40℃)$/(mm²/s)	900	500	350	220	150	100	80
润滑方式	油池润滑			油池润滑或喷油润滑	压力喷油润滑(喷油压力/MPa)		
					0.7	2	3

9.6.3　蜗杆传动的热平衡计算

由于蜗杆传动的工作时发热量大，若散热不及时，会导致温升过高而降低油的黏度，使润滑不良，导致蜗轮齿面磨损和胶合，所以对闭式蜗杆传动要进行热平衡计算。

在闭式传动中，热量由箱体表面散发出来，当单位时间内产生的热量与散发的热量达到平衡时，就能保证箱体内的油温稳定在规定的范围内。即润滑油工作温度

$$t_1 = \frac{1000P_1(1-\eta)}{K_s A} + t_0 \leqslant [t_1] \tag{9-9}$$

式中 P_1——蜗杆输入功率，kW；

η——蜗杆传动效率；

K_s——散热系数，W/(m² · ℃)，通常取 K_s＝10～17，通风良好时取大值；

A——箱体有效散热面积，m²，指内壁被油浸溅，而外表面与空气接触的面积，对凸缘和散热片的面积可近似按 50％计算；

$[t_1]$——润滑油允许工作温度，℃，通常取 $[t_1]$＝70～90℃；

t_0——环境温度，通常取 t_0＝20℃。

如果计算的工作温度超过允许范围，可采取以下措施来改善散热条件。

① 在箱体上设置散热片，以增大散热面积；

② 在蜗杆轴上安装风扇进行风冷降温［见图 9-10 (a)］；

③ 在箱体油池内装设蛇形水管，用循环水冷却［见图 9-10 (b)］；

④ 用循环油冷却［见图 9-10 (c)］。

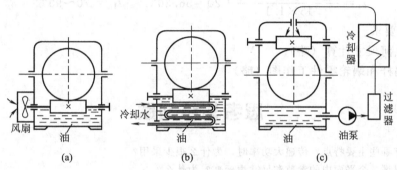

图 9-10 蜗杆传动的散热

【例】 已知一传递动力的蜗杆传动，蜗杆为主动件，它所传递的功率 P＝3kW，转速 n_1＝960r/min，n_2＝70r/min，估计散热面积 1.1m²，载荷平稳，试设计此蜗杆传动。

解

由于蜗杆传动的强度计算是针对蜗轮进行的，而且对载荷平稳的传动，蜗轮轮齿接触强度和热平衡计算所限定的承载能力，通常都能满足弯曲强度的要求，因此，本题只需进行接触强度和热平衡计算。

1. 蜗轮轮齿齿面接触强度计算

(1) 选材料，确定许用接触应力 $[\sigma_H]$

蜗杆用 45 钢，表面淬火 45～50HRC；蜗轮用 ZCuSn10P1 砂模铸造。由表 9-3 查得 $[\sigma_H]$＝200MPa。

(2) 选蜗杆头数 z_1，确定蜗轮齿数 z_2，传动比 i＝n_1/n_2＝960/70＝13.71，因传动比不算大，为了提高传动效率，可选 z_1＝2，则 z_2＝iz_1＝13.71×2＝27.42，取 z_2＝27。

(3) 确定作用在蜗轮上的转矩 T_2，因 z_1＝2，故初步选取 η＝0.80，则

$$T_2 = 9.55 \times 10^6 \times \frac{P_2}{n_2} = 9.55 \times 10^6 \times \frac{P_1\eta}{n_2} = 9.55 \times 10^6 \times \frac{3 \times 0.8}{70} = 327428.4 \text{N} \cdot \text{mm}$$

(4) 确定载荷系数 K，因载荷平稳，速度较低，取 K＝1.1，由式 (9-6) 得

$$m^2 d_1 \geqslant \left(\frac{500}{z_2[\sigma_H]}\right)^2 KT_2 \geqslant \left(\frac{500}{27 \times 200}\right)^2 \times 1.1 \times 327428.4 = 3087.6 \text{mm}^3$$

由表 9-1，取 $m=8$，$d_1=80$mm。

（5）计算主要几何尺寸

蜗杆分度圆直径　$d_1=80$mm

蜗轮分度圆直径　$d_2=mz_2=8\times27=216$mm

中心距　$a=\dfrac{1}{2}(d_1+d_2)=0.5\times(80+216)=148$mm

2. 热平衡计算

由式（9-9）得

$$t_1=\frac{1000P_1(1-\eta)}{K_sA}+t_0\leqslant[t_1]$$

（1）取 $K_s=15$W/(m²·℃)；

（2）散热面积 $A\approx1.1$m²；

（3）取效率 $\eta=0.8$。

$$t_1=\frac{1000\times3(1-0.8)}{15\times1.1}+20=56.36℃\leqslant[t_1]=70\sim90℃$$

故满足热平衡要求。

3. 其他几何尺寸计算 （略）

4. 绘制蜗杆和蜗轮零件工作图 （略）

思考与练习题

9-1　蜗杆传动有哪些主要特点？传递大功率时，为什么很少采用？

9-2　蜗杆传动以哪一个平面内的参数和尺寸为标准？为什么？

9-3　蜗杆传动的正确啮合条件是什么？

9-4　蜗杆传动的传动比是否等于蜗轮与蜗杆的节圆直径之比？

9-5　蜗杆传动的失效形式有哪几种？主要原因有哪些？如何防治？

9-6　蜗杆传动的设计计算中有哪些主要参数？为何规定蜗杆分度圆直径 d_1 为标准值？

9-7　蜗杆传动为什么要进行热平衡计算？如何计算？常用的散热措施有哪些？

9-8　蜗杆、蜗轮常用的形式有哪几种？

9-9　如图 9-11 所示，蜗杆主动，$T_1=20$N·m，$m=4$mm，$z_1=2$，$d_1=50$mm，蜗轮齿数 $z_2=50$，传动的啮合效率 $\eta=0.75$，试确定：（1）蜗轮的转向；（2）蜗杆与蜗轮上作用力的大小和方向。

9-10　如图 9-12 所示为蜗杆传动和圆锥齿轮传动的组合。已知输出轴上的锥齿轮 z_4 的转向 n。

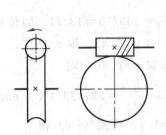

图 9-11　题 9-9 图

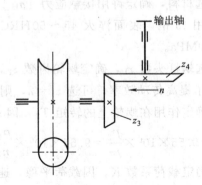

图 9-12　题 9-10 图

（1）欲使中间轴上的轴向力能部分抵消，试确定蜗杆传动的螺旋线方向和蜗杆的转向。

（2）在图中标出各轮轴向力的方向。

9-11 设计一个由电动机驱动的单级圆柱蜗杆减速器，电动机功率为 7kW，转速为 1440r/min，蜗轮轴转速为 80r/min，载荷平稳，单向传动，蜗轮材料选 ZQSn10-1 锡青铜，砂模；蜗杆选用 40Cr，表面淬火。

第 10 章 轮 系

本章主要介绍了轮系的传动比计算和转向的确定，讨论了轮系的主要功用。简要介绍了其他行星传动的形式和常用减速器的类型、特点和应用。实训减速器拆装和结构分析。

在机械中，为了获得很大的传动比，或是获得变速和换向，满足各种不同的需要，常常采用一系列齿轮组成的传动系统，将主动轴的运动传给从动轴。这种由一系列相互啮合的齿轮（蜗杆、蜗轮）组成的传动系统称为齿轮系，简称轮系。

10.1 轮系的分类

如果齿轮系中各齿轮的轴线互相平行，则称为平面齿轮系，否则称为空间齿轮系。

根据齿轮系运转时齿轮的轴线位置相对于机架是否固定，又可将齿轮系分为两大类：定轴轮系和行星轮系。

10.1.1 定轴轮系

在传动时所有齿轮的几何轴线相对于机架固定不动的齿轮系，称为定轴轮系。定轴齿轮系是最基本形式。如图 10-1 所示。

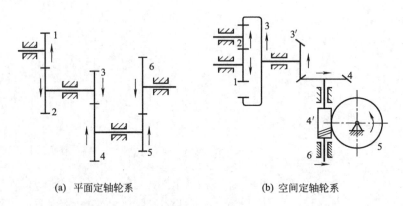

(a) 平面定轴轮系   (b) 空间定轴轮系

图 10-1 定轴轮系

10.1.2 行星轮系

轮系中，至少有一个齿轮的几何轴线是绕另一个齿轮几何轴线转动的。如图 10-2 所示，齿轮 2 一方面绕几何轴线 O_1—O_1 转动（自转），同时随构件 H 绕固定的几何轴线 O—O 转动（公转）。轴线不动的齿轮 1 和 3 称为中心轮（太阳轮）；齿轮 2 称为行星轮；支持行星轮的构件 H 称为行星架或系杆。

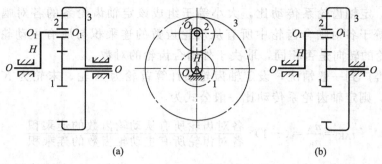

图 10-2 行星轮系

当行星轮系的两个中心轮都能转动，自由度为 2 时称为差动轮系，如图 10-2（a）所示。若固定住其中一个中心轮，轮系的自由度为 1 时，称为简单行星轮系，如图 10-2（b）所示。

10.1.3 组合轮系

组合轮系是由定轴轮系和行星轮系或由两个以上的行星轮系组成。如图 10-3（a）所示为两个行星轮系组成的组合轮系。如图 10-3（b）所示为定轴轮系和行星轮系组成的组合轮系。

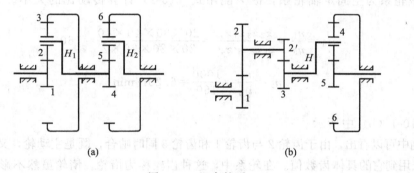

图 10-3 组合轮系

10.2 定轴轮系的传动比计算

轮系中始末两轮（轴）的转速或角速度之比称为轮系的传动比。

以图 10-1 所示的定轴轮系为例。已知定轴轮系各齿轮的齿数为 z_1、z_2、z_3、z_4、z_5、z_6，各轮的转速为 n_1、n_2、n_3、n_4、n_5、n_6，一对齿轮的传动比为其齿数的反比，考虑转向关系，外啮合时两轮的转向相反，传动比取"一"，内啮合时两轮的转向相同，传动比取"＋"，则每对啮合齿轮的传动比为

$$i_{12}=\frac{n_1}{n_2}=-\frac{z_2}{z_1} \qquad i_{34}=\frac{n_3}{n_4}=-\frac{z_4}{z_3} \qquad i_{56}=\frac{n_5}{n_6}=-\frac{z_6}{z_5}$$

其中 $n_2=n_3$，$n_4=n_5$，将以上各式两边连乘，可得

$$i_{12} \cdot i_{34} \cdot i_{56}=\frac{n_1 n_3 n_5}{n_2 n_4 n_6}=(-1)^3\frac{z_2 z_4 z_6}{z_1 z_3 z_5}$$

所以

$$i_{16}=\frac{n_1}{n_6}=(-1)^3\frac{z_2 z_4 z_6}{z_1 z_3 z_5}$$

上式表明，定轴齿轮系传动比，大小等于组成该定轴齿轮系的各对啮合齿轮传动比的连乘积，也等于各对啮合齿轮中所有从动轮齿数的连乘积与所有主动轮齿数的连乘积之比。始末两轮的转向是否相同，取决于外啮合齿轮的对数。

上述结论推广到一般情况，设定轴齿轮系计算首轮为 A 轮、末轮为 K 轮，外啮合齿轮的对数为 m，则定轴齿轮系传动比一般公式为

$$i_{AK} = \frac{n_A}{n_K} = (-1)^m \frac{各对齿轮所有从动轮齿数的连乘积}{各对齿轮所有主动轮齿数的连乘积} \qquad (10\text{-}1)$$

对于平面定轴轮系，始末两轮的转向可用 $(-1)^m$ 判别。m 表示轮系中外啮合齿轮对数，m 为奇数，表明始末两轮的转向相反；m 为偶数，表明始末两轮的转向相同。也可用画箭头的方法表示始末两轮的转向关系。

对于空间定轴轮系，由于各齿轮的轴线不是都平行，故只能用画箭头的方法表示始末两轮的转向关系。

【例 10-1】 已知图 10-1（b）所示的轮系中各齿轮齿数为 $z_1 = z_2 = z_{3'} = 20$，$z_3 = 80$，$z_4 = z_5 = 40$，$z_{4'} = 2$，$n_1 = 1000\text{r/min}$，试求蜗轮 5 的转速 n_5，并判断其转动方向。

解

因为该轮系为空间定轴轮系，故只能用式（10-1）计算传动比的大小。

$$i_{15} = \frac{n_1}{n_5} = \frac{z_2 z_3 z_4 z_5}{z_1 z_2 z_{3'} z_{4'}} = \frac{20 \times 80 \times 40 \times 40}{20 \times 20 \times 20 \times 2} = 160$$

所以

$$n_5 = \frac{n_1}{i_{15}} = \frac{1000}{160} = 6.25\text{r/min}$$

转向如图 10-1（b）中所示。

从上例中可以看出，由于齿轮 2 与齿轮 1 和齿轮 3 同时啮合，既是主动轮，又是从动轮，在计算中并未用到它的具体齿数值。在轮系中，这种齿轮称为惰轮。惰轮虽然不影响传动比的大小，但若啮合的方式不同，则可以改变齿轮的转向，并会改变齿轮的排列位置和距离。

10.3　行星轮系的传动比计算

如图 10-4（a）所示的行星轮系，设齿轮 1、2、3 及系杆的转速分别为 n_1、n_2、n_3、n_H。由于行星轮的运动是兼有自转和公转的复杂运动，所以不能直接应用定轴轮系传动比的公式。可以采用"转化机构法"，即根据相对运动原理，假想给整个行星轮系加一个与行星架的角速度大小相等、方向相反的公共角速度 $-\omega_H$，则行星架 H 变为相对静止，而各构件间的相对运动关系没有改变。齿轮 1、2、3 则成为绕定轴转动的齿轮，如图 10-4（b）所示。因此，原行星轮系便转化为假想的定轴齿轮系，该假想的定轴轮系称为原行星轮系的转化轮系。

原轮系与转化轮系中各构件的转速如表 10-1 所示。

表 10-1　原轮系与转化轮系中各构件的转速

构件	原轮系转速	转化轮系的转速	构件	原轮系转速	转化轮系的转速
中心轮 1	n_1	$n_1^H = n_1 - n_H$	中心轮 3	n_3	$n_3^H = n_3 - n_H$
行星轮 2	n_2	$n_2^H = n_2 - n_H$	行星架 H	n_H	$n_H^H = n_H - n_H$

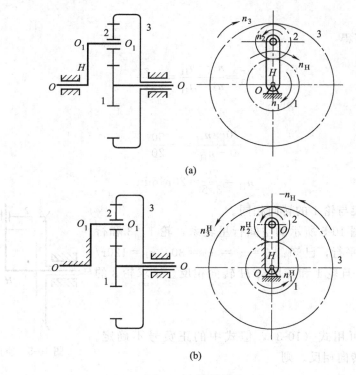

图 10-4　行星轮系

转化轮系的传动比可用定轴轮系传动比的计算方法得

$$i_{13}^{H}=\frac{n_1^{H}}{n_3^{H}}=\frac{n_1-n_H}{n_3-n_H}=-\frac{z_3}{z_1} \qquad (10\text{-}2)$$

将上式推广到一般形式，设计算时的起始主动轮 A 的转速为 n_A，最末从动轮的转速为 n_K，行星架的转速为 n_H，则转化轮系的传动比为

$$i_{AK}^{H}=\frac{n_A^{H}}{n_K^{H}}=\frac{n_A-n_H}{n_K-n_H}=(\pm)\frac{\text{所有从动轮齿数的乘积}}{\text{所有主动轮齿数的乘积}} \qquad (10\text{-}3)$$

应用上式必须注意以下几方面。

① 公式只适用于 A 轮、K 轮和行星架 H 的轴线重合或平行，A 轮、K 轮可以是中心轮或行星轮。

② 式中右边的正负号是在转化轮系中，当 A 轮、K 轮转向相同时取正号，相反时取负号，用定轴轮系传动比的转向判定方法确定。特别注意，这里的正、负号并不代表 A 轮、K 轮的真正转向关系，只表示行星架相对静止不动时 A 轮、K 轮的转向关系。

③ 式中左边的转速 n_A、n_K、n_H 是代数量，代入公式时必须带正负号。假定某一转向为正号，则与其同向的取正号，反向的取负号。待求构件的转向由计算结果的正负号确定。

④ $i_{AK}^{H} \neq i_{AK}$。i_{AK}^{H} 只表示转化轮系中轮 A 和轮 K 的转速之比，其大小和方向可按求定轴轮系传动比的方法确定；i_{AK} 是行星轮系中轮 A 和轮 K 的绝对转速之比，其大小和方向只能由公式计算出来之后才能确定。

【例 10-2】　如图 10-2 (b) 所示，已知 $n_1=70\text{r/min}$，$z_1=20$，$z_2=15$，$z_3=50$，轮 3 固定。试求行星架的转速 n_H。

解

由式（10-3）可得

$$i_{13}^{H} = \frac{n_1 - n_H}{n_3 - n_H} = -\frac{z_3}{z_1}$$

因为 $n_3 = 0$，所以

$$\frac{70 - n_H}{0 - n_H} = -\frac{50}{20}$$

$$n_H = \frac{70}{3.5} = 20 \text{r/min}$$

上式中，表明行星架与轮 1 的转向相同。

【例 10-3】 如图 10-5 所示的空间行星轮系，轮 1、3 和行星架 H 的轴线相互平行，已知：$z_1 = z_2 = z_3 = 30$，$n_1 = 120$r/min，$n_H = 2$r/min，且轮 1 和行星架 H 转向相反。试求轮 3 的转速和转向。

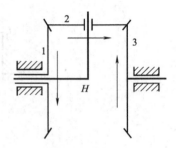

图 10-5　空间行星轮系

解

由已知条件知可用式（10-3），但式中的正负号不确定。假设轮 1 与轮 3 的转向相反。则

$$i_{13}^{H} = \frac{n_1 - n_H}{n_3 - n_H} = -\frac{z_3}{z_1}$$

因为轮 1 和行星架 H 转向相反，故取轮 1 的转速为正值，行星架 H 的转速为负值，即 $n_1 = 120$r/min，$n_H = -2$r/min。所以

$$\frac{120 - (-2)}{n_3 - (-2)} = -\frac{30}{30}$$

$$n_3 = -124 \text{r/min}$$

n_3 为负值表示 n_1 与 n_3 的转向相反。

10.4　组合轮系的传动比计算

组合轮系由定轴轮系和行星轮系，或几个单一的行星轮系组合而成，求解传动比时，整个轮系既不能作为单一的定轴轮系计算，也不能作为单一的行星轮系计算。因此，必须正确地把组合轮系划分为基本的定轴轮系和周转轮系，分别列出它们各自的传动比计算公式，然后联立求解。

正确区分各个轮系的关键在于先找出行星轮系。首先找出具有几何轴线的行星轮，再找出支持该行星轮的行星架，最后确定与行星轮直接啮合的一个或几个中心轮。每一简单的周转轮系中，都应有中心轮、行星轮和转臂。找出各行星轮系后，剩下的就是一个或多个定轴轮系。

【例 10-4】 如图 10-6 所示为电动卷扬机的传动装置，已知各轮齿数 $z_1 = 24$，$z_2 = 48$，$z_{2'} = 30$，$z_3 = 90$，$z_{3'} = 20$，$z_4 = 30$，$z_5 = 80$。试求传动比 i_{15}。

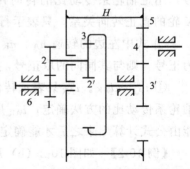

图 10-6　电动卷扬机的传动装置

解

该组合轮系可划分为由齿轮 1、2、2′、3 和行星架 H 组成的差动行星轮系和由齿轮 5、4、3′组成的定轴轮系两个基本轮系。轮 5 和行星架 H 为一个构件。

差动轮系的传动比为

$$i_{13}^{H}=\frac{n_1-n_H}{n_3-n_H}=-\frac{z_2 z_3}{z_1 z_{2'}}=-\frac{48\times90}{24\times30}=-6 \tag{1}$$

定轴轮系的传动比为

$$i'_{35}=\frac{n_{3'}}{n_5}=-\frac{z_5}{z_{3'}}=-\frac{80}{20}=-4 \tag{2}$$

因为 $n_H=n_5$，$n_3=n_{3'}$。联立式（1）、（2）得

$$i_{15}=\frac{n_1}{n_5}=31$$

i_{15} 为正值表示 n_1 与 n_5 的转向相同。

10.5　轮系的应用

在机械传动中，轮系的应用非常广泛。主要的应用场合有以下几方面。

1. 实现相距较远的两轴之间的传动

当主动轴和从动轴之间的距离较远时，若仅用一对齿轮传动（图 10-7 中虚线所示），齿轮的尺寸就较大，既占空间又费材料，制造、安装也很不方便。如果改用轮系传动（图10-7中实线所示），便可克服以上缺点。

2. 获得大传动比的传动

如果用一对齿轮获得较大的传动比，则必然使其中一个齿轮的尺寸很大，造成机构的体积增大，同时小齿轮也容易损坏。若采用多对齿轮组成的齿轮系则可以很容易就获得较大的传动比。只要适当选择齿轮系中各对啮合齿轮的齿数，即可得到所要求的传动比。采用行星齿轮系，用较少的齿轮即可获得很大的传动比。如图 10-8 所示，$z_1=100$，$z_2=101$，$z_{2'}=100$，$z_3=99$，则有

$$i_{13}^{H}=\frac{n_1-n_H}{0-n_H}=\frac{z_2 z_3}{z_1 z'_2}=\frac{101\times99}{100\times100}=\frac{9999}{10000}$$

$$i_{1H}=1-i_{13}^{H}=\frac{1}{10000}$$

$$i_{H1}=10000$$

即当行星架转 10000 转时，齿轮 1 才转 1 转。

如把 z_3 由 99 改为 100，则为

$$i_{H1}=\frac{n_H}{n_1}=-100$$

转向关系改变。

如 z_2 由 101 改为 100，则为

$$i_{H1}=\frac{n_H}{n_1}=100$$

由此可见，同一种结构的行星轮系，有时某一齿轮的齿数略有变化，往往会使其传动比

发生巨大变化，同时从动轮的转向也会改变。

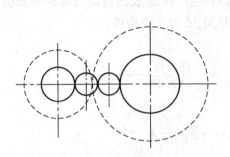 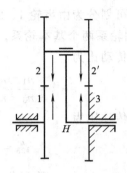

图 10-7　较远距离传动　　　　　　图 10-8　行星减速器

3. 实现换向的传动

在主动轴转向不变的情况下，利用惰轮可以改变从动轴的转向。如图 10-9 所示，车床上走刀丝杆的三星轮换向机构，扳动手柄可实现两种传动方案。

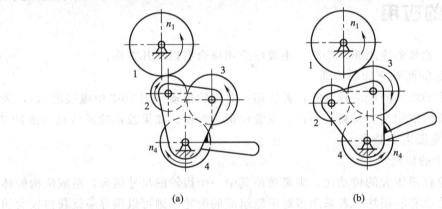

(a)　　　　　　　　　　　　(b)

图 10-9　三星轮换向机构

4. 实现变速传动

在主动轴转速不变的情况下，利用轮系可使从动轴得到若干种转速，从而实现变速传动。如图 10-10 所示的车床变速箱，通过三联齿轮 a 和双联齿轮 b 在轴上的移动，可使带轮有 6 种不同的转速。变速传动也可以利用行星轮系来实现。

5. 实现多路传动

利用轮系可以使一个主动轴带动若干个从动轴同时旋转，并获得不同的转速。

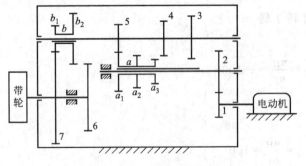 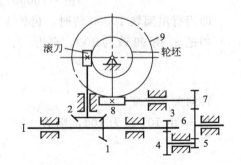

图 10-10　车床变速箱　　　　　　图 10-11　滚齿机上的轮系

如图 10-11 所示为滚齿机上滚刀与轮坯之间作展成运动的传动简图。滚齿加工要求滚刀的转速必须满足传动比关系。主动轴 I 通过锥齿轮 1 轮齿轮 2 将运动传给滚刀；同时主动轴又通过直齿轮 3 轮经齿轮 4—5、6、7—8 传至蜗轮 9，带动被加工的轮坯转动，以满足滚刀与轮坯的传动比要求。

6. 实现运动的合成和分解

在差动齿轮系中，当给定两个基本构件的运动后，第三个构件的运动是确定的。也就是说，第三个构件的运动是另外两个基本构件运动的合成。如图 10-5 所示的差动轮系中

$$\frac{n_1 - n_H}{n_3 - n_H} = -\frac{z_3}{z_1} = -1$$

$$n_H = \frac{1}{2}(n_1 + n_3)$$

即行星架的转速是轮 1、轮 3 的合成。

同样，差动轮系也可以实现运动的分解，即将一个基本构件的转动，按所需比例分解为另外两个从动的基本构件的运动。汽车后桥差速器，在汽车转弯时它可将主轴的运动以不同的速度分别传递给左右两个车轮，以维持车轮与地面间的纯滚动，避免车轮与地面间的滑动摩擦导致车轮过度磨损。

10.6　其他行星传动简介

10.6.1　渐开线少齿差行星齿轮传动

如图 10-12 所示为渐开线少齿差行星传动，右图为它的机构简图。通常，中心轮 1 固定，转臂 H 为输入轴，V 为输出轴。轴 V 与行星轮 2 用等角速比机构 3 相联接，所以 V 转速就是行星轮 2 的绝对转速。则有

$$i_{H2} = -\frac{z_2}{z_1 - z_2}$$

由上式可知，中心轮 1 与行星轮 2 齿数差越少，传动比 i_{H2} 越大。通常，行星轮 2 与内齿轮的齿数差为 1~4，故称为少齿差行星轮系。

如图 10-13 所示为柱销少齿差行星传动。通常采用销孔输出机构作为等角速度机构。沿半径为 ρ 的圆周，在行星轮辐板上开有圆孔，在输出轴的圆盘上有圆柱销。圆柱销使行星轮和输出轴联接起来。

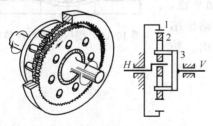

图 10-12　渐开线少齿差行星传动

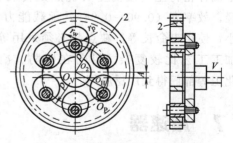

图 10-13　柱销少齿差行星传动

这种传动装置的优点是传动比大、结构紧凑、体积小、重量轻和加工容易。但效率较低，行星架轴承寿命较短，目前只用于小功率传动。

10.6.2　谐波齿轮传动

谐波齿轮传动如图 10-14 所示。其中 H 为波发生器，它相当于转臂；1 为刚轮，它相当于中心轮；2 为柔轮，可产生较大的弹性变形，它相当于行星轮。转臂 H 的外缘尺寸大于柔轮内孔直径，所以将它装入柔轮内孔后，柔轮即变成椭圆形，椭圆长轴处的轮齿与刚轮相啮合而短轴处的轮齿脱开，其他各点则处于啮合和脱离的过渡阶段。一般刚轮不动，当 H 回转时，柔轮与刚轮的啮合区也发生转动。由于柔轮比刚轮少（z_1-z_2）个齿，所以当波发生器转一周时，柔轮相对于刚轮沿相反方向转过（z_1-z_2）个齿的角度，即反转（z_1-z_2）/z_2 周。所以，其传动比为 $i_{H2}=-z_2/(z_1-z_2)$。由于传动过程中柔轮的弹性变形近似于谐波，故称之为谐波齿轮传动。

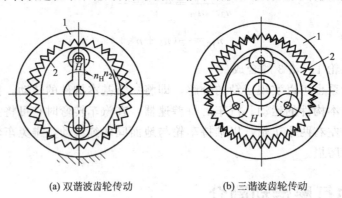

(a) 双谐波齿轮传动　　　　(b) 三谐波齿轮传动

图 10-14　谐波齿轮传动

谐波齿轮传动的优点是传动比大，体积小，重量轻，同时啮合的齿数多，传动平稳，结构简单。缺点是柔轮易疲劳破损，启动力矩大。目前已广泛应用于汽车、机床、船舶、冶金等机械设备。

10.6.3　摆线针轮行星传动

如图 10-15 所示，摆线针轮行星传动中行星轮的运动通过等角速比的销孔输出机构传到输出轴上。因为这种传动的齿数差等于 1，所以其传动比 $i_{HV}=-z_2$。摆线针轮行星传动的工作原理和结构与渐开线少齿差行星传动基本相同，不同处在于齿廓不是渐开线，而是摆线。它也由转臂 H，两个行星轮 2 和内齿轮 1 组成。

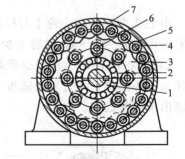

图 10-15　摆线针轮行星传动

摆线针轮行星传动的主要优点是传动比大，体积小，重量轻，效率高（0.90～0.94），承载能力大，传动平稳，磨损小，使用寿命长等。缺点是必须采用等角速比输出结构，加工工艺比较复杂。目前在国防、冶金、矿山、纺织、化工等部门得到广泛应用。

10.7　减速器

大多数的机器中，原动机的转速都比较高，而工作机的转速一般比较低。减速器就是一种用于原动机与工作机之间封闭在刚性壳体内独立的传动装置，以降低转速和增加转矩，满足机器工作的需要。减速器结构简单，效率较高，传递运动准确，维护方便，应用非常广泛。为了缩短设计和生产周期，提高产品质量，降低成本，常用减速器我国已标准化、系列化，并由专门厂家生产，可根据需要合理选用，必要时才自行设计与制造。

10.7.1　常用减速器的类型、特点和应用

减速器的类型很多，常用的减速器根据传动及结构特点可分为以下几种。

（1）齿轮减速器　主要有圆柱齿轮减速器、锥齿轮减速器和圆锥-圆柱齿轮减速器。

（2）蜗杆减速器　主要有圆柱蜗杆减速器、圆弧齿蜗杆减速器、锥蜗杆减速器和蜗杆-齿轮减速器。

（3）行星减速器　主要有渐开线行星减速器、摆线针轮减速器和谐波齿轮减速器等。

按传动的级数可分为单级、二级、三级和多级减速器。

按轴在空间的位置可分为卧式和立式减速器。

按传动的布置形式分为展开式、同轴式和分流式减速器。

常用减速器的主要类型、特点及应用见表 10-2。

表 10-2　常用减速器的主要类型、特点及应用

类型		简图	传动比范围		特点及应用
			一般	最大	
一级圆柱齿轮减速器			≤5	10	效率高（0.96～0.99），结构简单，寿命较长。轮齿可制成直齿、斜齿和人字齿。直齿用于低速轻载的场合；斜齿和人字齿用于速度较高或载荷较重的场合
二级圆柱齿轮减速器	展开式		8～40	60	效率为 0.92～0.98，结构简单，应用广泛。但齿轮相对轴承的位置不对称，当轴产生弯曲变形时，载荷沿齿宽分布不均匀。因此，轴应具有较大刚度，且高速级应尽量远离输入端。高速级可制成直齿，低速级制成斜齿。用于载荷较平稳的场合
	同轴式				效率为 0.90～0.97。径向长度紧凑，两对齿轮浸入油中深度大致相等。但轴向尺寸和重量较大，中间轴较长、刚度差、载荷沿齿宽不均匀，中间轴承润滑困难。常用于输入轴和输出轴在同一轴线上的场合
	分流式				效率为 0.91～0.97。齿轮相对轴承的位置对称，载荷沿齿宽分布均匀。外伸轴可向任意一边伸出，便于传动装置的配置。但结构复杂，一般高速级采用两对斜齿轮，低速级采用人字齿或直齿，多用于变载荷场合

类型	简图	传动比范围		特点及应用
		一般	最大	
一级锥齿轮减速器		≤3	10	效率为0.94～0.98。轮齿可制成直齿、斜齿和曲齿。输出轴可做成卧式或立式。输入轴与输出轴垂直相交或成一定角度相交(小于或大于90°)。制造安装较复杂,成本高,仅在设备布置上必要时应用
二级圆锥-圆柱齿轮减速器		8～15	直齿圆锥齿轮22、斜齿圆锥齿轮40	效率为0.90～0.97。特点同一级圆锥齿轮。圆锥齿轮应布置在高速级,以免尺寸过大,造成加工困难。锥齿轮可制成直齿、斜齿或曲齿,圆柱齿轮可制成直齿或斜齿
蜗杆减速器 下置式		10～40	80	结构紧凑、体积小、运转平稳,但效率低(0.70～0.92)。蜗杆在蜗轮下面,啮合处冷却和润滑较好,蜗杆轴承润滑方便,但当蜗杆圆周速度较大时,搅油损耗大。一般用于蜗杆圆周速度 $v \leqslant 5m/s$,中小功率、交错轴传动
蜗杆减速器 上置式				蜗杆在蜗轮上面,装拆方便,蜗杆圆周速度可高一些。但蜗杆轴承润滑需采用特殊的措施。当蜗杆圆周速度 $v > 4 \sim 5m/s$,应采用此传动类型
行星齿轮减速器		2.7～13.7(单级)	135(单级)	传动比大,体积小,结构紧凑,重量轻,效率高(0.95～0.98)承载能力较大。但结构较复杂,制造精度较高。多用于起重、轻化工、仪器仪表等行业,要求结构紧凑的动力传动
行星减速器 摆线针轮减速器		11～33(单级)	87(单级)	传动比大,体积小,结构紧凑,重量轻,效率高(0.90～0.97),承载能力强,传动平稳,噪声低,但加工复杂,制造精度高。多用于国防、冶金、矿山等部门的动力传动
谐波齿轮减速器		50～250(单级)	500(单级)	效率高(0.90～0.97),传动比大,体积小,结构零件少,承载能力强,传动平稳,但主要零件柔轮的制造工艺复杂。主要用于船舶、航空航天、能源等部门的传动

10.7.2 减速器的主要结构

如图 10-16 所示为单级圆柱齿轮减速器，主要传动件、轴和轴承参阅相关章节。这里主要分析箱体的构造和润滑、密封等。

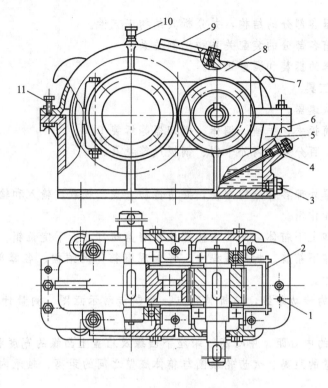

图 10-16 单级圆柱齿轮减速器

1—定位销；2—输油沟；3—油塞；4—油标尺；

5—下箱体；6—吊钩；7—吊耳；8—上箱体；

9—检查孔盖；10—通气孔；11—起盖螺钉

箱体是传动的基座，必须具有足够的刚度，对壁厚有一定的要求，并在轴承座附近增设加强筋。为了便于装配，箱体一般做成箱盖和箱座两部分，用螺栓联接，并用两个定位销定位。在箱体的剖分处设有起盖螺钉。轴承孔必须精确加工，以保证齿轮轴线相互位置的正确性。减速器吊钩和箱盖吊耳（或吊环螺栓）用于搬运减速器和起盖。箱体顶部设有检查孔，可观察齿轮啮合情况和加油用。通气孔能及时排除箱内热气。箱座侧面装有油标尺，用以检查箱内油面高度。箱座底部设有油塞。底座与地基用地脚螺栓联接，设计时应注意留出扳手活动空间。

10.7.3 减速器的润滑和密封

齿轮一般采用油池润滑。当齿轮圆周速度 $v > 2 \sim 3 \mathrm{m/s}$ 时，采用飞溅润滑；当齿轮圆周速度 $v < 2 \sim 3 \mathrm{m/s}$ 时，采用润滑脂润滑。对于高速齿轮，为了减少搅油损失，啮合处多采用喷油润滑。

为了防止减速器有漏油现象，应保证加工和装配质量。装配时在剖分面上可涂密封胶；在轴承端盖、检查孔盖板、油标尺、油塞等与箱体接缝处必须采用密封装置。

实训　减速器拆装和结构分析

1. 实训目的

（1）了解减速器各部分的结构，并分析其结构工艺性。

（2）了解减速箱各部分的装配关系和比例关系。

（3）熟悉减速器的拆装和调整过程。

2. 实训设备和工具

（1）二级圆柱减速器。

（2）扳手、套筒扳手、手锤、铜棒、拆卸器等拆装工具。

（3）游标卡尺、百分表、内外卡钳、钢板尺等量具。

3. 实训步骤

（1）观察减速器外部各部分的结构，弄清传动方式、级数、输入和输出轴，各箱体附件的名称、结构位置和作用。

（2）用扳手拆卸上下箱体之间的联接螺栓和端盖螺钉，拆下定位销。然后拧动起盖螺钉使上下箱体分离，卸下箱盖。拆卸过程中，仔细观察箱体的结构、各零部件的结构和位置。测量实训要求的尺寸。

① 观察减速器的传动路线，分析其特点。绘制传动示意图。测量计算减速器的主要参数和尺寸。

② 测量减速器的中心距、中心高、箱座下凸缘及箱盖上凸缘的宽度和厚度、筋板厚度、齿轮端面与箱体内壁的距离、大齿轮顶圆与箱体底壁之间的距离、轴承内端面至箱内壁之间的距离。

③ 卸下轴承盖，将轴和轴上零件一起从箱内取出，按合理顺序拆卸轴上零件。分析轴上零件的周向和轴向固定方法、轴承组合的固定方法。

④ 观察轴承的润滑方式和密封装置，包括外密封的形式，轴承内侧的挡油环、封油环的作用原理及其结构和安装位置。

（3）装配时按先内部后外部的合理顺序进行，装配轴套和滚动轴承时，应注意方向，注意滚动轴承的合理装拆方法，经指导教师检查合格后才能合上箱盖，注意退回起盖螺钉，并在装配上下箱盖之间螺栓前应先安装好定位销，最后拧紧各个螺栓。

4. 注意事项

（1）切勿盲目拆装，拆卸前要仔细观察零、部件的结构及位置，考虑好拆装顺序，拆下的零、部件要统一放在盘中，以免丢失和损坏。

（2）爱护工具、仪器及设备，小心仔细拆装避免损坏。

5. 思考题

（1）如何保证箱体支承具有足够刚度？

（2）减速箱的附件如吊钩、定位销钉、起盖螺钉、油标、油塞、观察孔和通气器（孔）等各起何作用？其结构如何？应如何合理布置？

（3）如何减轻箱体的重量和减少箱体的加工面积？

（4）在装拆过程中应注意哪些问题？你是如何注意的？

6. 编写实训报告

减速器拆装实训报告

实训地点		实训时间		组别	
班　级		姓　名		学号	
实训数据和结果	(1)减速器组成及各部分零件作用 (2)拆装顺序 (3)减速器传动示意图				
实训分析结论					
评语					
成绩		指导教师		评阅时间	

思考与练习题

10-1　定轴轮系与周转轮系的主要区别是什么？

10-2　什么是差动轮系？

10-3　轮系的转向是如何确定的？$(-1)^m$ 适用于什么类型的轮系？

10-4　何谓惰轮？它在轮系中有什么作用？

10-5　行星轮系传动比的计算为什么要引入转化轮系？

10-6　如何把组合轮系分解为简单的轮系？

10-7　轮系的作用有哪些？

10-8　在机械传动中为什么采用减速器？常用的主要类型有哪些？

10-9　如图 10-10 所示车床变速箱，如各齿轮的齿数 $z_1=40$，$z_2=56$，$z_{a2}=36$，$z_4=40$，$z_{b2}=50$，$z_6=48$，电动机的转速 $n_1=1450\text{r/min}$。若移动三联滑移齿轮 a 使齿轮 a_2 和 4 啮合，移动双联齿轮 b 使齿轮 b_2 和 6 啮合，试求带轮转速的大小和方向。

10-10　如图 10-17 所示滚齿机工作台传动装置中，已知各轮的齿数 $z_1=15$，$z_2=28$，$z_3=15$，$z_4=35$，$z_9=90$，若被切齿轮为 64 齿，求传动比 i_{57}。

10-11　在图 10-18 所示的钟表机构中，s、m 及 h 分别表示秒针、分针和时针，已知各轮齿数 $z_1=72$，$z_2=12$，$z_{2'}=64$，$z_{2''}=z_3=z_4=8$，$z_{3'}=60$，$z_5=z_6=24$，$z_{5'}=6$。试求分针与秒针之间的传动比 i_{ms}，以及分针与时针之间的传动比 i_{hm}。

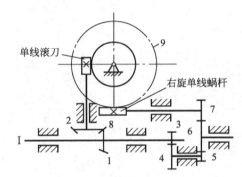

图 10-17　题 10-10 图

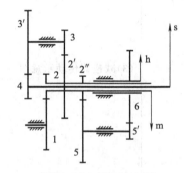

图 10-18　题 10-11 图

10-12　在图 10-19 所示自行车里程表机构中，C 为车轮轴，已知各轮齿数：$z_1=17$，$z_3=23$，$z_4=19$，$z_{4'}=15$，$z_5=24$。假设车轮行驶时的有效直径为 0.7m，当车行 1km 时，表上指针刚好回转一周。试求齿轮 2 的齿数 z_2，并且说明该轮系的类型和功能。

10-13　如图 10-20 所示为一电动卷扬机减速器的机构运动简图，已知各轮齿数为 $z_1=21$，$z_2=52$，$z_{2'}=21$，$z_3=z_4=78$，$z_{3'}=18$，$z_5=30$。试计算传动比 i_{1A}。

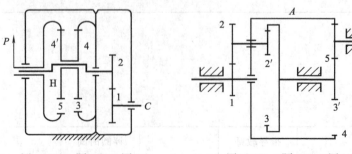

图 10-19　题 10-12 图　　　　图 10-20　题 10-13 图

10-14　在图 10-21 所示的行星减速器中，已知传动比 $i_{1H}=7.5$，行星齿轮数 $z_2=33$，各齿轮为标准齿轮且模数相等。试确定各轮的齿数。

10-15　在图 10-22 所示齿轮系中，已知 $z_1=22$，$z_3=88$，$z_{3'}=z_5$，试求传动比 i_{15}。

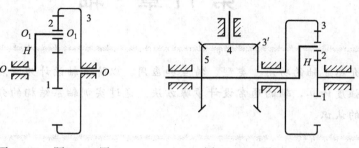

图 10-21　题 10-14 图　　　　图 10-22　题 10-15 图

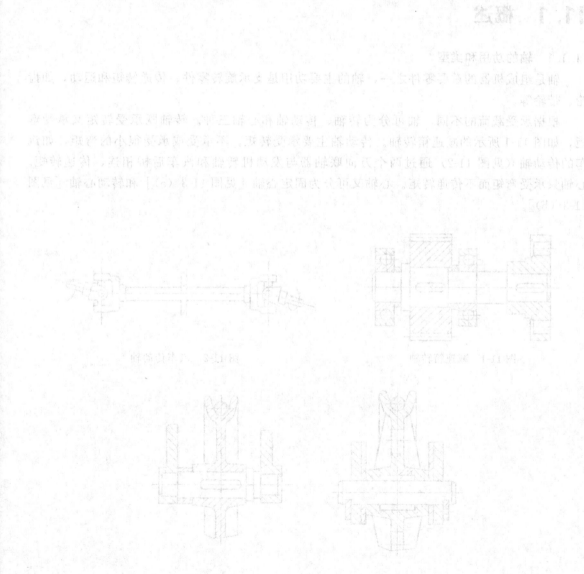

第 11 章 轴

> 本章介绍了轴的功用、类型、特点和应用，以阶梯轴设计为重点，讨论了轴的结构设计和强度计算，轴的通常设计步骤方法。通过实训轴系结构的分析与测绘提高对轴系结构的认识。

11.1 概述

11.1.1 轴的功用和类型

轴是组成机器的重要零件之一，轴的主要功用是支承旋转零件、传递转矩和运动，如齿轮、带轮等。

根据承受载荷的不同，轴可分为转轴、传动轴和心轴三种。转轴既承受转矩又承受弯矩，如图 11-1 所示的减速箱转轴。传动轴主要承受转矩，不承受或承受很小的弯矩，如汽车的传动轴（见图 11-2）通过两个万向联轴器与发动机转轴和汽车后桥相连，传递转矩。心轴只承受弯矩而不传递转矩。心轴又可分为固定心轴 [见图 11-3（a）] 和转动心轴 [见图 11-3（b）]。

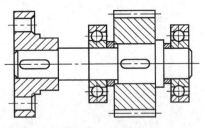

图 11-1 减速箱转轴

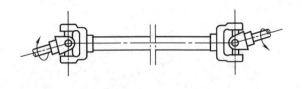

图 11-2 汽车传动轴

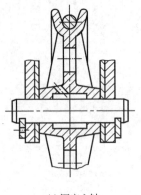

(a) 固定心轴

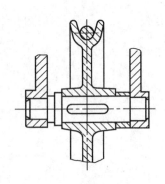

(b) 转动心轴

图 11-3 心轴

按轴线的形状轴可分为：直轴（见图 11-4）、曲轴（见图 11-5）和挠性轴（见图 11-6）。另外，为减轻轴的重量，还可以将轴制成空心的形式，如图 11-4（c）所示。

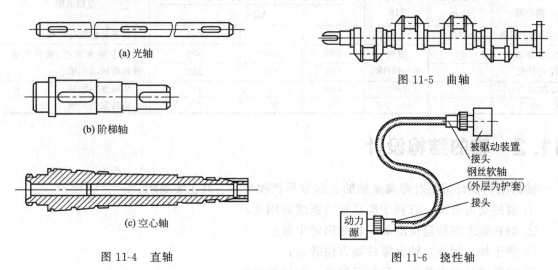

(a) 光轴

(b) 阶梯轴

(c) 空心轴

图 11-4 直轴

图 11-5 曲轴

被驱动装置
接头
钢丝软轴
（外层为护套）
接头
动力源

图 11-6 挠性轴

11.1.2 轴的材料

轴的设计，主要是根据工作要求并考虑制造工艺等因素，选用合适的材料，进行结构设计，经过强度和刚度计算，定出轴的结构形状和尺寸。高速时还要考虑振动稳定性。

轴的材料常采用碳素钢和合金钢，其次是合金铸铁和球墨铸铁。

常用碳素钢有 35、45、50 等优质中碳钢，其中 45 钢应用最为广泛。为了改善碳素钢的机械性能，应进行正火或调质处理。不重要或受力较小的轴，可采用 Q235，Q275 等普通碳素钢。

合金钢具有较高的机械性能，但价格较贵，多用于有特殊要求的轴。

采用铸钢或球墨铸铁制造轴，毛坯一般用圆钢或锻件。具有成本低廉，吸振性较好，对应力集中的敏感性较低，强度较好等优点，适合制造结构形状复杂的轴。例如：内燃机中的曲轴、凸轮轴等。

表 11-1 列出了轴的常用材料及其主要机械性能。

表 11-1 轴的常用材料及其主要机械性能

材料及热处理	毛坯直径 /mm	硬度 HB	强度极限 σ_B	屈服极限 σ_s	弯曲疲劳极限 σ_{-1}	应用说明
				MPa		
Q235			440	240	200	用于不重要或载荷不大的轴
35 正火	≤100	149~187	520	270	250	塑性好和强度适中，可做一般曲轴、转轴等
45 正火	≤100	170~217	600	300	275	用于较重要的轴，应用最为广泛
45 调质	≤200	217~255	650	360	300	
40Cr 调质	25		1000	800	500	用于载荷较大，而无很大冲击的重要的轴
	≤100	241~286	750	550	350	
	>100~300	241~266	700	550	340	
40MnB 调质	25		1000	800	485	性能接近于 40Cr，用于重要的轴
	≤200	241~286	750	500	335	

续表

材料及 热处理	毛坯直径 /mm	硬度 HB	强度极限 σ_B	屈服极限 σ_s MPa	弯曲疲劳极限 σ_{-1}	应用说明
35CrMo 调质	≤100	207~269	750	550	390	用于受重载荷的轴
20Cr 渗碳 淬火回火	15 —	表面 56~62HRC	850 650	550 400	375 280	用于要求强度、韧性及耐 磨性均较高的轴
QT400-100	—	156~197	400	300	145	结构复杂的轴
QT600-2	—	197~269	600	200	215	结构复杂的轴

11.2　轴的结构设计

轴的结构设计就是合理确定轴的各部分形状和尺寸。其主要要求：

① 轴的受力合理，有利于提高轴的强度和刚度；

② 轴和轴上零件定位准确，相对固定牢靠；

③ 便于加工制造，轴上零件要方便装拆；

④ 尽量减少应力集中，且减轻重量、节省材料等。

11.2.1　轴的结构与装拆要求

轴的形状最好是等强度的抛物线回转体，但这种形状既不易加工，也不利于轴上零件的固定与装拆。为了方便轴上零件的装拆，常将轴做成阶梯形的圆柱体。一般轴的直径从两轴端逐渐向中间增大。为了能选用合适的圆钢和减少切削加工量，阶梯轴各轴段的直径不宜相差太大，一般取 5~10mm。如图 11-7 所示，可依次将齿轮、套筒、左端滚动轴承、轴承盖和带轮从轴的左端装拆，另一滚动轴承从右端装拆。为使轴上零件易于安装，轴端及各轴段的端部应有倒角。为装拆方便，轴上零部件一般每件独占一个轴段。

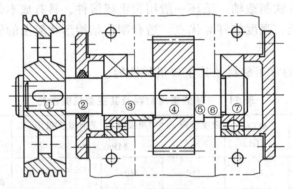

图 11-7　轴的结构

轴和旋转零件配合的轴段称为轴头（如轴段①、④）。轴头为圆柱形或圆锥形，以圆柱形居多。轴和轴承配合的轴段称为轴颈，根据轴颈的位置不同又可分为端轴颈（位于轴的两端，只承受弯矩，如轴段⑦）和中轴颈（位于轴的中间，同时承受转矩和弯矩，如轴段③）。大多数的轴颈为圆柱形的。轴头与轴颈间的轴段称为轴身（如轴段②）。

在满足使用要求的情况下，轴的形状力求简单，轴段应尽量少。

11.2.2　轴上零件的定位和固定

　　1. 轴上零件的轴向定位和固定

　　阶梯轴上截面变化处叫轴肩或轴环。利用轴肩和轴环进行轴向定位，其结构简单、定位可靠，并能承受较大轴向力。在图 11-7 中，①、②间的轴肩使带轮定位；轴环⑤使齿轮在轴上定位；⑥、⑦间的轴肩使右端滚动轴承定位。

　　为了保证轴上零件紧靠定位面（轴肩或轴环），轴肩或轴环的圆角半径 r 必须小于轴上相应零件的倒角 C_1 或圆角半径 R，轴肩高 h 必须大于 C_1 或 R（见图 11-8），一般 $h=(0.07\sim0.1)d$，与滚动轴承配合时，应参照轴承内圈的圆角半径确定。轴肩或轴环的宽度 b 一般取 $b=1.4h$。

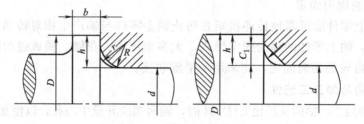

图 11-8　轴肩或轴环固定

　　依靠套筒（轴套）定位。在图 11-7 中齿轮的轴向定位，就是利用轴段③上的套筒和轴环⑤实现的。利用套筒定位，可以减少轴径的变化，简化结构。且轴上不需切制螺纹、开槽和钻孔等避免对轴的强度削弱。套筒通常用在两零件间距较小的场合，但不适合高转速情况。

　　无法采用套筒或套筒太长时，可采用圆螺母加以固定，如图 11-9（a）所示。圆螺母定位能承受较大轴向力，但轴上螺纹处应力集中严重，对轴的强度削弱较大。为了防止圆螺母松脱，需要加止退垫圈防松，如图 11-9（b）所示。

　　在轴端部可以用轴端挡圈固定和定位。图 11-7 中的带轮即为轴端挡圈来固定的。如图 11-10 所示为常用两种形式。为了防止松动，可用带有锁紧装置的固定形式，如图 11-10（a）所示；无轴肩时，可采用圆锥面与轴端压板或螺母联合使用，使零件双向轴向固定，如图 11-10（b）所示。能消除轴和轮毂之间径向间隙，装拆方便，可兼作周向固定，能承受冲击载荷，但锥面加工较为麻烦。

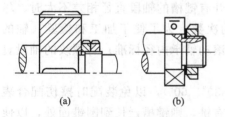

图 11-9　圆螺母定位图

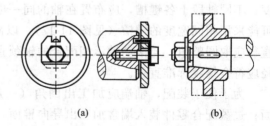

图 11-10　轴端挡圈固定

　　在采用套筒、螺母、轴端挡圈作轴向固定时，应把装零件的轴段长度做得比零件轮毂短 $2\sim3mm$，以确保套筒、螺母或轴端挡圈能靠紧零件端面。

　　弹性挡圈定位结构简单、紧凑，能承受较小的轴向力，但可靠性差，可在不太重要的场合使用。常用于滚动轴承的轴向固定。如图 11-11 所示。

　　用销钉和紧定螺钉固定不但能作轴向固定，而且还可以兼作周向固定用。此外，销钉还能起过载保护作用，如图 11-12 所示。紧定螺钉多用于光轴上零件的固定，零件位置可以调整，如图 11-13 所示。这两种固定方式所能承受的力都不大。

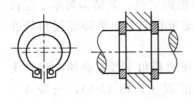

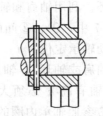
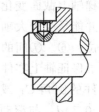

图 11-11　弹性挡圈固定　　　　　图 11-12　销钉固定　　　　　图 11-13　紧定螺钉固定

2. 轴上零件的周向固定

为了保证轴上零件能可靠地传递扭矩并防止轴上零件与轴产生相对转动，必须对轴上零件进行周向固定。轴上零件的周向固定形式，大多采用键、花键、销或过盈配合等联接。图 11-7 中，带轮和齿轮的周向固定，均采用了平键联接。

11.2.3　轴的结构与加工工艺性

为了便于切削加工，轴的长径比 $L/D>4$ 时，轴两端应开设中心孔，以便加工时用顶尖支承和保证各轴段的同轴度，如图 11-14 所示。需切削螺纹的轴段，应留有退刀槽，以保证螺纹牙均能达到预期的高度，如图 11-15 所示。轴上需磨削的轴段，应有砂轮越程槽，以便磨削时砂轮可以磨到轴肩的端部，如图 11-16 所示。以上工艺结构已标准化，具体尺寸参考有关手册。

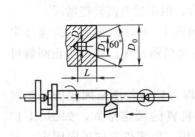
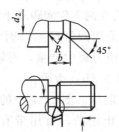
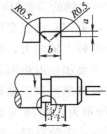

图 11-14　中心孔　　　　　　图 11-15　退刀槽　　　　　　图 11-16　越程槽

一根轴上的圆角应尽可能取相同的半径，相同的倒角尺寸，所有的退刀槽取相同的宽度；不同轴段上各键槽，应布置在轴的同一母线上，若开有键槽的轴段直径相差不大时，尽可能采用相同宽度的键槽（见图 11-17），以减少换刀的次数；为了便于加工和检验，轴的直径应取圆整值；与滚动轴承相配合的轴颈直径应符合滚动轴承内径标准；有螺纹的轴段直径应符合螺纹标准直径。

为了便于装配，轴端应加工出倒角（一般为 45°或 30°、60°），以免装配时擦伤配合表面；过盈配合零件装入端常加工出导向锥面，若还附加有键，则键槽延长到圆锥面处，以便装配时轮毂上键槽与键对中，如图 11-18 所示。

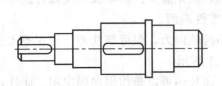
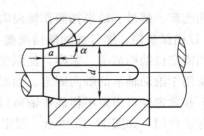

图 11-17　键槽应在同一母线上　　　　图 11-18　过盈配合的轴段结构

11.2.4　提高轴的结构强度的措施

在零件截面发生变化处会产生应力集中现象，从而削弱轴的强度。因此，进行结构设计时，应尽量减小应力集中。特别是合金钢材料对应力集中比较敏感，应当特别注意。在阶梯轴的截面尺寸变化处应采用圆角过渡，且圆角半径不宜过小。另外，设计时尽量不要在轴上开横孔、切口或凹槽，必须开横孔须将边倒圆。在重要的轴的结构中，可采用卸载槽 B [见图 11-19 （a）]、过渡肩环 [见图 11-19 （b）] 或凹切圆角 [见图 11-19 （c）] 增大轴肩圆角半径，以减小局部应力。在轮毂上做出卸载槽 B [见图 11-19 （d）]，也能减小过盈配合处的局部应力。

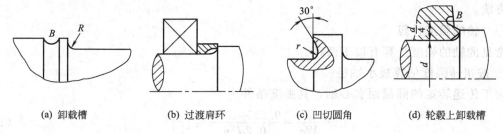

(a) 卸载槽　　　　(b) 过渡肩环　　　　(c) 凹切圆角　　　　(d) 轮毂上卸载槽

图 11-19　减小应力集中的措施

当轴上零件与轴为过盈配合时，可采用如图 11-20 所示的各种结构，以减轻轴在零件配合处的应力集中。

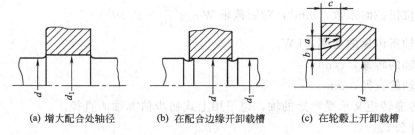

(a) 增大配合处轴径　　　(b) 在配合边缘开卸载槽　　　(c) 在轮毂上开卸载槽

图 11-20　几种轴与轮毂的过盈配合方法

此外，结构设计时，还可以用改善受力情况、改变轴上零件位置等措施以提高轴的强度。例如，在图 11-21 所示的车轮轴，如把轮毂配合面分为两段 [见图 11-21 （b）]，可以减小轴的弯矩，从而提高其强度和刚度；把转动的心轴 [见图 11-21 （a）] 改成不转动的心轴 [见图 11-21 （b）]，可使轴不承受交变应力。

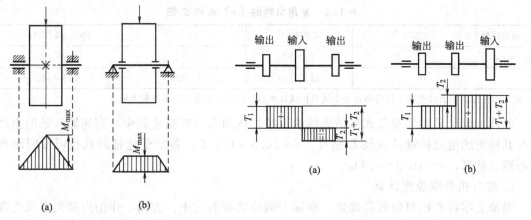

图 11-21　两种不同结构产生的轴弯矩　　　　图 11-22　轴上零件的两种布置方案

再如，当动力需从两个轮输出时，为了减小轴上的载荷，尽量将输入轮置在中间。在图 11-22（a）中，当输入转矩为 T_1+T_2 而 $T_1>T_2$ 时，轴的最大转矩为 T_1；而在图 11-22（b）中，轴的最大转矩为 T_1+T_2。

11.3 轴的工作能力计算

轴的工作能力主要取决于它的强度和刚度。轴的计算应根据轴的承载情况，采用相应的计算方法。

11.3.1 轴的强度计算

常见的轴的强度计算有以下两种。

1. 按扭转强度估算最小轴径

对于传递转矩的圆截面实心轴，其强度条件为

$$\tau=\frac{T}{W_T}=\frac{9.55\times10^6 P}{0.2d^3 n}\leqslant[\tau] \tag{11-1}$$

式中　τ——轴的剪应力；

　　$[\tau]$——材料的许用剪应力，MPa；

　　T——轴传递的转矩，N·mm；

　　W_T——抗扭截面系数，mm³，对圆截轴 $W_T=\dfrac{\pi d^3}{16}\approx0.2d^3$；

　　P——轴所传递的功率，kW；

　　n——轴的转速，r/min；

　　d——轴的直径，mm。

对于既传递转矩又承受弯矩的轴，也可用上式初步估算轴的直径。

轴的设计公式

$$d\geqslant\sqrt[3]{\frac{9.55\times10^6}{0.2[\tau]}}\sqrt[3]{\frac{P}{n}}\geqslant C\sqrt[3]{\frac{P}{n}} \tag{11-2}$$

式中　C——由轴的材料和承载情况确定的常数，见表 11-2。

按式（11-2）求出的 d 值，圆整为标准直径，一般作为轴最细处的直径。若轴上有一个键槽，应增大 3%～5%；有两个键槽，增大 7%～10%。

表 11-2　常用材料的 [τ] 值和 C 值

轴的材料	Q235,20	Q275,35	45	40Cr,35 SiMn
[τ]/MPa	12～20	20～30	30～40	40～52
C	160～135	135～118	118～107	107～98

注：当作用在轴上的弯矩比传递的转矩小或只传递转矩时，C 取较小值；否则取较大值。

此外，也可采用经验公式来估算轴的直径。例如在一般减速器中，高速输入轴的直径可按与其相连的电动机轴的直径 D 估算，$d=(0.8\sim1.2)D$；各级低速轴的轴径可按同级齿轮中心距 a 估算，$d=(0.3\sim0.4)a$。

2. 按弯扭合成强度计算

当轴上零件的相对位置已确定，即轴上的外载荷的大小、方向、作用点和支点反力等确定后，可作轴的受力分析及绘制弯矩图和转矩图，按弯扭合成强度计算轴径。

计算步骤如下。

① 绘制轴的空间受力图。将轴上的作用力分解为水平面分力和垂直面分力，并求出水平面、垂直面上的支点反力。

② 分别作出水平面上的弯矩 M_H 图、垂直面上弯矩 M_V 图。

③ 计算出合成弯矩 $M = \sqrt{M_H^2 + M_V^2}$，绘制合成弯矩图。

④ 绘制转矩 T 图。

⑤ 计算当量弯矩 $M_e = \sqrt{M^2 + (\alpha T)^2}$，绘制当量弯矩图。

式中，α 为考虑转矩与弯矩循环特性的不同而引入的修正系数。对不变的转矩 $\alpha = [\sigma_{-1b}] / [\sigma_{0b}] = 0.3$；当转矩脉动变化时，$\alpha = [\sigma_{-1b}] / [\sigma_{0b}] = 0.6$；对于频繁正反转的轴，$\tau$ 可看为对称循环变应力，$\alpha = 1$。若转矩的变化规律不清楚，一般也按脉动循环处理。$[\sigma_{-1b}]$、$[\sigma_{0b}]$ 和 $[\sigma_{+1b}]$ 分别为对称循环、脉动循环及静应力状态下的许用弯曲应力，见表 11-3。

表 11-3　轴的许用弯曲应力　　　　　　　　　　　　　　　　MPa

材　料	σ_B	$[\sigma_{+1b}]$	$[\sigma_{0b}]$	$[\sigma_{-1b}]$
碳素钢	400	130	70	40
	500	170	75	45
	600	200	95	55
	700	230	110	65
合金钢	800	270	130	75
	900	300	140	80
	1000	330	150	90
铸钢	400	100	50	30
	500	120	70	40

⑥ 根据当量弯矩图，参照轴的结构图，判定危险截面（一个或几个），进行强度校核。

$$\sigma_e = \frac{M_e}{W} = \frac{\sqrt{M^2 + (\alpha T)^2}}{0.1d^3} \leqslant [\sigma_{-1b}] \tag{11-3}$$

计算轴的直径时，可写成

$$d \geqslant \sqrt[3]{\frac{M_e}{0.1[\sigma_{-1b}]}} \tag{11-4}$$

式中，W 为抗弯截面系数，mm^3；M、T、M_e 的单位为 $N \cdot mm$；$[\sigma_{-1b}]$ 的单位为 MPa。

计算出的轴径还应与结构设计中初步确定的轴径相比较，若初步确定的直径较小，说明强度不够，结构设计要进行修改；若计算出的轴径较小，除非相差很大，一般就以结构设计的轴径为准。

11.3.2　轴的刚度计算

轴受弯矩作用会产生弯曲变形（见图 11-23），受转矩作用会产生扭转变形（见图 11-24）。如果轴的刚度不够，就会影响轴的正常工作。因此，为了使轴不致因刚度不够而失效，设计时必须根据轴的工作条件限制其变形量。

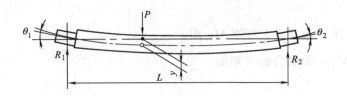 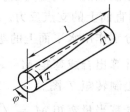

图 11-23 轴的挠度和弯角　　　　　　图 11-24 轴的扭转角

1. 弯曲刚度校核计算

按材料力学中已介绍过的两种计算方法：按挠曲线的近似微分方程式积分求解；变形能法。对于等直径轴，用前一种方法较简便；对于阶梯轴，用后一种方法较适宜。

$$y \leqslant [y] \tag{11-5}$$

$$\theta \leqslant [\theta] \tag{11-6}$$

式中　$[y]$、$[\theta]$——许用挠度、许用转角，其值见表 11-4。

2. 扭转刚度校核计算

按材料力学中的扭转变形公式计算出每米长的扭转角 φ。

$$\varphi \leqslant [\varphi] \tag{11-7}$$

式中　$[\varphi]$——每米长许用扭转角，其值见表 11-4。

表 11-4　轴的许用变形量

变形种类	适用场合	许用值	变形种类	适用场合	许用值
挠度 y/mm	一般用途的轴	$(0.0003 \sim 0.0005)l$	偏转角 θ/rad	滑动轴承	$\leqslant 0.001$
	刚度要求较高的轴	$\leqslant 0.0002l$		径向球轴承	$\leqslant 0.05$
	感应电机轴	$\leqslant 0.1\Delta$		调心球轴承	$\leqslant 0.05$
	安装齿轮的轴	$(0.01 \sim 0.05)m_n$		圆柱滚子轴承	$\leqslant 0.0025$
	安装蜗轮的轴	$(0.02 \sim 0.05)m_t$		圆锥滚子轴承	$\leqslant 0.0016$
	l—支承间跨距；Δ—电机定子与转子间的气隙；m_n—齿轮法面模数；m_t—蜗轮端面模数			安装齿轮处的截面	$\leqslant 0.001 \sim 0.002$
			每米长的扭转角 $\varphi/(°/\text{m})$	一般传动	$0.5 \sim 1$
				较精密的传动	$0.25 \sim 0.5$
				重要传动	< 0.25

11.4　轴的设计

通常现场对于一般轴的设计方法有类比法和设计计算法两种。

1. 类比法

这种方法是根据轴的工作条件，选择与其相似的轴进行类比及结构设计，画出轴的零件图。用类比法设计轴一般不进行强度计算。由于完全依靠现有资料及设计者的经验进行轴的设计，设计结果比较可靠、稳妥，同时又可加快设计进程，因此类比法较为常用，但有时这种方法也会带有一定的盲目性。

2. 设计计算法

用设计计算法设计轴的一般步骤。

① 根据轴的工作条件选择材料，确定许用应力。

② 按扭转强度估算出轴的最小直径。

③ 设计轴的结构，绘制出轴的结构草图。具体内容包括以下几点：

a. 根据工作要求确定轴上零件的位置和固定方式；

b. 确定各轴段的直径；

c. 确定各轴段的长度；

d. 根据有关设计手册确定轴的结构细节，如圆角、倒角、退刀槽等的尺寸。

④ 按弯扭合成进行轴的强度校核。一般在轴上选取 2～3 个危险截面进行强度校核。若危险截面强度不够或强度裕度太大，则必须重新修改轴的结构。

⑤ 修改轴的结构后再进行校核计算。这样反复交替地进行校核和修改，直至设计出较为合理的轴的结构。

⑥ 绘制轴的零件图。

需要指出的是：一般情况下设计轴时不必进行轴的刚度、振动、稳定性等校核，如需进行轴的刚度校核时，也只作轴的弯曲刚度校核；对用于重要场合的轴、高速转动的轴应采用疲劳强度校核计算方法进行轴的强度校核。具体内容可查阅机械设计方面的有关资料。

【例 11-1】　设计图 11-25 所示的斜齿圆柱齿轮减速器的从动轴（Ⅱ 轴）。已知传递功率 $P=8kW$，从动齿轮的转速 $n=280r/min$，分度圆直径 $d=265mm$，圆周力 $F_t=2059N$，径向力 $F_r=763.8N$，轴向力 $F_a=405.7N$。齿轮轮毂宽度为 60mm，工作时单向运转，轴承采用深沟球轴承 6208。

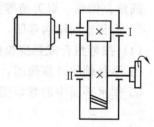

图 11-25　单级齿轮减速器简图

解

（1）选择轴的材料，确定许用应力

由已知条件可知，减速器传递功率为中小功率，对材料无特殊要求，故选用 45 钢并经调质处理。由表 11-1 查得强度极限 $\sigma_B=650MPa$，再由表 11-3 得许用弯曲应力 $[\sigma_{-1b}]=60MPa$。

（2）按扭转强度估算轴径

根据表 11-2 得 $C=118～107$。又由式（11-2）得

$$d \geqslant C\sqrt[3]{\frac{P}{n}}=(118～107)\sqrt[3]{\frac{8}{280}}mm=32.7～36.1mm$$

考虑到轴的最小直径处要安装联轴器，会有键槽存在，故将估算直径加大 3%～5%，取为 33.68～37.91mm。由设计手册取标准直径 $d_1=35mm$。

（3）设计轴的结构并绘制结构草图

由于是单级减速器，可将齿轮布置在箱体内部中央，将轴承对称安装在齿轮两侧，轴的外伸端安装半联轴器。

① 确定轴上零件的位置和固定方式。

要确定轴的结构形状，必须先确定轴上零件的装拆顺序和固定方式。确定齿轮从轴的右端装入，齿轮的左端用轴肩（或轴环）定位，右端用套筒固定。这样齿轮在轴上的轴向位置被完全确定。齿轮的周向固定采用平键联接。轴承对称安装于齿轮的两侧，其轴向用轴肩固

定，周向采用过盈配合固定。

② 确定各轴段的直径。

如图 11-26 (a) 所示，轴段①（外伸端）直径最小，$d_1 = 35$mm；考虑到要对安装在轴段①上的联轴器进行定位，轴段②上应有轴肩，同时为能很顺利地在轴段②上安装轴承，轴段②必须满足轴承内径的标准，故取轴段②的直径 d_2 为 40mm；用相同的方法确定轴段③、④的直径 $d_3 = 45$mm、$d_4 = 55$mm；为了便于拆卸左轴承，可查出 6208 型滚动轴承的安装高度为 3.5mm，取 $d_5 = 47$mm。

③ 确定各轴段的长度。

齿轮轮毂宽度为 60mm，为保证齿轮固定可靠，轴段③的长度应略短于齿轮轮毂宽度，取为 58mm；为保证齿轮端面与箱体内壁不相碰，齿轮端面与箱体内壁间应留有一定的间距，取该间距为 15mm；为保证轴承安装在箱体轴承座孔中（轴承宽度为 18mm），并考虑轴承的润滑，取轴承端面距箱体内壁的距离为 5mm，所以轴段④的长度取为 20mm，轴承支点距离 $l = 118$mm；根据箱体结构及联轴器距轴承盖要有一定距离的要求，取 $l' = 75$mm；查阅有关联轴器设计手册取 $l'' = 70$mm；在轴段①、③上分别加工出键槽，使两键槽处于轴的同一圆柱母线上，键槽的长度比相应的轮毂宽度小约 5～10mm，键槽的宽度按轴段直径确定。

④ 选定轴的结构细节。

圆角、倒角、退刀槽等参阅相关设计标准。

⑤ 绘制轴的结构草图，如图 11-26 (a) 所示。

(4) 按弯扭合成强度校核轴径

① 绘制轴的计算简图，如图 11-26 (b) 所示。

② 作水平面中的弯矩图，如图 11-26 (c) 所示。

$$F_{HA} = F_{HB} = \frac{F_{t2}}{2} = \frac{2059}{2} = 1030\text{N}$$

Ⅰ—Ⅰ截面处的弯矩　$M_{H1} = 1030 \times \frac{118}{2} = 60770\text{N·mm}$

Ⅱ—Ⅱ截面处的弯矩　$M_{H2} = 1030 \times 29 = 29870\text{N·mm}$

③ 作垂直面中的弯矩图，如图 11-26 (d) 所示。

$$F_{VA} = \frac{F_{r2}}{2} - \frac{F_{a2}d}{2l} = \left(\frac{763.8}{2} - \frac{405.7 \times 265}{2 \times 118}\right) = -73.65\text{N}$$

$$F_{VB} = F_{r2} - F_{VA} = [763.8 - (-73.65)] = 837.5\text{N}$$

Ⅰ—Ⅰ截面左侧弯矩为：

$$M_{V1左} = F_{VA}\frac{l}{2} = -73.65 \times \frac{118}{2} = -4345\text{N·mm}$$

Ⅰ—Ⅰ截面右侧弯矩为：

$$M_{V1右} = F_{VB}\frac{l}{2} = 837.5 \times \frac{118}{2} = 49410\text{N·mm}$$

Ⅱ—Ⅱ截面处的弯矩为：

$$M_{V2} = F_{VB} \times 29 = 837.5 \times 29 = 24287.5\text{N·mm}$$

④ 作合成弯矩图，如图 11-26 (e) 所示。

$$M = \sqrt{M_H^2 + M_V^2}$$

Ⅰ—Ⅰ截面：

$$M_{1左} = \sqrt{M_{V1左}^2 + M_{H1}^2} = \sqrt{(-4345)^2 + 60770^2} = 60925\text{N·mm}$$

$$M_{1右} = \sqrt{M_{V1右}^2 + M_{H1}^2} = \sqrt{49410^2 + 60770^2} = 78320\text{N·mm}$$

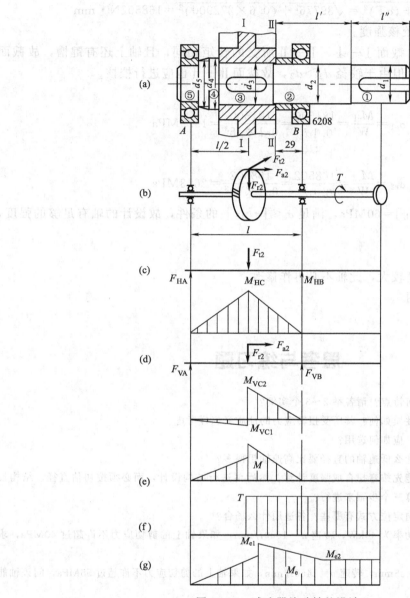

图 11-26　减速器从动轴的设计

Ⅱ—Ⅱ截面：

$$M_2 = \sqrt{M_{H2}^2 + M_{V2}^2} = \sqrt{29870^2 + 24287.5^2} = 39776\text{N·mm}$$

⑤ 作转矩图，如图 11-26（f）所示。

$$T = 9.55 \times 10^6 \frac{P}{n} = 9.55 \times 10^6 \times \frac{8}{280} = 272900\text{N·mm}$$

⑥ 作当量弯矩图，如图 11-26（g）所示。

因减速器单向运转，可认为转矩为脉动循环变化，取 $\alpha = 0.6$，则

Ⅰ—Ⅰ截面：

$$M_{e1} = \sqrt{M_{1右}^2 + (\alpha T)^2} = \sqrt{78320^2 + (0.6 \times 272900)^2} = 181500 \text{N} \cdot \text{mm}$$

Ⅱ—Ⅱ截面：

$$M_{e2} = \sqrt{M_2^2 + (\alpha T)^2} = \sqrt{39776^2 + (0.6 \times 272900)^2} = 168502 \text{N} \cdot \text{mm}$$

⑦ 确定危险截面及校核强度。

由当量弯矩图可见，截面Ⅰ—Ⅰ、Ⅱ—Ⅱ所受的转矩相同，且轴上还有键槽，故截面Ⅰ—Ⅰ可能为危险截面。但由于轴径 $d_3 > d_2$，故截面Ⅱ—Ⅱ也应进行校核。

Ⅰ—Ⅰ截面：

$$\sigma_{e1} = \frac{M_{e1}}{W} = \frac{181500}{0.1 d_3^3} = \frac{181500}{0.1 \times 45^3} = 19.9 \text{MPa}$$

Ⅱ—Ⅱ截面：

$$\sigma_{e2} = \frac{M_{e2}}{W} = \frac{168502}{0.1 d_2^3} = \frac{168502}{0.1 \times 40^3} = 26.3 \text{MPa}$$

查表 11-3 可得 $[\sigma_{-1b}] = 60 \text{MPa}$，满足 $\sigma_e \leqslant [\sigma_{-1b}]$ 的条件，故设计的轴有足够的强度，并有一定裕量。

（5）修改轴的结构

因设计轴的强度裕度较大，此轴不必再作修改。

（6）绘制轴的零件图

略

思考与练习题

11-1 轴有哪些类型？各有何特点？请各举 2～3 个实例？

11-2 转轴所受弯曲应力的性质如何？其所受扭转应力的性质又怎样考虑？

11-3 轴的常用材料有哪些？应如何选用？

11-4 在齿轮减速器中，为什么低速轴的直径要比高速轴粗得多？

11-5 转轴设计时为什么不能先按弯扭合成强度计算，然后再进行结构设计，而必须按初估直径、结构设计、弯扭合成强度验算三个步骤来进行？

11-6 轴上零件的周向和轴向定位方式有哪些？各适用什么场合？

11-7 已知一传动轴传递的功率为 40kW，转速 $n = 1000$r/min，如果轴上的剪切应力不许超过 40MPa，求该轴的直径？

11-8 已知一传动轴直径 $d = 35$mm，转速 $n = 1450$r/min，如果轴上的剪切应力不许超过 55MPa，问该轴能传递多少功率？

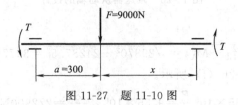

图 11-27　题 11-10 图

11-9 已知一转轴在直径 $d = 55$mm 处受不变的转矩 $T = 15 \times 10^3$ N·m 和弯矩 $M = 7 \times 10^3$ N·m，轴的材料为 45 钢调质处理，问该轴能否满足强度要求？

11-10 如图 11-27 所示的转轴，直径 $d=60\text{mm}$，传递不变的转矩 $T=2300\text{N·m}$，$F=9000\text{N}$，$a=300\text{mm}$。若轴的许用弯曲应力 $[\sigma_{-1b}]=80\text{MPa}$，求 $x=?$

11-11 如图 11-28 所示的齿轮轴由 D 输出转矩。其中 AC 段的轴径为 $d_1=70\text{mm}$，CD 段的轴径为 $d_2=55\text{mm}$。作用在轴的齿轮上的受力点距轴线 $a=160\text{mm}$。转矩校正系数（折合系数）$a=0.6$。其他尺寸见图，单位 mm。另外，已知：圆周力 $F_t=5800\text{N}$、径向力 $F_r=2100\text{N}$、轴向力 $F_a=800\text{N}$，试求轴上最大应力点位置和应力值。

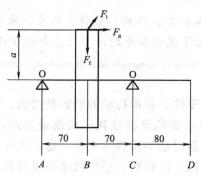

图 11-28　题 11-11 图

11-12 已知一单级直齿圆柱齿轮减速器，用电动机直接拖动，电动机功率 $P=22\text{kW}$，转速 $n_1=1470\text{r/}$min，齿轮的模数 $m=4\text{mm}$，齿数 $z_1=18$，$z_2=82$，若支承间跨距 $l=180\text{mm}$（齿轮位于跨距中央），轴的材料用 45 钢调质，试计算输出轴危险截面处的直径 d。

11-13 计算图 11-29 所示二级斜齿圆柱齿轮减速器的中间轴 II。已知中间轴 II 的输入功率 $P=40\text{kW}$，转速 $n_2=200\text{r/min}$，齿轮 2 的分度圆直径 $d_2=688\text{mm}$、螺旋角 $\beta=12°50'$，齿轮 3 的分度圆直径 $d_3=170\text{mm}$、螺旋角 $\beta=10°20'$。

11-14 一带式运输机由电动机通过斜齿圆柱减速器圆锥齿轮驱动。已知电动机功率 $P=5.5\text{kW}$，$n_1=960\text{r/min}$；圆柱齿轮的参数为 $z_1=23$，$z_2=125$，$m_n=2\text{mm}$，螺旋角 $\beta=9°22'$，旋向见图 11-30；圆锥齿轮参数为 $z_3=20$，$z_4=80$，$m=6\text{mm}$，$b/R=1/4$。支点跨距见图 11-30，轴的材料为 45 钢正火。试设计减速器第 II 轴。

11-15 一钢制等直径轴，只传递转矩，许用剪切应力 $[\tau]=50\text{MPa}$。长度为 1800mm，要求轴每米长的扭转角 φ 不超过 $0.5°$，试求该轴的直径。

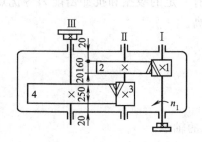

图 11-29　题 11-13 图

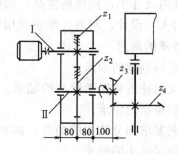

图 11-30　题 11-14 图

第 12 章 轴 承

本章介绍了轴承的基本类型、结构、材料、代号、特点和应用，以及类型选用、润滑等基本知识。重点讨论了滚动轴承的寿命计算和组合设计。

轴承是用来支承轴及轴上零件，并保持轴的旋转精度的。根据轴承工作的摩擦性质，可分为滑动轴承和滚动轴承。滚动轴承已标准化，成批量生产，成本低，质量可靠，安装方便，广泛应用于各种机械中。而滑动轴承具有工作平稳、无噪声、径向尺寸小、耐冲击和承载能力大等优点，应用于内燃机、汽轮机、精密机床和重型机械中。

12.1 滑动轴承的类型、特点和应用

12.1.1 滑动轴承的类型

滑动轴承工作时轴承和轴颈的支承面直接或间接的摩擦为滑动摩擦。

按润滑摩擦状态可分为液体摩擦滑动轴承（两滑动表面完全被油膜隔开的状态）和非液体摩擦滑动轴承（两滑动表面有直接接触的摩擦状态）；滑动轴承按其承受载荷的方向分为径向滑动轴承（主要承受径向载荷）和推力滑动轴承（主要承受轴向载荷）；按油膜压力形成的方式可分为动压轴承（油膜压力靠轴与轴承的相对运动形成）和静压轴承（油膜压力靠泵维持）。

12.1.2 滑动轴承的特点

滑动轴承的工作面为面接触，且一般有润滑油膜，所以具有承载能力高；工作平稳可靠、噪声低；径向尺寸小；回转精度高；油膜有一定的吸振和抗冲击能力等优点。主要缺点是启动摩擦阻力大，设计、制造、维护费用较高。

12.1.3 滑动轴承的应用

① 工作转速特别高的轴承。
② 承受极大的冲击和振动载荷的轴承。
③ 要求特别精密的轴承。
④ 装配工艺要求剖分结构的场合，如曲轴的轴承。
⑤ 要求径向尺寸小的轴承。

12.2 滑动轴承的结构和材料

12.2.1 径向滑动轴承

1. 整体式滑动轴承

整体式滑动轴承结构如图 12-1(a) 所示，由轴承座 1 和轴承衬套 2 组成，轴承座上部有油孔

3，整体衬套内有油沟以分配润滑油。这种轴承结构简单，价格低廉，但轴的装拆不方便，磨损后轴承的径向间隙无法调整。因此用于轻载低速或间歇工作的场合。其结构尺寸已标准化。

2. 对开式滑动轴承

对开式滑动轴承结构如图 12-1(b) 所示，由轴承座 1、轴承盖 2、对开式轴瓦 4、双头螺柱 3 和垫片组成。轴承座上部有油孔 5，便于润滑。轴承座和轴承盖接合面作成阶梯形，为了定位对中。此处放有垫片，以便磨损后调整轴承的径向间隙。故装拆方便，应用广泛。

3. 调心式轴承

结构如图 12-1 (c) 所示，其轴瓦外表面作成球面形状，与轴承支座孔的球状内表面相接触，能自动适应轴在弯曲时产生的偏斜，可以减少局部磨损。适用于轴承支座间跨距较大或轴颈较长的场合。

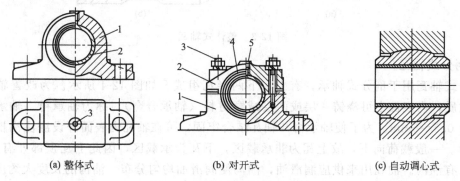

(a) 整体式 (b) 对开式 (c) 自动调心式

图 12-1　径向滑动轴承的结构

12.2.2　推力滑动轴承

推力滑动轴承用来承受轴向载荷，且能防止轴的轴向位移。

环状单向推力滑动轴承，如图 12-2 (a) 所示。轴颈端部和推力瓦接触，推力瓦一般制成自动调心的，并用销钉定位以防止其旋转。在轴颈端部采用镶嵌结构，以方便轴颈端部进行热处理和更换。空心止推滑动轴承，轴颈端面的中空部分能存油，压强也比较均匀，承载能力不大。

多环推力滑动轴承，如图 12-2 (b) 所示。它通过与轴环接触的轴瓦凸缘来承受轴向力，主要用于轴向载荷较大的场合。其缺点是各环承载不等，环数不能太多，环端面的间距尺寸精度要求高，制造困难。

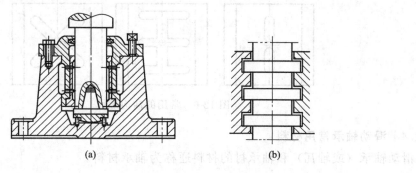

(a)　　　　(b)

图 12-2　推力滑动轴承

12.2.3　轴瓦结构

滑动轴承的轴瓦是与轴颈直接接触的重要零件，其结构和性能对滑动轴承的效率、寿命和承载能力有直接的影响。常用的轴瓦分为整体式和剖分式两种结构。

1. 整体式轴瓦（也称轴套）

整体式轴瓦用于整体式滑动轴承，一般在轴套上开有油孔和油沟便于润滑，如图 12-3 （b）所示；粉末冶金制成的轴套一般不带油沟，如图 12-3（a）所示。

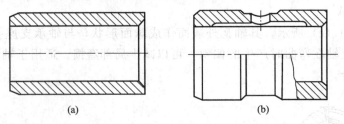

（a）　　　　　　　　　　　（b）

图 12-3　整体式轴瓦

2. 剖分式轴瓦

剖分式轴瓦用于剖分式轴承，有上、下两半瓦组成，如图 12-4 所示。为改善轴瓦表面的摩擦性质，内表面上可浇铸一层或两层减摩材料（轴承合金），称为轴承衬。轴承衬的厚度一般为 0.5～6mm。为了使轴承衬与轴瓦结合牢固，可在轴瓦内表面开设浇注沟槽，如图 12-5 所示。一般载荷向下，故上瓦为非承载区，下瓦为承载区，因此上瓦顶部开有进油孔，内表面开有油沟。油孔用来供应润滑油，油沟使润滑油均匀分布。油沟的长度大约应为轴瓦长度的 80%，不能开通，以减少端部泄油。常用的油沟形式如图 12-6 所示。轴瓦的结构尺寸参见机械设计手册。

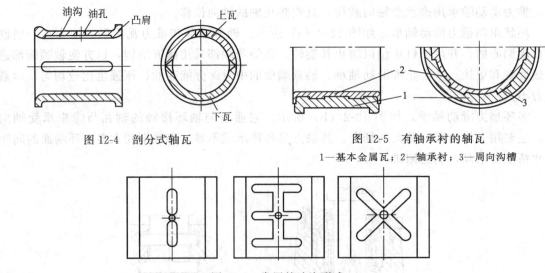

图 12-4　剖分式轴瓦　　　　　　　　图 12-5　有轴承衬的轴瓦

1—基本金属瓦；2—轴承衬；3—周向沟槽

图 12-6　常用的油沟形式

12.2.4　滑动轴承常用材料

滑动轴承（或轴瓦）和轴承衬的材料通称为轴承材料。

滑动轴承座一般采用铸铁，在受力较大或有冲击振动场合可采用低碳钢锻造，或采用焊接结构，也可采用球墨铸铁制造。

由于滑动轴承工作时，轴瓦与轴颈直接接触并产生相对运动，其主要失效形式为磨损和胶合、疲劳破坏等，所以对轴承材料有以下要求。

① 足够的抗压强度、疲劳强度和抗冲击能力。

② 良好的减摩性、耐磨性和抗胶合性。

③ 良好的顺应性，嵌藏性。

④ 良好的耐腐蚀性、导热性。

⑤ 良好的塑性，以适应轴的弯曲变形和制造及安装误差。

⑥ 良好的跑和性和工艺性等。

由于目前尚没有一种材料能同时满足上述要求，因此在设计时，应根据实际工作条件，按主要性能选择。常用的材料有金属材料、非金属材料、粉末冶金等。常用的轴瓦或轴承衬材料的性能见表 12-1。

表 12-1 常用的轴瓦或轴承衬材料的性能

材　料	牌　号	最大许用值			最高工作温度/℃	轴颈硬度 HBW	使用性能
		$[p]$/ MPa	$[v]$/ (m/s)	$[pv]$/ (MPa·m/s)			
锡基轴承合金	ZSnSbCu11Cu6 ZSnSb8Cu4	平稳载荷			150	150	用于高速、重载的重要轴承。变载荷下易疲劳，价高
		25	80	20			
		冲击载荷					
		20	60	15			
铅基轴承合金	ZCuPbSb16Sn16Cu2	15	12	10	150	150	用于中速、中载轴承，不易受显著冲击。可作锡锑轴承合金的代用品
	ZPbSb15Sn5Cu3Cd2	5	8	5			
锡青铜	ZCuSn10P1	15	10	15	280	300～400	用于中速、重载及变载轴承
	ZCuSn5Pb5Zn5	8	3	15			用于中速、中载轴承
铅青铜	ZCuPb30	25	12	30	250～280	300	用于高速、重载轴承，能承受变载荷和冲击载荷
铝青铜	ZCuAl10Fe3	15	4	12	280	280	最宜用于润滑充分的低速、重载轴承
黄铜	ZCuZn38Mn2Pb2	10	1	10	200	200	用于低速、中载轴承
铝基合金	ZnAl20Cu	34	14	170	140	300	用于高速、重载轴承
灰铸铁	HT150 HT200 HT250	0.1～6	3～0.75	0.3～4.5	150	200～250	用于低速、轻载的不重要轴承。价廉

12.3 滑动轴承的润滑

滑动轴承良好的润滑，能减少摩擦和防止或降低磨损，提高效率，延长寿命，同时起到冷却、防尘、防蚀、吸振和散热的作用，对保证轴承正常工作十分重要。

12.3.1 润滑剂

1. 润滑油

润滑油是滑动轴承应用最广的一种润滑剂。润滑油的主要性能指标是黏度，其中运动黏度是选用润滑油的主要依据。选择的一般原则是低速、重载或高温时，选用黏度较大的润滑油；高速、轻载或低温使用时，应选用黏度较小的润滑油。

滑动轴承常用的润滑油牌号，可根据轴颈的圆周速度和压强参考表 12-2 选用。

表 12-2　滑动轴承常用润滑油的选用　　（工作温度 10～60℃）

轴颈速度 v/(m/s)	轻载 $p<3$MPa 牌　号	中载 $p=3\sim7.5$MPa 牌　号	重载 $p>7.5\sim30$MPa 牌　号
＜0.1	L-AN100,L-AN150	L-AN150,150	N320,N 460
0.1～0.3	L-AN68,L-AN100	L-AN150,100,150	N 220,N 320
0.3～1.0	L-AN46,L-AN68	L-AN150,70,100	N100,N150,N150,N220,N320
1.0～2.5	L-AN32,L-AN46,L-AN68	L-AN68,L-AN100,100,150	
2.5～5.0	L-AN32,L-AN46		
5.0～9.0	L-AN22,L-AN32,L-AN46		
＞9	L-AN7,L-AN10,L-AN15,		

2. 润滑脂

润滑脂俗称"黄油"，常温下呈膏状。适于低速、重载且温度变化不大，不易供油的地方。轻载高速时选针入度大的润滑脂，反之选针入度小的润滑脂。

润滑脂的选择参考表 12-3。

表 12-3　滑动轴承润滑脂的选用

轴承压强 p/MPa	轴颈速度 v/(m/s)	最高工作温度/℃	选用牌号
1.0	1.0	75	3 号钙基脂
1.0～6.5	0.5～5	55	2 号钙基脂
1.0～6.5	0.1	−55～100	2 号锂基脂
≤6.5	0.5～5.0	120	2 号钠基脂
＞6.5	≤0.5	75	3 号钙基脂
＞6.5	≤0.5	110	1 号钙钠基脂

3. 固体润滑剂

当轴承在高温、低速、重载情况下工作，不宜采用润滑油或润滑脂时，可采用固体润滑剂。常用的固体润滑剂有石墨、聚四氟乙烯、二硫化钼等，可查阅机械设计手册。

12.3.2　润滑装置

为了获得良好的润滑效果，需要正确选择润滑方法和相应的润滑装置。

1. 油润滑

润滑油的供给分为间歇供油和连续供油。

间歇供油用于小型、低速或间歇的不重要的轴承。方法简单，但不可靠。连续供油比较可靠，用于重要的轴承。

（1）间歇供油润滑　常采用压配式油杯（见图 12-7）或旋套式油杯（见图 12-8）。手工用油壶定期通过润滑孔向轴承注油润滑，是小型、低速或间歇润滑机器部件的一种常见的润滑方式。

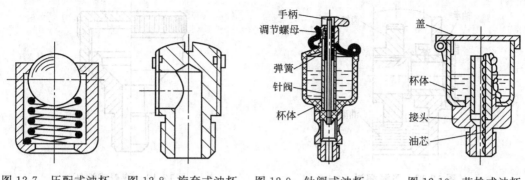

图 12-7 压配式油杯　图 12-8 旋套式油杯　图 12-9 针阀式油杯　图 12-10 芯捻式油杯

（2）连续供油润滑

① 滴油润滑。滴油润滑常采用针阀式油杯（见图 12-9）和芯捻式油杯（见图 12-10）。

针阀式油杯：油杯接头与轴承进油孔相连。手柄平放时，针阀被弹簧压下而堵住底部油孔；手柄垂直时，针阀被提起，油孔打开，润滑油滴入轴承。注油孔供补充润滑油用，平时由片弹簧遮盖。调节螺母用来调节针阀下端油口大小以控制供油量。

芯捻式油杯：利用绳芯的毛细管作用吸油滴入轴承。供油是自动且连续的，但不能调节给油量，油杯中油面高时给油多，油面低时给油少，停车时仍在继续给油，直到流完为止。

② 油环润滑。油环润滑装置如图 12-11 所示。在轴颈上套一油环，油环下部浸入油池内的深度约为直径的 1/4，当轴颈旋转时，摩擦力带动油环旋转，把油带入轴承。常用于大型电动机的滑动轴承的润滑。

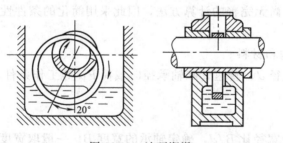

图 12-11 油环润滑

③ 飞溅润滑。如图 12-12 所示，利用齿轮、曲轴等旋转零件，将润滑油泼溅到轴承中进行润滑。采用飞溅润滑时，旋转零件的圆周速度应在 5～13m/s 范围内。常用于减速器和内燃机曲轴箱中的轴承润滑。

④ 压力循环润滑。利用油泵循环油路，用压力油（0.1～0.5MPa）连续对轴承进行高效率的润滑。这种供油方法安全可靠，冷却效果好，但结构复杂，费用较高，常用于高速、精密或交变载荷作用的重要场合。

2. 润滑脂润滑

润滑脂只能间歇润滑。可用压配式注油杯润滑，通过油枪向轴承补充润滑脂；如图 12-13 所示旋盖式油杯润滑，通过定期旋转杯盖，将润滑脂挤入轴承润滑。

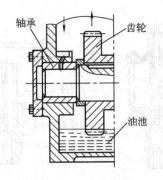

图 12-12　飞溅润滑

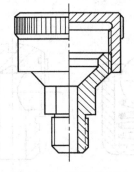

图 12-13　旋盖式油杯

12.3.3　润滑方式

滑动轴承的润滑方式，可按下式计算求得 k 值后按表 12-4 选择。

$$k = \sqrt{pv^3} \tag{12-1}$$

式中　p——轴颈的平均压强，MPa；

　　　v——轴颈的圆周速度，m/s。

表 12-4　滑动轴承润滑方式的选择

k 值	≤2	>2～16	>16～32	>32
润滑方式	润滑脂润滑 （可用油杯）	润滑油润滑 （可用针阀式油杯）	飞溅润滑、油环润滑 及压力润滑	压力循环润滑

12.3.4　非液体摩擦滑动轴承的设计

非液体摩擦滑动轴承的主要失效形式是磨损和胶合，所以计算准则为维持边界润滑，以减少发热和磨损。目前尚无完善的计算方法，因此采用简化的条件性计算。下面以径向滑动轴承的设计为例说明。

1. 确定轴承的结构和材料

根据已知的轴颈直径 d、转速 n 和轴承径向载荷 F_R 等工作条件，选择轴承的结构形式和轴承材料。

2. 确定轴承尺寸

根据轴颈直径 d 及宽径比 B/d，确定轴承的宽度 B。一般取宽度 $B = (0.8～1.5)d$。

3. 校核工作压力

(1) 轴承的压强 p

为保证润滑油在载荷作用下被完全挤出，避免轴承不致产生过度的磨损。压强 p 应满足

$$p = \frac{F_R}{dB} \leqslant [p] \tag{12-2}$$

式中　F_R——轴承径向载荷，单位为 N；

　　　d——轴颈直径，mm；

　　　B——轴承宽度，mm；

　　　$[p]$——许用压强，MPa。见表 12-1。

（2）轴承的 pv 值

压强速度 pv 值间接地反映轴承温升。pv 值越高，轴承温升越高。为了保证轴承工作时温升不过高，防止产生胶合，pv 值应满足

$$pv = \frac{F_R}{dB} \times \frac{\pi dn}{60 \times 1000} \approx \frac{F_R n}{19100 B} \leqslant [pv] \tag{12-3}$$

式中　n——轴的转速，r/min；

　$[pv]$——轴瓦材料的许用值，MPa·m/s。见表 12-1。

（3）相对滑动速度

对于压力 p 较小时，即使 p 和 pv 值都在许用范围内，也可能由于 v 过高而引起轴承加速磨损。因此，应使相对滑动速度满足

$$v = \frac{\pi dn}{60 \times 1000} \leqslant [v] \tag{12-4}$$

式中　$[v]$——轴承材料的许用 v 值，m/s，见表 12-1。

4. 选择润滑剂和润滑装置。

5. 选择轴承配合

常用轴套与轴承座孔的配合选 H7/s7、H8/t7、H8/s7；轴瓦与轴承孔的配合选 H7/m6、H8/h8、H9/h9、H10/h10；轴承内径与轴颈的配合选 H7/f6、H7/g6、H8/f7、H8/f8、H9/f9 等。

【例 12-1】　试按非液体摩擦状态设计某滑动轴承。径向载荷 $F_R = 20$ kN，轴承内轴颈转速为 $n = 600$ r/min，轴颈直径 $d = 60$mm。

　解

（1）确定轴承结构，选取轴承材料

由工作条件可知，轴承为中速、中载，受径向载荷，故采用对开式正滑动轴承，选用材料 ZCuSn5Pb5Zn5，查表 12-1 可得 $[p] = 8$MPa，$[v] = 3$m/s，$[pv] = 15$MPa·m/s

（2）确定轴承基本尺寸

轴承受中等载荷，取宽径比 $B/d = 1$，则轴承宽度

$$B = 1 \times 60 = 60\text{mm}$$

（3）校核工作压力

$$p = \frac{F_R}{dB} = \frac{20000}{60 \times 60} = 0.56\text{MPa} \leqslant [p]$$

$$pv = \frac{F_R n}{19100 B} = \frac{20000 \times 600}{19100 \times 60} = 1.05\text{MPa·m/s} \leqslant [pv]$$

$$v = \frac{\pi dn}{60 \times 1000} = \frac{3.14 \times 60 \times 600}{60 \times 1000} = 1.88\text{m/s} \leqslant [v]$$

（4）选择润滑剂和润滑装置

轴承滑动速度较低，可采用润滑脂。由表 12-3 选用 2 号钙基脂。润滑装置选用旋盖式油杯。

（5）选择轴承配合

轴瓦与轴承座孔选用 H7/m6；轴承内径与轴颈配合选 H8/f7。

轴承结构及轴瓦结构设计略。

12.4 滚动轴承的构造、类型及特点

12.4.1 滚动轴承的构造

滚动轴承一般由内圈 1、外圈 2、滚动体 3 和保持架 4 组成，如图 12-14 所示。内圈装在轴径上，外圈装在机架（或零件的座）的轴承孔内。一般内圈与轴一起转动，外圈不转动。内、外圈上与滚动体接触的表面上设有滚道，当内外圈之间相对旋转时，滚动体沿着滚道滚动。保持架的作用是把滚动体均匀分布在滚道上，防止滚动体之间碰撞和磨损。有些轴承可以无内圈或外圈或保持架，以减少径向尺寸，便于密封和安装。

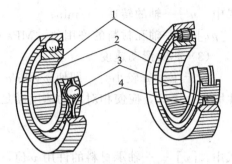

图 12-14 滚动轴承的构造

滚动体是形成滚动摩擦不可缺少的零件。常见的滚动体有球、短圆柱滚子、长圆柱滚子、球面滚子、圆锥滚子、螺旋滚子和滚针等。如图 12-15 所示。

滚动轴承具有摩擦阻力小、启动灵敏、效率高、旋转精度高和润滑简便等优点，在很多场合已逐渐代替滑动轴承，广泛应用于各种机器中。滚动轴承为标准化、系列化零件，能够专业化大批量生产，质量可靠，成本低，可以根据需要直接选用。

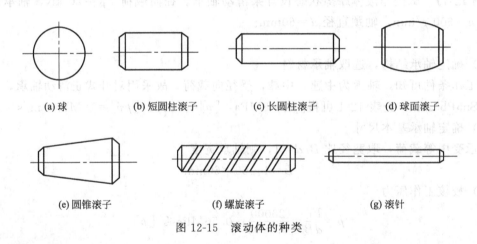

(a) 球 (b) 短圆柱滚子 (c) 长圆柱滚子 (d) 球面滚子

(e) 圆锥滚子 (f) 螺旋滚子 (g) 滚针

图 12-15 滚动体的种类

12.4.2 滚动轴承的材料

滚动轴承的内、外圈和滚动体采用高硬度、高接触疲劳强度、良好的耐磨性及冲击韧性专用滚珠轴承钢制造。常用的有 GCr15、GCr15SiMn、GCr9 等，经热处理后硬度不低于 60～65HRC，工作面应磨削抛光。保持架一般采用低碳钢冲压而成，高速轴承多采用有色金属或塑料等材料。

12.4.3 滚动轴承的类型

① 按所能承受载荷的方向或公称接触角 α 的不同，分为向心轴承和推力轴承。

公称接触角 α 是指外圈与滚动体接触处的法线与垂直于轴线的平面的夹角。如表 12-5 所示。

表 12-5 各类球轴承的公称接触角

轴承类型	向心轴承		推力轴承	
	径向接触	向心角接触	轴向接触	推力角接触
公称接触角 α	$\alpha=0°$	$0°<\alpha\leqslant45°$	$\alpha=90°$	$45°<\alpha<90°$
图例				

　　向心轴承可分为径向接触轴承和向心角接触轴承。径向接触轴承的公称接触角 $\alpha=0°$，主要承受径向载荷，可承受较小的轴向载荷；向心角接触轴承的公称接触角 $\alpha=0°\sim45°$，可同时承受径向载荷和轴向载荷。

　　推力轴承可分为轴向接触轴承和推力角接触轴承。轴向接触轴承的公称接触角 $\alpha=90°$，主要承受轴向载荷，推力角接触轴承的公称接触角 $\alpha=45°\sim90°$，主要承受轴向载荷，可承受较小的径向载荷。

　　② 按滚动体种类分为球轴承和滚子轴承。

　　③ 按轴承工作时是否调心可分为调心轴承和非调心轴承。

　　④ 按滚动体的列数可分为单列轴承、双列和多列轴承。

　　⑤ 按安装轴承时内、外圈是否可分别安装可分为分离轴承和不可分离轴承。

　　⑥ 按公差等级可分为 0、6、5、4、2 级（精度由低到高，其中 0 级为普通级）滚动轴承，6x 级圆锥滚子轴承。

12.5 滚动轴承的代号及类型选择

12.5.1 滚动轴承的代号

　　滚动轴承的类型和尺寸繁多，为了便于生产、设计和使用，国家标准规定了表示类型、类别、结构特点、精度和技术要求等代号，通常打印在滚动轴承的端面上。

　　滚动轴承的代号按照 GB/T 272—1993 规定，滚动轴承代号由前置代号、基本代号和后置代号组成，见表 12-6。

表 12-6 滚动轴承代号的组成

前置代号（字母）	基本代号（字母或数字）				后置代号（字母或数字）					
	五	四	三	二 一						
成套轴承分部件	类型	宽度系列	直径系列	内径	内部结构	密封与防尘结构及其材料	保持架及其材料	轴承材料	公差等级	游隙	其他

1. 基本代号

基本代号由类型、尺寸系列和内径代号组成，是轴承代号的基础。

(1) 内径代号 右起第一、二位数字表示内径尺寸，表示方法见表12-7。

表 12-7 轴承内径尺寸代号

公称内径/mm	内径代号	举例	
		代号	内径/mm
$d<10$	直接用数字表示,且与尺寸系列用"/"分开	618/2.5	2.5
		618/5	5
10 12 15 17	00 01 02 03	6200	10
20～480(22,28,32 除外)	内径除以 5 的商	23208	40
22、28、32 及 500 以上	直接用数字表示,且与尺寸系列用"/"分开	230/500	500
		62/22	22

(2) 尺寸系列代号 包括直径系列和宽度系列（见表12-8）。

① 直径系列 右起第三位数字表示结构、内径相同的条件下，具有不同的外径和宽度系列。

② 宽度系列 右起第四位数字表示结构、内径和直径系列相同的条件下，具有不同的宽（或高）度系列。除调心滚子轴承（2类）、圆锥滚子轴承（3类）和推力球轴承（5类）外，代号为0或1时可不标出。

(3) 类型代号 右起第五位表示轴承类型，其代号见表12-9。

表 12-8 常用向心轴承、推力轴承尺寸系列代号表示法

直径系列代号	向 心 轴 承							推 力 轴 承			
	宽度系列代号							高度系列代号			
	窄 0	正常 1	宽 2	特宽 3	特宽 4	特宽 5	特宽 6	特低 7	低 9	正常 1	正常 2
	尺寸系列代号										
超特轻 7	—	17	—	37	—	—	—	—	—	—	—
超轻 8	08	18	28	38	48	58	68	—	—	—	—
超轻 9	09	19	29	39	49	59	69	—	—	—	—
特轻 0	00	10	20	30	40	50	60	70	90	10	—
特轻 1	01	11	21	31	41	51	61	71	91	11	—
轻 2	02	12	22	32	42	52	62	72	92	12	22
中 3	03	13	23	33	—	—	63	73	93	13	23
重 4	04	—	24	—	—	—	—	74	94	14	24

表 12-9 轴承的类型

代 号	轴 承 类 型	代 号	轴 承 类 型
0	双列角接触球轴承	6	深沟球轴承
1	调心球轴承	7	角接触球轴承
2	调心滚子轴承	8	推力圆柱滚子轴承
3	圆锥滚子轴承	N	圆柱滚子轴承 双列或多列用 NN 表示
4	双列深沟球轴承		
5	推力球轴承	NA	滚针轴承

表 12-10　轴承内部结构代号

代 号	含 义	举 例
C	角接触球轴承公称接触角 $\alpha=15°$ 调心滚子轴承 C 型	7005C 23122C
AC	角接触球轴承公称接触角 $\alpha=25°$	7210AC
B	角接触球轴承公称接触角 $\alpha=40°$ 圆锥滚子轴承接触角加大	7210B 32310B
E	加强型	N207E

表 12-11　轴承公差等级代号

代 号	含 义	举 例
/P0	公差等级符合标准规定的 0 级（可省略不标注）	6205
/P6	公差等级符合标准规定的 6 级	6205/P6
/P6X	公差等级符合标准规定的 6X 级	6205/P6X
/P5	公差等级符合标准规定的 5 级	6205/P5
/P4	公差等级符合标准规定的 4 级	6205/P4
/P2	公差等级符合标准规定的 2 级	6205/P2

2. 前置代号

成套轴承的分部件。

L 表示可分离轴承的可分离内圈或外圈，如 LN207。

K 表示轴承的滚动体与保持架组件，如 K81107。

R 表示不带可分离内圈或外圈的轴承，如 RNU207。

WS、GS 分别表示为推力圆柱滚子轴承的轴圈和座圈，如 WS81107、GS81107。

3. 后置代号

反映轴承的内部结构、公差、游隙及材料的特殊要求等。常见的轴承内部结构代号和公差等级见表 12-10、表 12-11。

【例 12-2】 试说明轴承代号 61705/P4 和 7312C 的意义。

解

61705/P4

6——轴承类型为深沟球轴承；

17——尺寸系列，1 为正常宽度系列，7 为超特轻直径系列；

05——轴承类型内径为 25mm；

P4——公差等级符合标准规定的 4 级精度。

7312C

7——轴承类型为角接触球轴承；

(0) 3——尺寸系列，0（省略）为窄宽度系列，3 为中直径系列；

12——轴承内径为 60mm；

C——公称接触角 $\alpha=15°$。

12.5.2　滚动轴承的类型选择

滚动轴承的类型选择应根据轴承的工作载荷（大小、方向和性质）、转速高低、支承刚性、安装精度，结合各类轴承的特性和应用进行综合分析，确定合适的轴承。

1. 轴承的载荷

（1）载荷性质大小　载荷较大时使用线接触的滚子轴承。载荷中等以下使用点接触的球轴承。较大的冲击载荷时，使用螺旋圆柱滚子轴承或普通滚子轴承。

（2）载荷方向　主要承受径向载荷选用深沟球轴承、圆柱滚子轴承和滚针轴承，承受纯轴向载荷选用推力轴承。同时承受径向和轴向载荷选用角接触轴承或圆锥滚子轴承。当轴向载荷比径向载荷大很多时，选用推力轴承和深沟球轴承的组合结构。

（3）承受冲击载荷　使用滚子轴承。因为滚子轴承是线接触，承载能力大，抗冲击和振动。

2. 轴承的转速

转速较高、旋转精度较高时，选用球轴承。否则使用滚子轴承。对于转速更高要求时，选用中空转子或超轻、特轻系列的轴承，以降低滚动体离心力的影响。

3. 调心性能

跨距较大或难以保证两轴承孔的同轴度的轴及多支点轴，选用调心轴承。可使用球面球轴承或球面滚子轴承。但调心轴承需成对使用，否则将失去调心作用。

4. 装调性能

圆锥滚子轴承和圆柱滚子轴承的内外圈可分离，便于装拆。

5. 经济性

在满足使用要求的情况下优先选用价格低廉的轴承。滚子轴承价格高于球轴承，精度越高，轴承价格越高。不同公差等级的深沟球轴承的价格比 P0∶P6∶P5∶P4∶P2≈1∶1.5∶2∶7∶10，故无特殊要求应优先考虑选用普通公差等级的深沟球轴承。

常用滚动轴承的主要类型的特性及应用，见表 12-12。

表 12-12　滚动轴承的主要类型的特性及应用

轴承名称、类型及代号	结构简图及承载方向	类型代号	尺寸系列代号	基本代号	极限转速	允许偏位角	特性及应用
调心球轴承		1 或 (1)	(0)2 22 (0)3 23	1200 2200 1300 2300	中	2°～3°	主要承受径向负荷，可承受少量的双向轴向负荷，外圈滚道为球面，具有自动调心性能。适用于多支点轴、弯曲刚度小的轴以及难于精确对中的支承
调心滚子轴承		2	13 22 23 30 31 32 40 41	21300 22200 22300 23000 23100 23200 24000 24100	中	0.5°～2°	主要承受径向负荷，其承载能力比调心球轴承约大一倍，也能承受少量的双向轴向负荷。外圈滚道为球面，具有调心性能，适用于多支点轴、弯曲刚度小的轴及难于精确对中的支承
滚子轴承推力调心		2	92 93 94	29200 29300 29400		2°～3°	可承受很大的轴向负荷和一定的径向负荷，滚子为鼓形，外圈滚道为球面，能自动调心。转速可比推力球轴承高。常用于水轮机轴和起重机转盘等

续表

轴承名称、类型及代号	结构简图及承载方向	类型代号	尺寸系列代号	基本代号	极限转速	允许偏位角	特性及应用
圆锥滚子轴承		3	02	30200	中	2′	能承受较大的径向负荷和单向的轴向负荷,极限转速较低。内外圈可分离,轴承游隙可在安装时调整。通常成对使用,对称安装。适用于转速不太高,轴的刚性较好的场合
			03	30300			
			13	31300			
			20	32000			
			22	32200			
			23	32300			
			29	32900			
			30	33000			
			31	33100			
			32	33200			
推力球轴承		5	11	51100	低	不允许	推力球轴承的套圈与滚动体可分离,单向推力球轴承只能承受单向轴向负荷,两个圈的内孔不一样大,内孔较小的与轴配合,内孔较大的与机座固定。双向推力球轴承可以承受双向轴向负荷,中间圈与轴配合,另两个圈为松圈。高速时,由于离心力大,寿命较低。常用于轴向负荷大、转速不高场合
			12	51200			
			13	51300			
			14	51400			
		5	22	52200	低	不允许	
			23	52300			
			24	52400			
深沟球轴承		6 或 (16)	17	61700	高	8′~16′	主要承受径向负荷,也可同时承受少量双向轴向负荷,工作时内外圈轴线允许偏斜。摩擦阻力小,极限转速高,结构简单,价格便宜,应用最广泛。但承受冲击载荷能力较差,适用于高速场合。在高速时可代替推力球轴承
			37	63700			
			18	61800			
			19	61900			
			(0)0	16000			
			(1)0	6000			
			(0)2	6200			
			(0)3	6300			
			(0)4	6400			
角接触球轴承		7	19	71900	较高	2′~3′	能同时承受径向负荷与单向的轴向负荷,公称接触角 α 有 15°、25°、40° 三种,α 越大,轴向承载能力也越大。成对使用,对称安装,极限转速较高。适用于转速较高,同时承受径向和轴向负荷场合
			(1)0	7000			
			(0)2	7200			
			(0)3	7300			
			(0)4	7400			
圆柱滚子轴承		N	10	N1000	较高	2′~4′	只能承受径向负荷。承载能力比同尺寸的球轴承大,承受冲击载荷能力大,极限转速高。对轴的偏斜敏感,允许偏斜较小,用于刚性较大的轴上,并要求支承座孔很好地对中
			(0)2	N200			
			22	N2200			
			(0)3	N300			
			23	N2300			
			(0)4	N400			
滚针轴承		NA	48	NA4800	低	不允许	滚动体数量较多,一般没有保持架。径向尺寸紧凑且承载能力很大,价格低廉。不能承受轴向负荷,摩擦系数较大,不允许有偏斜。常用于径向尺寸受限制而径向负荷较大的装置中
			49	NA4900			
			69	NA6900			

12.6 滚动轴承的寿命计算

12.6.1 滚动轴承的载荷分析

以滚动轴承为例，如图 12-16 所示。当轴承承受轴向载荷作用时，可认为各滚动体所承受载荷是相等的。当轴承承受纯径向载荷 F_r 作用时，使内圈沿 F_r 方向下移 δ_0。上半圈滚动体不承受载荷，而下半圈各滚动体承受不同的载荷，处于最低位置 A 点的滚动体受载最大为 F_0。当轴承内外套圈相对转动时，滚动体既绕轴承中心公转又自转。因此，轴承套圈和滚动体承受周期性变化的脉动循环接触应力作用。

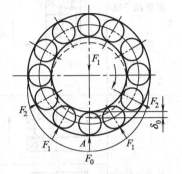

图 12-16 滚动轴承的载荷

12.6.2 滚动轴承的失效形式及计算准则

1. 疲劳点蚀

轴承转动时，轴承套圈和滚动体承受周期性变化的脉动循环接触应力反复作用，在表面下一定深度处产生疲劳裂纹，并逐渐扩展到表面，从而形成疲劳点蚀，使轴承旋转精度下降，产生噪声、冲击和振动。致使轴承不能正常工作。通常，疲劳点蚀是滚动轴承的主要失效形式。

2. 塑性变形

当滚动轴承转速很低或只作间歇摆动时，一般不会产生疲劳点蚀。但若承受很大的静载荷或冲击载荷时，轴承各元件接触处的局部应力可能超过材料的屈服极限，从而产生永久变形。过大的永久变形会使轴承在运转中产生剧烈的振动和噪声，致使滚动轴承不能正常工作。

此外，由于使用、维护和保养不当或密封、润滑不良等因素，也能导致轴承早期磨损、胶合、内外圈和保持架破损等不正常失效。

3. 计算准则

针对滚动轴承的失效形式，计算准则为：

① 一般机械的轴承（$n \geqslant 10r/min$），疲劳点蚀是主要的失效形式，故按疲劳强度进行寿命计算；

② 低速（$n < 10r/min$）或摆动轴承，以及重载或有冲击轴承，主要失效形式为塑性变形，故按静强度计算；

③ 高速轴承除疲劳点蚀外，磨损和烧伤也是主要失效形式，故要进行寿命计算，同时校验极限速度。

12.6.3 基本额定寿命和基本额定动载荷

1. 轴承的寿命

轴承中任一个套圈或滚动体上出现疲劳点蚀之前的总转数，或在一定转速下的工作小时数，称为轴承的寿命。

2. 基本额定寿命

大量的轴承寿命试验表明，对于一批同一型号的轴承在相同条件下运转，由于材质、热处理和工艺等很多随机因素的影响，寿命会不一样，有的甚至相差几十倍。因此对某一个轴承，很难预知确切的寿命。因此采用统计的方法，即计算在一定使用概率下的寿命。

一批相同型号的轴承，在相同条件下，其中 90% 不发生疲劳点蚀前的总转数或一定转速下的工作小时数，称为轴承的基本额定寿命。用符号 L_{10}（单位 10^6 转）或 L_{10h}（单位小时）表示。

换言之，基本额定寿命是指 90% 的轴承在发生疲劳点蚀前能达到或超过的寿命。对单个轴承来讲，能够达到或超过此寿命的可能性为 90%。滚动轴承的基本额定寿命通常简称为寿命，以下如无特别声明，滚动轴承的寿命均指基本额定寿命。

3. 基本额定动载荷

轴承的基本额定动载荷，就是轴承的基本额定寿命为 10^6 转时，轴承所能承受的最大载荷，用符号 C 表示。在基本额定动载荷作用下，轴承运转 10^6 转而不发生点蚀失效的可能性为 90%。

对于向心轴承，是指纯径向载荷，称为径向基本额定动载荷，用符号 C_r 表示。

对于推力轴承，是指纯轴向载荷，称为轴向基本额定动载荷，用符号 C_a 表示。

对于角接触球轴承或圆锥滚子轴承，是指套圈间产生纯径向位移的载荷的径向分量。

不同型号的轴承有不同基本额定动载荷值，它表征了不同型号轴承的承载特性。各种型号轴承的基本额定动载荷值，可查阅轴承样本或机械设计手册。

12.6.4 当量动载荷

在实际应用中，滚动轴承一般同时受径向载荷和轴向载荷作用。因此，在进行轴承寿命计算时，需要把实际载荷转换为与确定基本额定动载荷的载荷条件相一致的当量动载荷，用符号 P 表示。在当量动载荷 P 作用下的轴承寿命与实际联合载荷作用下的轴承寿命相同。

当量动载荷 P 的计算公式为

$$P = f_P(XF_r + YF_a) \tag{12-5}$$

式中 f_P——考虑振动、冲击等工作引入的载荷系数，见表 12-13；

F_r——径向载荷，N；

F_a——轴向载荷，N；

X，Y——径向系数和轴向系数，见表 12-14。

径向轴承只承受径向载荷时，其当量动载荷为

$$P = f_P F_r \tag{12-6}$$

推力轴承只能承受轴向载荷，其当量动载荷为

$$P = f_P F_a \tag{12-7}$$

12.6.5 寿命计算

大量试验表明，对于相同型号的轴承，在不同载荷 F_1，F_2，F_3，$\cdots$ 作用下，若轴承的额定寿命分别为 L_1，L_2，L_3，$\cdots$（10^6 转），则它们之间有如下的关系

$$L_1 F_1^\varepsilon = L_2 F_2^\varepsilon = L_3 F_3^\varepsilon = \cdots = P^\varepsilon L_{10} = 常数$$

在寿命 $L = 1$（10^6 转）时，轴承能承受的载荷为额定动载荷 C。上式可写为

$$P^\varepsilon L_{10} = C^\varepsilon \cdot 1$$

或

$$L_{10} = \left(\frac{C}{P}\right)^\varepsilon \quad (10^6 \text{ 转}) \tag{12-8}$$

式中　ε—寿命指数，对球轴承 ε＝3，滚子轴承 $\varepsilon = \dfrac{10}{3}$。

表 12-13　载荷系数 f_P

载荷性质	f_P	举　例
无冲击或轻微冲击	1.0～1.2	电机、汽轮机、通风机、水泵等
中等冲击	1.2～1.8	机床、车辆、动力机械、起重机、造纸机、选矿机、冶金机械、卷扬机械等
强烈冲击	1.8～3.0	碎石机、轧钢机、钻探机、振动筛等

表 12-14　向心轴承当量动载荷的 X、Y 值

轴承类型		F_a/C_{0r}	e	$F_a/F_r > e$		$F_a/F_r \leqslant e$	
				X	Y	X	Y
深沟球轴承	60000	0.014	0.19		2.30		
		0.028	0.22		1.99		
		0.056	0.26		1.71		
		0.084	0.28		1.55		
		0.11	0.30	0.56	1.45	1	0
		0.17	0.34		1.31		
		0.28	0.38		1.15		
		0.42	0.42		1.04		
		0.56	0.44		1.00		
角接触球轴承	70000C ($\alpha = 15°$)	0.015	0.38		1.47		
		0.029	0.40		1.40		
		0.058	0.43		1.30		
		0.087	0.46		1.23		
		0.12	0.47	0.44	1.19	1	0
		0.17	0.50		1.12		
		0.29	0.55		1.02		
		0.44	0.56		1.00		
		0.58	0.56		1.00		
	70000AC ($\alpha = 25°$)	—	0.68	0.41	0.87	1	0
	70000B ($\alpha = 40°$)	—	1.14	0.35	0.57	1	0
圆锥滚子轴承 30000		—	1.5tanα	0.4	0.4cotα	1	0
调心球轴承 10000		—	1.5tanα	0.65	0.65cotα	1	0

注：1. C_{0r} 为径向基本额定静载荷，由产品目录查出。
2. e 为轴向载荷影响系数。

实际计算时，用小时表示轴承寿命比较方便，上式可改写为

$$L_{10h} = \frac{10^6}{60n}\left(\frac{C}{P}\right)^\varepsilon \quad (\text{h}) \tag{12-9}$$

式中　n—轴承的转速，r/min。

考虑到轴承工作温度高于 100℃ 时，轴承的额定动载荷 C 有所降低，故引进温度系数 f_T，对 C 值予以修正，则

$$L_{10h} = \frac{10^6}{60n}\left(\frac{f_T C}{P}\right)^\varepsilon \geqslant [L_h] \tag{12-10}$$

当已知载荷和所需寿命时，应选的轴承基本额定动载荷为

$$C \geqslant \frac{P}{f_T}\left\{\frac{60n}{10^6}[L_h]\right\}^{1/\varepsilon} \quad (\text{N}) \tag{12-11}$$

式中 f_T——温度系数，可查表 12-15；

  $[L_h]$——轴承预期寿命，h，参见表 12-16。

表 12-15 温度系数 f_T

轴承工作温度/℃	≤120	125	150	175	200	225	250	300
温度系数 f_T	1	0.95	0.90	0.85	0.80	0.75	0.70	0.60

表 12-16 轴承预期寿命 L_h 参考值

使用场合	L_h/h
不经常使用的仪器和设备	300～3000
短时间或间断使用的机械，中断时不致引起严重后果，如手动机械、农业机械、装配起重机、自动送料装置	3000～8000
间断使用的机械，中断使用将引起严重后果，如发电站辅助设备、流水作业的传动装置、带式输送机、车间起重机	8000～12000
每天 8 小时工作，不是经常满载使用，如电动机、一般齿轮装置、起重机和一般机械	10000～25000
每天 8 小时工作，满载使用，如机床、工程机械、印刷机械离心机	20000～30000
24 小时连续工作，如压缩机、电动机、泵、纺织机械	40000～50000
24 小时连续工作，中断使用将引起严重后果，如纤维机械、造纸机械、电站主要设备、给排水设备、矿用泵、矿用通风机	≥100000

【例 12-3】 某水泵轴轴颈 $d=35\text{mm}$，转速 $n=2900\text{r/min}$，径向载荷 $F_r=1800\text{N}$，轴向载荷 $F_a=640\text{N}$，预期寿命 $[L_h]=5000\text{h}$，试选择轴承型号。

解

（1）试选轴承类型

由已知条件可知，主要承受径向载荷，同时承受一定轴向载荷，$F_r>F_a$，故选深沟球轴承。

（2）计算当量动载荷

查表 12-13 取 $f_P=1.1$。因轴承型号未定，故采用试算法。查表 12-14，试取 $F_a/C_{0r}=0.028$，则 $e=0.22$。

由 $F_a/F_r=640/1800=0.355>e$，查表 12-14 得 $X=0.56$，$Y=1.99$ 代入式（12-5）

$$P=f_P(XF_r+YF_a)=1.1\times(0.56\times1800+1.99\times640)=2509\text{N}$$

（3）计算所需径向额定动载荷

由式（12-11）可得 $C\geqslant\dfrac{P}{f_T}\left\{\dfrac{60n}{10^6}[L_h]\right\}^{1/\varepsilon}=\dfrac{2509}{1}\dfrac{60\times2900}{10^6}\times5000^{1/3}=23951\text{N}$

（4）确定轴承型号

查机械设计手册，根据 $d=35\text{mm}$ 选 6307 轴承，$C_r=33200\text{N}>23951\text{N}$，$C_{0r}=1920\text{N}$。$F_a/C_{0r}=640/1920=0.333$，与初定值相近。

故 6307 轴承满足要求。

12.6.6 角接触轴承的轴向载荷计算

1. 角接触轴承的内部轴向力

角接触球轴承和圆锥轴承由于结构上存在接触角 α，当承受径向载荷 F_r 时，要产生轴向反力 F_S，如图 12-17 所示。图中 F_0 是作用于第 i 个滚动体的反力，F_0 可以分解为径向分力 F_{r0} 和轴向分力 F_{S0}，所有滚动体轴向分力的总和 F_S 称为轴承的内部轴向力，其方向由外圈的宽边指向窄边，大小按表 12-17 的近似公式确定。

2. 角接触轴承的轴向力

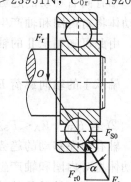

图 12-17 内部轴向力

角接触轴承在内部轴向力 F_S 的作用下，轴承的内、外圈将有脱开的趋势。为保证正常工作，这类轴承通常都是成对使用，对称安装。安装方式有两种：两外圈窄边相对安装称为正装（面对面），如图 12-18（a）所示；两外圈宽边相对安装称为反装（背对背），如图 12-18(b)所示。

表 12-17　角接触轴承内部轴向力 F_S 的确定

轴承类型	角接触球轴承			圆锥滚子轴承
	$\alpha=15°$	$\alpha=25°$	$\alpha=40°$	
F_S	eF_r	$0.68F_r$	$1.14F_r$	$F_r/2Y$

注：Y 为圆锥滚子轴承的轴向载荷系数，可查有关手册。

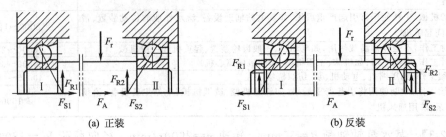

(a) 正装　　　(b) 反装

图 12-18　角接触轴承的安装方式

计算角接触轴承的轴向载荷 F_A，既要考虑轴承内部轴向力 F_S，也要考虑轴上传动零件作用于轴上的轴向力（如斜齿轮等 F_a）。F_{R1} 和 F_{R2} 为轴承支座约束力。

F_{R1} 和 F_{R2} 的位置由轴承手册查得，由 F_{R1} 和 F_{R2} 引起的相应内部轴向力为 F_{S1} 和 F_{S2}。

以图 12-18（a）为例，将轴承内圈和轴视为一体，其受力简图如图 12-19 所示，有下列两种情况。

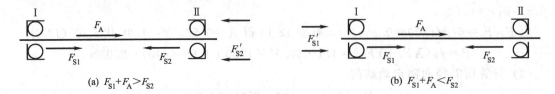

(a) $F_{S1}+F_A>F_{S2}$　　　(b) $F_{S1}+F_A<F_{S2}$

图 12-19　轴向力分析

① 当 $F_{S1}+F_A>F_{S2}$ 时，如图 12-18（a）所示。

轴有向右移动的趋势，使轴承 II 被"压紧"，轴承 I 被"放松"，压紧的轴承 II 外圈通过滚动体将对内圈和轴产生一个阻止其右移的平衡力 F'_{S2}。

由此可知轴承 II 的轴向载荷 F_{a2} 为

$$F_{a2}=F_{S1}+F_A=F_{S2}+F'_{S2}$$

轴承 I 的轴向载荷 F_{a1} 为

$$F_{a1}=F_{S1}$$

② 若 $F_{S1}+F_A<F_{S2}$ 时，如图 12-18（b）所示。

轴有向左移动的趋势，使轴承 I 被"压紧"，轴承 II 被"放松"，压紧的轴承 I 外圈通过滚动体将对内圈和轴产生一个阻止其左移的平衡力 F'_{S1}。

由此可知轴承 II 的轴向载荷 F_{a2} 为

$$F_{a2}=F_{S2}$$

轴承 I 的轴向载荷 F_{a1} 为

$$F_{a1} = F_{S2} - F_A = F_{S1} + F'_{S1}$$

由此可知两支点轴向载荷的计算方法。

① 根据轴承类型、安装方式，确定轴向外力 F_A 及轴承内部轴向力 F_{S1} 和 F_{S2} 的方向、大小，绘制受力简图。

② 比较轴向外力 F_A 及同向轴承内部轴向力之和与反向轴承内部轴向力的大小，判定被"压紧"和"放松"的轴承。

③ "压紧"端轴承的轴向力 F_a 等于除本身内部轴向力外，轴上其他所有轴向力代数和。

"放松"端轴承的轴向力 F_a 等于本身的内部轴向力。

【例 12-4】　如图 12-20 所示，某机械中的主动轴上的轴承，拟采用角接触球轴承

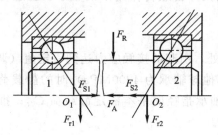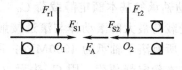

图 12-20　角接触球轴承受力分析

7211AC。已知轴的转速 $n = 1450\text{r/min}$，径向载荷分别为 $F_{R1} = 3300\text{N}$，$F_{R2} = 1000\text{N}$，轴向载荷 $F_A = 900\text{N}$。轴承在常温下工作，受中等冲击，要求轴承预期寿命 $[L_h] = 12000\text{h}$。试判断所选轴承是否合适。

解

（1）计算轴承的轴向力 F_{a1}、F_{a2}

由表 12-17 查得 7211AC 轴承内部轴向力的计算公式为

$$F_S = 0.68F_r$$

则

$$F_{S1} = 0.68F_{r1} = 0.68 \times 3300\text{N} = 2244\text{N}$$

$$F_{S2} = 0.68F_{r2} = 0.68 \times 1000\text{N} = 680\text{N}$$

因为

$$F_{S2} + F_A = (680 + 900) = 1580\text{N} < F_{S1} = 2244\text{N}$$

所以轴承 2 被压紧，轴承 1 被放松，故有

$$F_{a1} = F_{S1} = 2244\text{N}$$

$$F_{a2} = F_{S1} - F_A = (2240 - 900)\text{N} = 1344\text{N}$$

（2）计算轴承当量载荷 P_1、P_2

由表 12-14 查得 $e = 0.68$，而

$$\frac{F_{a1}}{F_{r1}} = \frac{2240}{3300} = 0.68 = e$$

$$\frac{F_{a2}}{F_{r2}} = \frac{1344}{1000} = 1.344 > e$$

查表 12-14 可得 $X_1 = 1$，$Y_1 = 0$；$X_2 = 0.411$，$Y_2 = 0.87$。由表 12-13 取 $f_P = 1.4$。则

$$P_1 = f_P(X_1 F_{r1} + Y_1 F_{a1}) = 1.4 \times (1 \times 3300 + 0 \times 2244)N = 4620N$$

$$P_2 = f_P(X_2 F_{r2} + Y_2 F_{a2}) = 1.4 \times (0.41 \times 1000 + 0.87 \times 1344)N = 2211N$$

因 $P_1 > P_2$，且两个轴承型号相同，故取 $P = P_1$。

查手册得 7211AC 轴承的 $C_r = 50500N$。取 $\varepsilon = 3$，$f_T = 1$，则由式（12-7）得

$$L_{10h} = \frac{10^6}{60n} \frac{f_T C^\varepsilon}{P} \geqslant [L_h] = \frac{10^6}{60 \times 1450} \frac{1 \times 50500^3}{4620P} = 15010h > 12000h$$

由此可见，轴承的寿命大于预期寿命。所以所选轴承合适。

12.6.7 滚动轴承的静强度计算

对于不转动、低速旋转或缓慢摆动的轴承，由于主要失效形式为塑性变形，应按静载荷对轴承进行计算。对于非低速但承受重载或强大冲击载荷作用下的轴承，在进行寿命计算外，也应进行静强度计算。

1. 滚动轴承的基本额定静载荷 C_0

在承受载荷最大的滚动体与滚道接触中心处，引起的接触应力达到一定值（调心轴承为 4600MPa；所有滚子轴承为 4000MPa；所有其他球轴承为 4200MPa）时的静载荷，称为滚动轴承的基本额定静载荷，用 C_0 表示（向心轴承指径向基本额定静载荷 C_{0r}；推力轴承指轴向基本额定静载荷 C_{0a}）。其值可查轴承标准。

2. 当量静载荷 P_0

当轴承同时承受径向和轴向载荷时，应折算成一个方向和大小恒定的当量载荷，在其作用下，滚动体和滚道接触处的最大塑性变形与实际载荷作用下产生的变形量相同。

当量静载荷 P_0 计算公式为

$$P_0 = X_0 F_r + Y_0 F_a \tag{12-12}$$

式中 X_0，Y_0——静径向载荷系数和静轴向载荷系数，见表 12-18。

若计算出的 $P_0 < F_r$，则应取 $P_0 = F_r$；对只承受径向载荷的轴承，取 $P_0 = F_r$；对只承受轴向载荷的轴承，取 $P_0 = F_a$。

3. 轴承静强度的计算

静强度的计算公式为

$$C_0 \geqslant S_0 P_0 \tag{12-13}$$

式中 S_0——静强度安全系数，其值见表 12-19。

表 12-18 常用滚动轴承静径向载荷系数 X_0 和静轴向载荷系数 Y_0

轴承类型		单 列		双 列	
		X_0	Y_0	X_0	Y_0
深沟球轴承		0.6	0.5	0.6	0.5
角接触球轴承	$\alpha = 15°$	0.5	0.46	1	0.92
	$\alpha = 25°$		0.38		0.76
	$\alpha = 40°$		0.26		0.52
调心球轴承		0.5	$0.22\cot\alpha$	1	$0.44\cot\alpha$
圆锥滚子轴承		0.5	$0.22\cot\alpha$	1	$0.44\cot\alpha$
推力轴承		0	1		

注：由接触角 α 确定的 Y_0 值可在轴承标准中直接查出。

表 12-19 滚动轴承静强度安全系数 S_0

旋转条件	载荷性质	S_0	使用条件	S_0
连续旋转轴承	普通载荷	1～2	高精度旋转场合	1.5～2.5
	冲击载荷	2～3	振动冲击场合	1.2～2.5
不常旋转或作摆动的轴承	普通载荷	0.5	普通旋转精度场合	1.0～1.2
	冲击及不均匀载荷	1～1.5	允许有变形量	0.3～1.0

【例 12-5】 某轴采用 30205 圆锥滚子轴承，承受轴向力 $F_a=2000N$，径向力 $F_r=4500N$，静强度安全系数 $S_0=2$。问是否满足静强度要求。

解

（1）计算当量载荷

查机械设计手册可得 30205 圆锥滚子轴承 $C_{0r}=37000N$，$\alpha=14°02'10''$，由表 12-18 可得 $X_0=0.5$，$Y_0=0.9$。

由式（12-12）可得

$$P_0=X_0F_r+Y_0F_a=(0.5\times4500+0.9\times2000)N=4050N<F_r=4500N$$

取 $P_0=F_r=4500N$

（2）静强度校核

由式（12-13）可得

$$\frac{C_{0r}}{P_0}=\frac{37000}{4500}=8.2>S_0=2$$

故所选轴承满足静强度要求。

12.7 滚动轴承的组合设计

为了保证轴与轴上旋转零件正常工作，除合理选用轴承类型和尺寸，还应进行轴承组合的结构设计，包括轴承组合的轴向固定，轴承与相关零件的配合，间隙调整、装拆、润滑等内容。

12.7.1 轴承的固定

为了使轴承能承受轴向载荷，并固定轴在机器中的相对位置，轴承的内外圈应分别固定在轴和轴承座上。

1. 内圈的固定

轴承内圈常用的四种轴向固定方法及应用特点，如图 12-21 所示。

如图 12-21（a）所示，利用轴肩作单向固定，只能承受单向的轴向力。结构简单，装拆方便。

如图 12-21（b）所示，利用轴肩和轴用弹性挡圈作双向固定，挡圈能承受的轴向力不大，不宜高速。

如图 12-21（c）所示，利用轴肩和圆螺母、止动垫圈作双向固定，能受大的轴向力，可用于高速场合。

如图 12-21（d）所示，利用轴肩和轴端挡板作双向固定，挡板能承受中等的轴向力，允许较高转速，可承受中等轴向力。

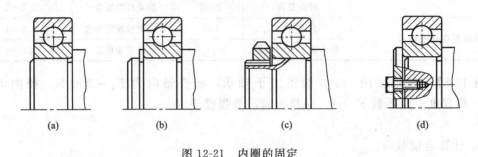

图 12-21　内圈的固定

2. 外圈的固定

轴承外圈常用的轴向固定方法及应用特点，如图 12-22 所示。

如图 12-22（a）所示，利用轴承端盖单向固定，可承受单向较大的轴向力。结构简单，固定可靠，调整方便。

如图 12-22（b）所示，利用孔用弹性挡圈和挡肩作双向固定，可承受不大的双向轴向力。结构简单，装拆方便，占用空间小。

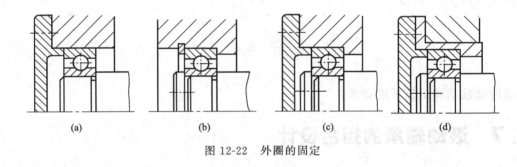

图 12-22　外圈的固定

如图 12-22（c）所示，利用轴承端盖和挡肩作双向固定，能承受较大的轴向力。结构简单，固定可靠，机座孔加工不方便。

如图 12-22（d）所示，利用轴端盖和衬套挡肩作双向固定。机座孔加工方便，轴向位置调整方便。

12.7.2　轴承组合的固定

通常一根轴需要两个支点，每个支点由一个或两个轴承组成。滚动轴承支承应使轴能正常传递载荷而不发生轴向窜动及轴受热膨胀后卡死等现象。

常用滚动轴承组合的固定方式有三种。

1. 两端单向固定

轴的两个轴承分别限制一个方向的轴向移动，这种固定方式称为两端单向固定，如图 12-23（a）所示。对于向心轴承，考虑到轴受热伸长，可在轴承盖与外圈端面之间，留有 $c=0.2\sim0.3\text{mm}$ 热补偿间隙，如图 12-23（b）所示。间隙量的大小可用一组垫片来调整。另外还有两支点均采用角接触球轴承（见图 12-24）及圆锥滚子轴承支承（见图 12-25）的双支点单向固定结构。这种支承结构简单，便于安装调整，适用于工作温度变化不大和工作温度不高的短轴。

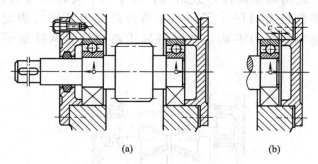

图 12-23 两端单向固定支承结构

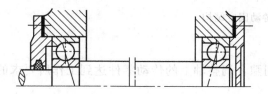

图 12-24 角接触球轴承支承的双支点单向固定结构

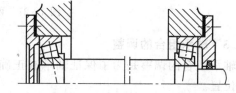

图 12-25 圆锥滚子轴承支承的双支点单向固定结构

2. 一端双向固定，一端游动

一端支承的轴承，内、外圈双向固定，另一端支承的轴承可以轴向游动，常见固定形式如图 12-26 所示。双向固定端的轴承可承受双向轴向载荷，游动端的轴承端面与轴承盖之间留有较大的间隙（3～8mm）。以适应轴的伸缩量，这种支承结构适用于轴的跨距较大或温度变化大的场合。

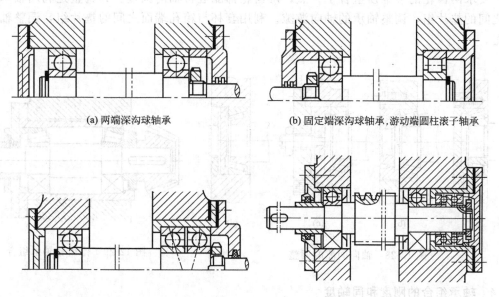

(a) 两端深沟球轴承

(b) 固定端深沟球轴承,游动端圆柱滚子轴承

(c) 固定端两个角接触球轴承,游动端深沟球轴承

(d) 固定端向心、推力轴承组合,游动端深沟球轴承

图 12-26 一端双向固定，一端游动的固定结构

3. 两端游动

有时为了满足某种特殊需要还采用两端游动的固定形式。如图 12-27 所示的人字齿轮传动，大齿轮设计成两端单向固定式结构，由于人字齿轮本身的相互轴向限位作用，小人字齿轮轴系的轴向位置被限定了，不必再另外考虑其轴向固定问题，为了防止齿轮被卡死或人字齿轮两侧受力不均，此时可采用两端均为圆柱滚子轴承的两端游动的结构。

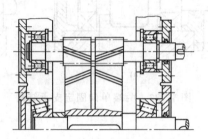

图 12-27　两端游动固定结构

12.7.3　轴承组合的调整

轴承组合的调整是为了保证轴承有正确的间隙，调整轴上的传动零件达到工作所要求的准确位置。

1. 轴承间隙的调整

轴承间隙常用的调整方法，如图 12-28 (a) 所示利用调整垫片组厚度，保证轴向间隙。小型轴承可采用如图 12-28 (b) 所示调节带螺纹的端盖进行轴向间隙的调节。大型轴承如图 12-28 (c)、(d) 所示，可利用端盖上的调节螺钉推压调节环进行调节。

2. 轴承组合的位置调整

如图 12-29 蜗杆传动中，要求能调整蜗轮轴的轴向位置，来保证正确啮合。在圆锥齿轮传动中要求两齿轮的节锥顶重合于一点，两齿轮都能进行轴向调整。其调整是利用轴承盖与套杯之间的垫片组，调整轴承的轴向游隙。利用套杯与箱孔端面之间的垫片组，调整轴的轴向位置。

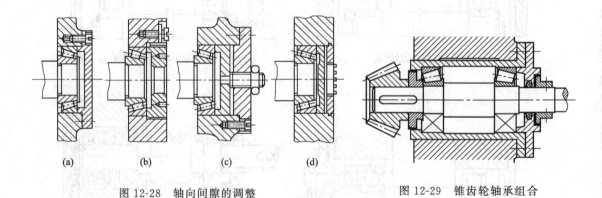

(a)　　(b)　　(c)　　(d)

图 12-28　轴向间隙的调整　　　　　图 12-29　锥齿轮轴承组合

12.7.4　轴承组合的刚度和同轴度

与轴承配合的轴和轴承支座孔应具有足够的刚度，为保证轴承支座孔的刚度，可采用加强筋和增加轴承座孔的厚度方法，如图 12-30 (a) 所示。同一根轴上的轴承座孔应保证同心，应使两轴承座孔直径相同，以便加工时能一次定位镗孔。如两轴承外径不同时，外径小的轴承可在座孔处安装衬套，如图 12-30（b）所示。使轴承座孔直径相同，以便一次镗出。如果不保证轴承组合的刚度和同轴度，会使轴线有较大的偏移，影响轴承的旋转精度，从而降低轴承使用寿命。

12.7.5 滚动轴承的游隙和预紧

1. 轴承的游隙

内、外滚道与滚动体之间的间隙称为游隙，即当一个座圈固定时，另一座圈沿径向或轴向的最大移动量。

2. 滚动轴承的预紧

滚动轴承的旋转精度主要取决于轴承装置的刚性大小。为了提高轴承装置的刚性，对于成对并列安装使用的角接触球轴承和圆锥滚子轴承，常采用预紧轴承。

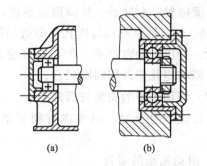

图 12-30　轴承组合的刚度和同轴度

轴承的预紧就是在安装轴承时使其受到一定的轴向力，以消除轴承的游隙并使滚动体和内、外圈接触处产生初始预变形。预紧的目的在于提高轴承的刚度和旋转精度，同时减小轴在运转时的振动和噪声。

常用的预紧方法如图 12-31 所示。图（a）是通过外圈压紧预紧，用螺纹端盖推压圆锥滚子轴承的外圈将轴承预紧；图（b）用不同长度的套筒预紧，两轴承之间加入不同长度的套筒实现预紧，预紧力可以由两个套筒的长度差加以控制；图（c）利用磨窄套圈预紧，夹紧一对磨窄了外圈的轴承实现预紧，反装时可磨窄轴承的内圈；同理，在两个内圈或外圈间加装金属垫片实现预紧；图（d）利用弹簧预紧，在一对轴承间加入弹簧，推压轴承外圈，可以得到稳定的预紧力。

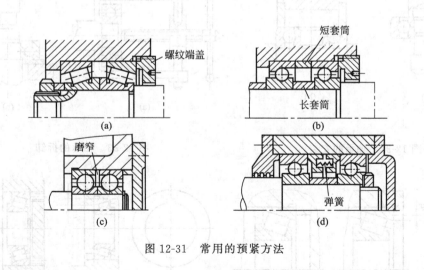

图 12-31　常用的预紧方法

12.7.6 滚动轴承的配合

滚动轴承的套圈与轴和座孔之间应选择适当的配合，以保证轴的旋转精度和轴承的周向固定。滚动轴承是标准件，因此，轴承内圈与轴颈的配合采用基孔制，轴承外圈与座孔的配合采用基轴制。国家标准规定，轴承的内孔与外径均为上偏差为零、下偏差为负的公差带，比通常的基孔制同类配合要紧得多。

轴承配合的选择，应考虑轴承的类型和尺寸，载荷的大小、方向和性质，工作温度，旋转精度要求等因素。当外载荷方向不变时，转动套圈应比固定套圈的配合紧一些。一般情况下是内圈随轴一起转动、外圈固定不转，故内圈轴承内孔与轴颈一般选用过盈配合，如 k6、m6、n6、r6；轴承外圈与座孔一般选用间隙配合，如 G7、H7、J7、K7 等。转速愈高、载荷愈大、冲击振动愈严重、工作温度愈高时，应选用愈紧一些的配合。当轴承作游动支承时，外圈与座孔应选用间隙配合。

12.7.7　滚动轴承的安装与拆卸

设计轴承组合时，应考虑有利于轴承装拆，以便在装拆过程中不致损坏轴承和其他零件。

1. 滚动轴承的安装

最常用的是压力法，小、中型可用各种液压机，用专用压套直接压装内或外圈，如图 12-32 所示；对于中、大型可采用有温差法，将轴承放进烘箱或热油中（80～100℃，最高不超过 120℃）预热后再进行安装。此外，还有液压配合法是通过将压力油打入环形油槽拆卸轴承。

2. 滚动轴承的拆卸

应使用轴承拆卸器或压力机拆卸轴承，如图 12-33 所示。从轴上拆卸时，能卡住轴承的内圈；从座孔中拆卸轴承时，应用反向爪拆卸轴承的外圈。为便于拆卸，设计时轴肩高度应小于内圈高度；同理，轴承外圈在套筒内应留有足够的高度和必要的拆卸空间，或在壳体上制出能放置拆卸螺钉的螺纹孔，如图 12-34 所示。

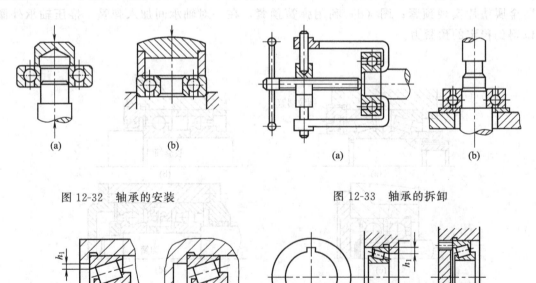

图 12-32　轴承的安装　　　　　　　　图 12-33　轴承的拆卸

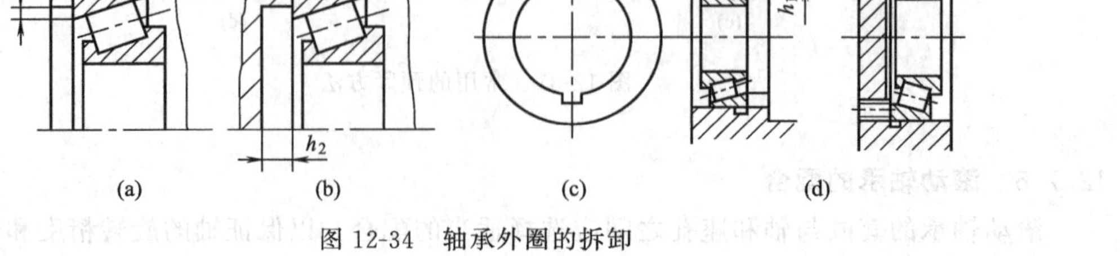

图 12-34　轴承外圈的拆卸

12.8 滚动轴承的维护和使用

为了延长轴承的使用寿命和保持旋转精度，在使用中应及时对轴承进行维护，采用合理的润滑和密封，并经常检查润滑和密封状况。

12.8.1 滚动轴承的润滑

滚动轴承的润滑主要是为了降低摩擦阻力和减轻磨损，同时起缓冲吸振、冷却、防锈和密封等作用。润滑剂一般采用润滑油和润滑脂。

当轴承转速较低及不便于加油的场合，可采用润滑脂润滑。其优点是便于维护和密封，不易流失，能承受较大载荷，可以长期不必补充或更换。缺点是摩擦力较大，散热效果差。润滑脂一般采用人工方式定期更换，填充量一般为轴承内空隙的 1/2～1/3，以免润滑脂太多导致轴承发热，影响轴承正常工作。

当轴承的转速较高时，采用润滑油润滑。其优点是润滑可靠，散热冷却好，但对密封和供油要求较高。一般轴承承受载荷较大、温度较高、转速较低时，使用黏度较大的润滑油；反之，使用黏度较小的润滑油。润滑方式有油浴润滑、飞溅润滑、喷油润滑和油雾润滑。采用油浴润滑时，油面高度不应超过最下方滚动体的中心。采用飞溅润滑时，溅油的零件速度不应低于 3m/s。喷油或油雾润滑兼有冷却作用，常用于高速轴承。

12.8.2 滚动轴承的密封

滚动轴承密封能防止灰尘、水分和杂质等进入轴承，同时也阻止润滑剂的流失。密封方式分接触式密封、非接触式密封和组合式密封。常用的形式见表 12-20。

12.8.3 滚动轴承的使用

1. 滚动轴承的保管

滚动轴承的保管主要是防锈。轴承出厂后的防锈期为一年。库存每隔 10～12 个月应重新进行油封，确保轴承不生锈。

2. 滚动轴承的检验

检验前应将轴承清洗干净，检验的主要内容有以下三个方面。

（1）外观检验 轴承内外圈滚道是否有点蚀、凹痕、擦伤等出现；保持架是否有松动、裂纹、折断、磨损等。

（2）空转检验 手拿内圈旋转外圈，轴承转动是否灵活，有无噪声、卡住、阻滞等现象。轴承旋转不均匀和旷动量过大，可通过手的感觉判断。

（3）游隙测量 轴承的磨损可通过测量其径向游隙和轴向游隙判断。游隙一般不超过0.1～0.15mm，径向游隙不能过大。

根据检查结果和使用要求决定轴承是否能继续使用。

表 12-20　滚动轴承常见的密封形式

密封方法		图　　例	结构特点与应用
接触式 密封	毡圈密封		在轴承盖上开出梯形槽,将矩形剖面的毛毡圈,放置在梯形槽中与轴接触,对轴产生一定的压力进行密封。这种密封结构简单,但摩擦较严重,主要用于 $v<4\sim5\text{m/s}$,工作温度 $t<90℃$ 的脂润滑场合
	唇型密封圈	 (a)　　　　(b)	在轴承盖中放置密封圈,密封圈是标准件,与轴紧密接触而起密封作用。图(a)密封唇朝里,目的是防漏油,图(b)密封唇朝外,目的是防灰尘、杂质进入。可用于轴 $v<7\text{m/s}$,工作温度 $t<100℃$
非接触 式密封	油沟式密封		在轴与轴承盖的通孔壁间留 $0.1\sim0.3\text{mm}$ 的极窄缝隙,并在轴承盖上车出沟槽,在槽内填满油脂,以起密封作用。这种形式结构简单,多用于 $v<5\sim6\text{m/s}$ 的场合
	迷宫式密封	 (a)　　　　(b)	将旋转的和固定的密封零件间的间隙制成迷宫(曲路)形式,缝隙间填入润滑脂以加强润滑效果。这种方法对脂润滑和油润滑都很有效,尤其适用于环境较脏的场合。图(a)为径向曲路,径向间隙 δ 不大于 $0.1\sim0.2\text{mm}$;图(b)为轴向曲路,因考虑到轴受热后会伸长,间隙应取大些,$\delta=1.5\sim2\text{mm}$
组合密封	毛毡和迷宫组合		两种或多种密封方法综合使用,可充分发挥各自优点,提高密封效果,多用于密封要求较高的场合

12.8.4 滚动轴承与滑动轴承的比较

滚动轴承与滑动轴承性能比较和选择见表12-21。

表 12-21 滚动轴承与滑动轴承性能比较

性 能	滚动轴承	滑 动 轴 承	
		不完全液体润滑	液体动压润滑
一对轴承效率 η	$\eta \approx 0.99$	$\eta \approx 0.97$	$\eta \approx 0.995$
承受冲击载荷能力	不高	较高	高
适应转速	低、中速	低速	中、高速
启动阻力	低	高	高
噪声	较大	不大	无噪声
旋转精度	较高	低	高
轴承外廓尺寸	径向大、轴向小	径向小、轴向大	径向小、轴向大
安装精度要求	高	不高	高
使用寿命	有限	有限	长
使用润滑剂	润滑油或润滑脂	润滑油或润滑脂	润滑油
维护要求	润滑简单、维护方便	较简单	较复杂
经济性	中	批量生产造价低	造价高

实训 轴系结构的分析与测绘

1. 实训目的

（1）分析轴系结构，理解轴、轴承、轴上零件的结构特点。

（2）掌握轴系结构分析与测绘的方法，提高实际操作技能。

2. 实训设备和工具

（1）圆柱、圆锥齿轮减速箱以及蜗杆蜗轮减速箱各若干台。

（2）扳手、游标卡尺、内外卡钳、轴承拆卸器、钢板尺、旋具等。

（3）绘图仪器、铅笔、纸张等。

3. 实训步骤

（1）从箱体中取出轴系部件，观察其总体结构，明确轴系功用。

（2）从轴的结构入手，分析轴系中每个零件所处的位置、相互关系、装配顺序以及零件在轴上的定位和固定方法。

（3）分析滚动轴承组合的结构，机座与端盖的结构形状与特点，轴承的安装、调整、润滑及密封方法。

（4）徒手绘制轴系结构的装配草图。

（5）拆卸轴系上零件并记录拆卸顺序，用钢板尺和游标卡尺等工具，测量轴和轴上零件的主要尺寸。同时观察各轴段是否有键槽、圆角、倒角、越程槽、退刀槽等，并判断各轴段的直径、键槽的类型、圆角、倒角、中心孔等尺寸等是否符合国家标准和设计规范。分析确定加工和装配工艺性。

（6）确定轴承的类型，从设计手册查处有关尺寸。

（7）绘制轴的结构图。

（8）绘制轴系组合的装配图。

4. 思考题

（1）轴上零件是如何实现周向和轴向定位、固定？

（2）阶梯轴各轴段直径及长度如何确定？各段的过渡结构应注意什么问题？

（3）采用直齿圆柱齿轮或斜齿圆柱齿时，各有什么特点？在选择轴承时应考虑什么问题？

5. 编写实训报告

轴系结构的分析与测绘实训报告

实训地点		实训时间		组　别	
班　级		姓　名		学　号	
实训数据和结果	1. 轴上零件的定位方式、固定方式 2. 轴承的定位方式、固定方式和润滑方式 3. 轴承组合的固定方式、轴向位置的调整方式、润滑方式和密封方式 4. 轴系装配图(计算机绘图)				
实训分析结论					
评　语					
成　绩		指导教师		评阅时间	

思考与练习题

12-1 滑动轴承的类型有哪几种？各有何特点？各适用于哪些场合？

12-2 滑动轴承轴瓦的结构有几种？各有什么特点？常用轴瓦的材料有哪些？

12-3 滑动轴承的润滑方法及润滑方式有哪些？

12-4 滚动轴承按所能承受载荷的方向或公称接触角 α 的不同，分为哪几种？各有何特点？

12-5 说明下列轴承的含义：6201   5130   30312/P6x   7312AC，NU2204E。

12-6 选择滚动轴承应考虑哪些因素？

12-7 滚动轴承的主要失效形式有哪些？设计准则是什么？

12-8 什么是滚动轴承的基本额定寿命？什么是当量载荷？如何计算？

12-9 角接触轴承为何通常成对使用？

12-10 滚动轴承组合的固定方式有哪几种？各适用于什么场合？

12-11 滚动轴承的预紧的目的是什么？预紧的方法有哪些？

12-12 滚动轴承密封方法有哪些？各有何特点？

12-13 某滑动轴承轴颈直径 $d=70\text{mm}$，轴瓦工作宽度 $B=70\text{mm}$，径向载荷 $F_r=30000\text{N}$，轴的转速 $n=200\text{r/min}$，试选择合适的润滑剂和润滑方法。

12-14 一转轴两端采用 6313 深沟球轴承；每个轴承受径向载荷 $F_r=5400\text{N}$，轴的轴向载荷 $F_a=2650\text{N}$，轴的转速 $n=1250\text{r/min}$，运转中有轻微冲击，预期寿命 $L_h=5000\text{h}$，问是否适用？（$C_r=93.8\text{kN}$ $C_{0r}60.5\text{kN}$）

12-15 轴承安装形式如图 12-35 所示。

（1）已知：$F_{s2}+F_A>F_{S1}$ 或 $F_{S2}+F_A<F_{S1}$。求：Ⅰ、Ⅱ轴承上作用的轴向载荷。

（2）已知：$F_{S1}>F_{S2}$；$F_A<F_{S1}-F_{S2}$。求：Ⅰ、Ⅱ轴承上作用的轴向载荷。

12-16 如图 12-36 所示为一对 7209C 轴承，承受径向负荷 $F_{r1}=8000\text{N}$，$F_{r2}=5000\text{N}$，试求当轴上作用的轴向负荷为 $F_A=2000\text{N}$ 时，轴承所受的轴向负荷 F_{a1} 与 F_{a2}。

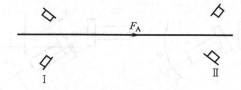

图 12-35 题 12-15 图

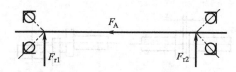

图 12-36 题 12-16 图

12-17 斜齿轮轴选用一对 30206 轴承支承，支点间的跨距为 200mm，齿轮位于两支点的中央。已知齿轮模数 $m_n=2.5\text{mm}$，齿轮 $z_1=17$，螺旋角 $\beta=16.5°$，传递功率 $P=2.6\text{kW}$，齿轮轴的转速 $n=384\text{r/min}$。试求轴承的额定寿命。

12-18 指出图 12-37 中的错误，说明错误原因，并加以改正。

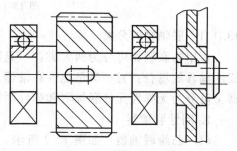

图 12-37 题 12-18 图

第 13 章 联轴器和离合器

本章重点介绍了联轴器和离合器的常用类型、结构特点和应用场合，设计时可根据工作要求，按照设手册合理选用。

联轴器和离合器通常用来联接两轴并在其间传递运动和转矩。有时也可以作为一种安全装置用来防止被联接件承受过大的载荷，起到过载保护的作用。用联轴器联接轴时只有在机器停止运转，经过拆卸后才能使两轴分离。而离合器联接的两轴可在机器工作中方便地实现分离与接合。制动器则是用来降低机械的运转速度或迫使机械停止运转的部件。

联轴器和离合器都是常用构件，大多已经标准化。

13.1 联轴器

联轴器一般由两个半联轴器及联接件组成。半联轴器与主动轴、从动轴常采用键、花键等联接。联轴器联接的两轴，由于制造、安装的误差，运转时零件的受载变形，以及其他外部环境或机器自身的多种因素，往往不能保证严格的对中，存在某种程度的相对位移，如图13-1 所示。由此可见，联轴器除了能传递所需的转矩外，还应具有补偿两轴线的相对位移或偏差，减振与缓冲以及保护机器等性能。

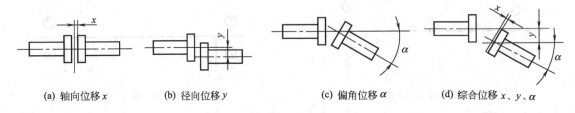

(a) 轴向位移 x　　　(b) 径向位移 y　　　(c) 偏角位移 α　　　(d) 综合位移 x、y、α

图 13-1 两轴轴线的相对位移

13.1.1 联轴器的分类

常用的联轴器可分为两大类：一是刚性联轴器，用于两轴严格对中，且工作中不发生轴线的偏移的场合；另一类是挠性联轴器，用于两轴有一定的补偿偏移能力的场合。挠性联轴器又可分为无弹性元件联轴器和弹性联轴器。

1. 刚性联轴器

(1) 凸缘联轴器　　如图 13-2 所示，凸缘联轴器是应用最广的固定式刚性联轴器。它用螺栓将两个半联轴器的凸缘联接起来，实现两轴联接。这种联轴器有两种主要的结构形式：一种用两个半联轴器上的凸肩和凹槽使两轴对中，靠预紧普通螺栓在凸缘边接触表面产生的摩擦力传递力矩 [见图 13-2 (a)]；另一种用铰制孔螺栓对中，靠螺杆承受挤压与剪切传递力矩 [见图 13-2 (b)]。

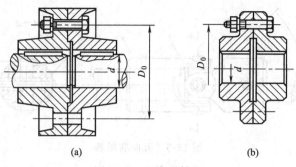

图 13-2 凸缘联轴器

半联轴器的材料通常为铸铁，当受重载或圆周速度 $v \geqslant 30\text{m/s}$ 时，可采用铸钢或锻钢。凸缘联轴器的结构简单、使用方便、可传递的转矩较大，但不能缓冲减振。常用于对中精度较高，载荷较平稳的两轴联接。这种联轴器已标准化，基本参数和主要尺寸见有关参考文献或设计手册。

（2）套筒联轴器 如图 13-3 所示，这种联轴器是一个圆柱形套筒，用两个平键［见图 13-3（a）］或圆锥销［见图 13-3（b）］，实现两轴联接。用圆锥销作联接件时，若按过载设计，可用作安全联轴器。这种联轴器机构简单，径向尺寸小，但装拆时需一轴作轴向移动，适用于两轴直径较小，同心度较高，工作平稳的场合，在机床上应用广泛。此种联轴器尚无标准，结构尺寸推荐 $D = (1.5 \sim 2)d$；$L = (2.8 \sim 4)d$。

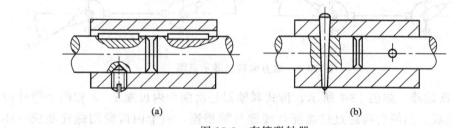

图 13-3 套筒联轴器

2. 无弹性元件联轴器

（1）十字滑块联轴器 如图 13-4 所示，它由两个半联轴器 1、3 与十字滑块 2 组成。十字滑块 2 两侧互相垂直的凸牙分别与两个半联轴器的凹槽组成移动副。联轴器工作时，十字滑块随两轴转动，同时又相对于两轴移动以补偿两轴的径向位移。这种联轴器径向补偿能力较大，同时也有少量的角度和轴向补偿能力。由于十字滑块偏心回转会产生离心力，当两轴不同心，且转速较高时，滑块的偏心会产生较大的离心力，滑块滑动为往复运动，给轴和轴承带来附加动载荷，并引起磨损，因此只适用于低速（300r/min），无剧烈冲击的场合。

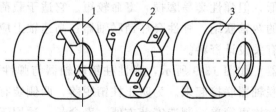

图 13-4 十字滑块联轴器

（2）万向联轴器 又称十字铰链联轴器。如图 13-5 所示，中间是一个相互垂直的十字

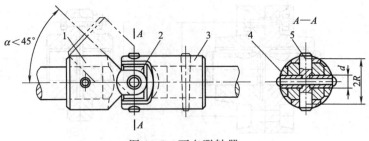

图 13-5　万向联轴器

头，十字头的四端用铰链分别与两轴上的叉形接头相联。因此，当一轴的位置固定后，另一轴可以在任意方向偏斜，角位移可达 40°～45°。

单个万向联轴器当主动轴作等角速度回转时，从动轴作变角速转动，从而引起动载荷，对使用不利。实际应用时，常采用双万向联轴器，即由两个单万向联轴器串接而成，如图 13-6 所示。安装双万向联轴器时，如要使主、从动轴的角速度相等，必须满足两个条件：

① 主动轴、从动轴与中间件的夹角必须相等，即 $\alpha_1 = \alpha_2$；

② 中间件两端叉面必须位于同一平面内。

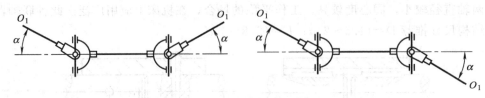

图 13-6　双万向联轴器示意图

（3）齿式联轴器　如图 13-7 所示，齿式联轴器是由两个内齿圈 2、3 和两个带外齿的凸缘套筒 1、4 组成。凸缘套筒通过过盈配合或键与轴相连，两个内齿圈用螺栓联成一体。工作时靠啮合的轮齿传递扭矩。内齿和外齿的齿数相同。外齿的齿顶制成椭球形，内、外轮齿间留有较大的间隙，因此这种联轴器能补偿适量的综合位移，能补偿两轴的不同心和偏斜。为了减少轮齿的磨损，联轴器内储有润滑油。通常，轮齿采用压力角为 20°的渐开线齿廓。

齿式联轴器能传递很大的转矩和补偿适量的综合位移，因此常用于重型机械中。但其结构笨重、造价较高。

3. 弹性联轴器

（1）弹性套柱销联轴器　如图 13-8 所示，弹性套柱销联轴器结构上和凸缘联轴器很近似，但是两个半联轴器的联接用带橡胶或皮革套的柱销代替了联接螺栓。这种联轴器制造容易，装拆方便，成本较低，但弹性套易磨损，寿命较短。它适于载荷平稳，正反转或启动频繁、转速高的中小功率的两轴联结。弹性套柱销联轴器在高速轴上应用十分广泛，它的基本参数和主要尺寸请参阅有关设计资料。

（2）弹性柱销联轴器　如图 13-9 所示，弹性柱销联轴器与弹性套柱销联轴器相似，只是用尼龙柱销将两个半联轴器联接起来。为防止柱销脱落，两侧装有挡板。这种联轴器与弹性套柱销联轴器相比，结构更简单，制造安装方便，寿命长，适用于轴向窜动较大，正反转或启动频繁，转速较高的场合。由于尼龙柱销对温度较敏感，故工作温度限制在－20～70℃的范围内。

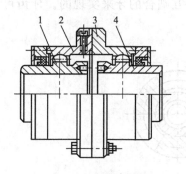

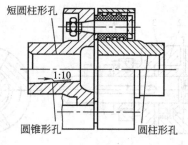

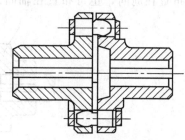

图 13-7　齿式联轴器　　　　　　　图 13-8　弹性套柱销联轴器　　　　　图 13-9　弹性柱销联轴器

13.1.2　联轴器的选择

一般可先依据机器的工作条件选定合适的类型，然后按照计算转矩、轴的转速和轴端直径从标准中选择所需的型号和尺寸。必要时还应对其中的某些零件进行验算。

计算转矩 T_c 应考虑机器启动时的惯性力、机器在工作中承受过载和受到可能的冲击等因素，按下式确定

$$T_c = K_A T \tag{13-1}$$

式中　T——名义转矩；

　　　K_A——工作情况系数，其值见表 13-1。

表 13-1　工作情况系数 K_A

原　动　机	工　作　机			
	电动机、汽轮机	单缸内燃机	双缸内燃机	四缸内燃机
转矩变化很小的机械，如发电机、小型通风机、小型离心泵	1.3	2.2	1.8	1.5
转矩变化较小的机械，如透平压缩机、木工机械、运输机	1.5	2.4	2.0	1.7
转矩变化中等的机械，如搅拌机、增压机、有飞轮的压缩机	1.7	2.6	2.2	1.9
转矩变化和冲击载有中等的机械，如织布机、水泥搅拌机、拖拉机	1.9	2.8	2.4	2.1
转矩变化和冲击载荷较大的机械，如挖掘机、碎石机、造纸机械	2.3	3.2	2.8	2.5
转矩变化和冲击载荷大的机械，如压延机、起重机、重型轧机	3.1	4.0	3.6	3.3

13.2　离合器

用离合器联接的两根轴，在机器工作中就能方便地使它们分离或接合。

离合器按工作原理主要分为啮合式和摩擦式两类。另外，还有电磁离合器和自动离合器。电磁离合器在自动化机械中作为控制转动的元件而被广泛应用。自动离合器能够在特定的工作条件下自动接合或分离（例如一定的转矩、转速或回转方向）。离合器大都也已标准化了，可依据机器的工作条件选定合适的类型。

1. 牙嵌式离合器

如图 13-10 所示，牙嵌式离合器由两个端面带牙的半离合器 1、3 组成。从动半离合器 3 用导向平键或花键与轴联接，另一半离合器 1 用平键与轴联接，对中环 2 用来使两轴对中，

滑环 4 可操纵离合器的分离或接合。啮合与传递转矩是靠两相互啮合的牙来实现的。牙齿可布置在周向，也可布置在轴向。

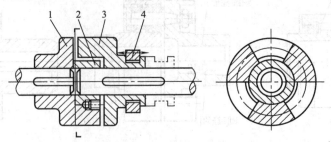

图 13-10　牙嵌离合器

牙嵌式离合器常用的牙形有矩形、梯形和锯齿形等。矩形齿强度低，磨损后无法补偿，难于接合，只能用于静止状态下手动离合的场合；梯形齿牙的强度高，承载能力大，能自行补偿磨损产生的间隙，并且接合与分离方便，但啮合齿间的轴向力有使其自行分离的可能，应用广泛；锯齿形牙的强度高，承载能力最大，但仅能单向工作，反向工作时齿面间会产生很大的轴向力使离合器自行分离而不能正常工作。

牙嵌式离合器结构简单、尺寸紧凑、工作可靠、承载能力大、传动准确，但在运转时接合有冲击，容易打坏牙，所以一般只在低速或静止状况应用。

2. 摩擦式离合器

摩擦式离合器是靠接合元件间产生的摩擦力来传递转矩的。离合器正常工作时所传递的转矩应小于或等于承载能力转矩。当过载时，接合元件间产生打滑，较高的温升和较大的磨损将影响到离合器的正常工作，但能保护传动系统中的零件不致损坏。

摩擦式离合器接合元件的结构形式有圆盘式、圆锥式、块式、钢球式、闸块式等。摩擦式离合器的类型很多，最常见的是多盘式摩擦离合器。

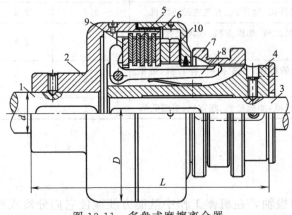

图 13-11　多盘式摩擦离合器

如图 13-11 所示多盘式摩擦离合器，主动轴 1 与外壳 2 相联接，从动轴 3 与套筒 4 相联接。外壳的内缘开有纵向槽，外摩擦盘 5 以其凸齿插入外壳的纵向槽中，因此外摩擦盘可与轴一起转动，并可在轴向力推动下沿轴向移动。内摩擦盘 6 以其凹槽与套筒 4 上的凸齿相配合，故内摩擦盘可与轴 3 一起转动并可沿轴向移动。内、外摩擦盘相间安装。另外，在套筒 4 上开有三个纵向槽，其中安置可绕销轴转动的曲臂杠杆 8。当滑环 7 向左移动时，通过曲臂杠杆 8、压板 9 使两组摩擦盘压紧在调节螺母 10 上，离合器即处于接合状态。若滑块向右移动时，摩擦盘被松开，离合器即分离。多盘式摩擦离合器摩擦盘数目多，可以增大所传递的转矩。但盘数过多，会影响离合器的灵活性，使各层间压力分布不均匀，所以一般不超过 12～15 个。摩擦盘材料常用淬火钢片或压制石棉片。

多盘式摩擦离合器能使两轴在任何转速下接合，接合与分离过程平稳，过载时会发生打滑，适用载荷范围大。但结构复杂，成本较高，产生滑动时两轴不能同步转动。

3. 安全离合器

安全离合器用于机器过载时，使主、从动轴自动脱开，保护机器中重要零件不被损坏。

如图 13-12 所示为牙嵌式安全离合器。采用弹簧自动压紧，当离合器接合面上产生的轴向力超过弹簧压紧力时，离合器产生分离，起到安全保护作用。

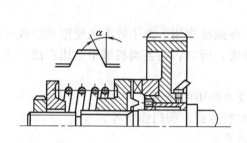

图 13-12　牙嵌式安全离合器

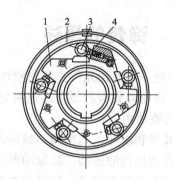

图 13-13　滚柱式定向离合器

4. 定向离合器

定向离合器只能传递单向转矩，反向时能自动分离。如图 13-13 所示为滚柱式定向离合器，它主要是由星轮 1、外圈 2、弹簧顶杆 4 和滚柱 3 组成。弹簧的作用是将滚柱压向星轮的楔形槽内，使滚柱与星轮、外圈相接触。当外圈的转速大于内圈时，由于摩擦力的作用使滚柱滑出楔形槽，这时离合器呈分离状态；当外圈转速小于内圈时，或外圈反转时，由于摩擦力和弹簧的共同作用，使滚柱滑入楔形槽内，这时离合器呈闭合状态。这种离合器也称为超越离合器。它具有尺寸小、接合和分离平稳、无噪声，可在高速运转中接合等特点，因此广泛应用于机床、汽车和起重设备的传动装置中。

思考与练习题

13-1　联轴器、离合器的功用有何异同？各用在机械的什么场合？

13-2　为什么有的联轴器要求严格对中，而有的联轴器则可以允许有较大的综合位移？

13-3　刚性联轴器和弹性联轴器有何差别？各举例说明它们适用于什么场合？

13-4　万向联轴器有何特点？如何使轴线间有较大偏斜角 α 的两轴保持瞬时角速度不变？

13-5　选择联轴器的类型时要考虑哪些因素？确定联轴器的型号应根据什么原则？

13-6　试比较牙嵌离合器和摩擦离合器的特点和应用？

第14章 弹 簧

本章简要介绍了弹簧的类型、基本结构、材料、特点和应用，重点为圆柱螺旋弹簧的结构、主要参数和几何尺寸计算。

14.1 弹簧的概述

弹簧是一种弹性元件。具有刚性小、弹性高，在载荷作用下产生较大的变形并吸收一定的能量，而随着载荷的卸除迅速恢复原状，变形消失，所以，在各类机械中应用广泛。

1. 主要功用

① 减振和缓冲，如车辆的减振弹簧以及各种缓冲器用的弹簧等。

② 控制机构的运动，如制动器、离合器中的控制弹簧，阀门弹簧等。

③ 储存及输出能量，如钟表发条、仪器中的弹簧等。

④ 测量力的大小，如测力器和弹簧秤中的弹簧等。

2. 弹簧的类型、特点

按照所承受的载荷不同，弹簧可以分为拉伸弹簧、压缩弹簧、扭转弹簧和弯曲弹簧四种；按照弹簧的形状不同，可分为螺旋弹簧、环形弹簧、碟形弹簧、板簧和盘簧等。表 14-1 为常用弹簧的基本类型、特点及应用。

表 14-1 弹簧的基本类型、特点及应用

类 型		承载形式	简 图	特 点 及 应 用
螺旋弹簧	圆柱形	拉伸	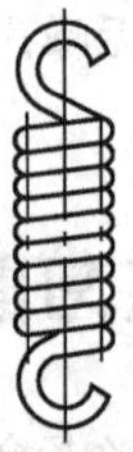	刚度稳定,结构简单,制造方便。应用最广,适用于各种机械
		压缩	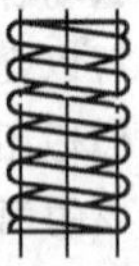	
		扭转	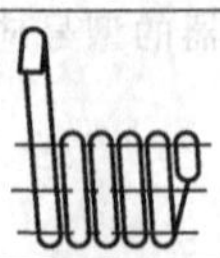	主要用于各种装置中的压紧、储能以及传动系统中的弹性环节
	圆锥形	压缩		稳定性好,结构紧凑,刚度随载荷而变化,可防止共振。多用于承受较大载荷和减振的场合

续表

类 型	承载形式	简 图	特 点 及 应 用
碟形弹簧	压缩		刚度大,缓冲吸振能力强。适用于载荷很大且弹簧轴向尺寸受限制,有缓冲和减振要求的场合。具有变刚度的特性
环形弹簧	压缩		具有很高的缓冲和减振能力。用于重型设备的缓冲装置
板簧	弯曲		缓冲和减振能力强。主要用于汽车、拖拉机、铁路机车等车辆的悬挂装置的缓冲和减振
盘簧	扭转		变形角大,储能量大,轴向尺寸小。常用于钟表、仪器中的储能弹簧

这里主要介绍一般机械中常用的圆柱螺旋弹簧。

14.2 弹簧的材料

弹簧在机械中常受冲击性的交变载荷,所以弹簧的材料应具有高的弹性极限、疲劳极限、一定的冲击韧性、塑性和良好的热处理性能。

常用的弹簧材料有碳素弹簧钢、合金弹簧钢、不锈钢和铜合金以及非金属材料。选用材料时,应根据弹簧的工作条件、功用、重要性及经济性等因素,一般优先选用碳素钢。弹簧常用材料使用性能见表 14-2 和表 14-3。

表 14-2 常用弹簧材料使用性能

类别	牌号	许用切应力 $[\tau]$/MPa			剪切弹性模量 G/MPa	推荐硬度 HRC	推荐使用温度 /℃	特性及用途
		I 类	II 类	III 类				
碳素弹簧钢丝	60 70 65Mn	$0.3\sigma_b$	$0.4\sigma_b$	$0.5\sigma_b$	80000	—	-40~120	强度高,性能好,适用于做小弹簧
合金弹簧钢丝	60Si2Mn 60Si2MnA	480	640	800	80000	45~50	-40~200	弹性好,回火稳定性好,易脱碳,用于受重载的弹簧
	50CrVA	450	600	750	80000	45~50	-40~210	疲劳性能好,淬透性和回火稳定好,用于变载高温工作的弹簧
不锈钢丝	1Cr18Ni9	330	440	550	73000	—	-250~300	耐腐蚀,耐高温,工艺性好,用于小尺寸弹簧
	4Cr13	450	600	750	77000	48~53	-40~300	强度高,耐高温,耐冲击,弹性好,用于大尺寸弹簧
铜合金丝	QSn3-1 QSn4-3	265	353	442	40200	90~100 HB	-40~120	耐腐蚀,防磁,强度高,耐磨性和弹性高
	QBe2	353	442	550		37~40		耐腐蚀,无磁,强度、弹性、耐磨性均好,导电性好

注: 1. 按承受载荷的循环次数 N 不同,弹簧分为三类: I 类 $N>10^6$; II 类 $N=10^3\sim10^5$ 以及受冲击载荷的; III 类 $N<10^3$。

2. 拉伸弹簧的许用应力为表中值得 80%;弹簧若经强压、喷丸处理,表中许用应力值可提高 20%。

3. 按机械性能不同,碳素弹簧钢分为三级,其中 B 组用于低应力弹簧;C 级用于中等应力弹簧;D 级用于高应力弹簧。碳素弹簧钢丝的 σ_b 查表 14-3。

表 14-3　碳素弹簧钢丝的抗拉强度 σ_b　　　　MPa

钢丝直径 /mm	抗拉强度 σ_b/(N/mm²)			钢丝直径 /mm	抗拉强度 σ_b/(N/mm²)		
	B组	C组	D组		B组	C组	D组
0.14	2200~2600	2550~2940	2740~3140	1.80	1520~1810	1760~2110	2010~2300
0.16	2150~2550	2500~2890	2690~3090	2.00	1470~1760	1710~2010	1910~2200
0.18	2150~2550	2450~2840	2690~3090	2.20	1420~1710	1660~1960	1810~2110
0.20	2150~2550	2400~2790	2690~3090	2.50	1420~1710	1660~1960	1760~2060
0.25	2060~2450	2300~2700	2640~3040	2.80	1370~1670	1620~1910	1710~2010
0.28	2010~2400	2300~2700	2640~3040	3.00	1370~1670	1570~1860	1710~1960
0.30	2010~2400	2300~2700	2640~3040	3.20	1320~1620	1570~1810	1660~1910
0.32	1960~2350	2250~2650	2600~2990	3.50	1320~1620	1570~1810	1660~1910
0.35	1960~2350	2250~2650	2600~2990	4.00	1320~1570	1520~1760	1620~1860
0.40	1910~2300	2250~2650	2600~2990	4.50	1320~1570	1520~1760	1620~1860
0.45	1860~2260	2200~2600	2550~2940	5.00	1320~1570	1470~1710	1570~1810
0.50	1860~2260	2200~2600	2550~2940	5.50	1270~1520	1470~1710	1570~1810
0.55	1810~2210	2150~2550	2500~2890	6.00	1220~1470	1420~1660	1520~1760
0.60	1760~2160	2110~2500	2450~2840	6.30	1220~1470	1420~1610	—
0.65	1760~2160	2110~2500	2450~2840	7.00	1170~1420	1370~1570	—
0.70	1710~2110	2060~2450	2450~2840	8.00	1170~1420	1370~1570	—
0.80	1710~2060	2010~2400	2400~2840	9.00	1130~1320	1320~1520	—
0.90	1710~2060	2010~2350	2350~2750	10.00	1130~1320	1320~1520	—
1.00	1660~2010	1960~2300	2300~2690	11.00	1080~1270	1270~1470	—
1.20	1620~1910	1910~2250	2250~2550	14.00	1080~1270	1270~1470	—
1.40	1620~1910	1860~2210	2150~2450	13.00	1030~1220	1220~1420	—
1.60	1570~1860	1810~2160	2110~2400				

14.3　圆柱螺旋弹簧

14.3.1　圆柱拉、压螺旋弹簧的结构

圆柱螺旋弹簧分拉伸弹簧和压缩弹簧。

压缩弹簧如图 14-1 所示。通常其两端各有 $\frac{3}{4}$~$1\frac{3}{4}$ 圈并紧的支承圈，工作时不参与变形，只起支承作用，故又称为死圈。支承圈的端部有并紧磨平（YⅠ型）和并紧不磨平（YⅢ型）两种结构。磨平部分不少于 3/4 圈，末端厚度一般不少于 $d/4$（d 为钢丝直径）。

拉伸弹簧端部制有挂钩，以便于安装和加载，如图 14-2 所示。其中半圆形（LⅠ）和圆环形（LⅡ），制造方便，但在挂钩过渡处有较大的弯曲应力，故一般用于弹簧直径 $d<10$mm的弹簧；可调式（LVⅡ）和锥形（LVⅡ）受力情况较好，便于安装，用于受力较大的场合，但制造成本较高。

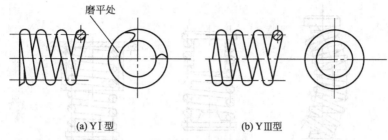

(a) YⅠ型　　　　　　　(b) YⅢ型

图 14-1　压缩弹簧

14.3.2　圆柱螺旋弹簧主要参数和几何尺寸

圆柱螺旋弹簧的主要参数和几何尺寸，如图 14-3 所示。

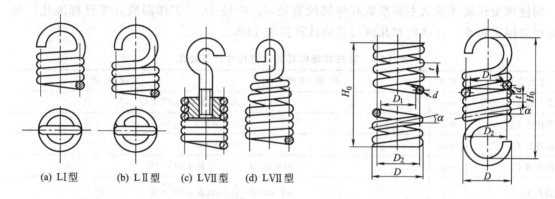

(a) LⅠ型　　(b) LⅡ型　　(c) LⅦ型　　(d) LⅦ型

图 14-2　拉伸弹簧　　　　　　　　图 14-3　圆柱螺旋弹簧基本参数和几何尺寸

（1）弹簧丝直径 d　碳素弹簧钢丝直径，参见表 14-3。

（2）弹簧中径 D_2　弹簧外径和内径的平均值，是计算参数。

（3）弹簧指数 C（旋绕比）　弹簧中径 D_2 和弹簧丝直径 d 的比值，即 $C=D_2/d$，是弹簧的重要参数之一，影响弹簧的强度、刚度、稳定性及制造的难易程度。弹簧丝直径 d 相同时，C 值小则弹簧中径 D_2 也小，其刚度较大，弹簧较硬、不易绕制；反之，则刚度较小，弹簧较软，易变形，容易绕制。通常 C 值在 4～16 范围内，可按表 14-4 选取。

表 14-4　圆柱螺旋弹簧常用弹簧指数 C

弹簧直径 d/mm	0.2～0.4	0.5～1	1.1～2.2	2.5～6	7～16	18～42
C	7～14	5～12	5～10	4～10	4～8	4～6

（4）螺旋升角 α　压缩螺旋弹簧的螺旋升角一般为 5°～9°，拉伸螺旋弹簧的螺旋升角更小。弹簧的螺旋方向分是右旋和左旋，一般采用右旋。

（5）弹簧工作圈数 n　弹簧工作时参与变形的圈数。

（6）节距 t　相邻两圈弹簧丝中心间的轴向距离。

（7）弹簧的自由高或长度 H_0　未受载荷时的弹簧高度或长度。

（8）压缩弹簧高径比 b　对于圈数较多的压缩弹簧，当高径比较大，承压时会出现失稳现象，发生侧向弯曲，如图 14-4（a）所示。为保证正常工作，一般取 $b \leqslant 3.7$，否则，应在弹簧内加导杆或外侧加导套，如图 14-4（b）、（c）所示，以保持弹簧的稳定性。

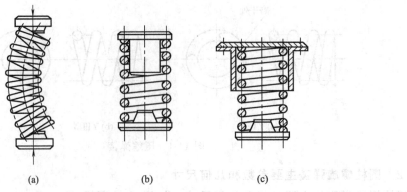

图 14-4　压缩弹簧的稳定性

圆柱螺旋压缩弹簧的主要参数有弹簧丝直径 d、中径 D_2、工作圈数 n 等已标准化,可参阅相关国家标准。各参数和几何尺寸的计算见表 14-5。

表 14-5　圆柱螺旋弹簧的几何尺寸计算公式

名称与代号	单位	压　缩　弹　簧	拉　伸　弹　簧
弹簧中径 D_2	mm	$D_2=Cd$　C 为弹簧指数(旋绕比)	
弹簧内径 D_1	mm	$D_1=D_2-d$	
弹簧外径 D	mm	$D=D_2+d$	
弹簧指数 C	mm	$C=D_2/d$　一般 $4 \leqslant C \leqslant 16$	
螺旋升角 α	(°)	$\alpha=\arctan\dfrac{t}{\pi D_2}$　推荐 $\alpha=5° \sim 9°$	
有效工作圈数 n		由工作条件计算确定,要求 $n \geqslant 2$	
支承圈数 n_2		$n_2=1 \sim 2.5$	
总圈数 n_1		$n_1=n+n_2$	$n_1=n$
节距 t	mm	$t=(0.28 \sim 0.5)D$	$t=d$
间距 δ	mm	$\delta=t-d$	$\delta=0$
自由高度或长度 H_0	mm	两端圈磨平 $n_1=n+1.5$ 时, $H_0=nt+d$ $n_1=n+2$ 时, $H_0=nt+1.5d$ $n_1=n+2.5$ 时, $H_0=nt+2d$ 两端圈不磨平 $n_1=n+2$ 时, $H_0=nt+2d$ $n_1=n+2.5$ 时, $H_0=nt+3.5d$	L I 型 $H_0=(n+1)d+D_1$ L II 型 $H_0=(n+1)d+2D_1$ L III 型 $H_0=(n+1.5)d+2D_1$
展开长度 L	mm	$L=\pi D_2 n_1/\cos\alpha$	$L=\pi D_2 n+$ 挂钩展开长度
压缩弹簧高径比 b		$b=H_0/D_2$	

14.3.3　弹簧的制造

螺旋弹簧的制造工艺过程包括:卷绕、挂钩的制造或端面圈的加工、热处理和工艺试验。

卷绕有冷卷和热卷两种。大量生产时,应在万能自动卷簧机上卷制;单件及小批量生产时,可在普通车床或手动卷绕机上卷制。冷卷用于直径 $d \leqslant (8 \sim 10)$ mm 或较大直径容易卷绕的弹簧丝,卷前应热处理,卷后要低温回火。热卷用于直径较大的弹簧丝,卷绕时的温度根据弹簧丝直径大小在 $800 \sim 1000℃$ 内选择,卷后应淬火和中温回火处理。弹簧卷成后要进行表面质量检验,应光洁、无裂纹、无伤痕、无脱碳等缺陷;受变载的弹簧须强压或喷丸处理进行强化；普通的弹簧一般涂油或漆，重要的弹簧还须进行镀锌等表面保护处理。

对于重要的压缩弹簧，为了保证两端的承压面与其轴线垂直，端面圈应在专用的磨床上磨平；对于拉伸弹簧，为了便于安装、加载，两端应制有挂钩。

弹簧的制造精度，按受力后变形量公差分为三级，见表 14-6。一般可选用 2 级精度。

表 14-6　弹簧的制造精度

制造精度等级	受力后变形量公差	用　　途
1 级	10%	在工作受力变形范围内，要求校准的弹簧。如测量仪器、测力仪等使用弹簧
2 级	20%	要求按弹簧特性曲线调整的弹簧。如安全阀、减压阀及调节机构等使用弹簧
3 级	30%	不需按载荷调整的弹簧。如制动器的压紧弹簧、缓冲器的弹簧等

思考与练习题

14-1　弹簧的功用有哪些？

14-2　按受载性质和形状不同，弹簧分哪几种类型？哪种弹簧应用最广？

14-3　自行车鞍座下的弹簧属于何种弹簧？

14-4　何谓弹簧指数？有何意义？

14-5　简要说明弹簧的制造工艺要求。

第 15 章　机械的调速与平衡

本章主要讨论了机械的调速与平衡的目的和方法。介绍了飞轮设计的原理、设计方法以及刚性回转体静平衡和动平衡计算、试验。

15.1　机械速度波动与调节

15.1.1　调节机械速度波动的目的和方法

机械在外力（驱动力和各种阻力等）作用下运转。驱动力在一段时间内所作的功等于阻力所作的功，则机械保持匀速运动。当驱动力所作的功并不总是等于阻力所作的功，这样驱动力所作的功就会出现多余或不足，称为盈亏功。盈亏功将造成机械动能增加或减少，导致机械运转速度的波动，带来一系列的不良影响，如在运动副中产生附加的动压力，引起机械振动，影响零件的强度和寿命，降低机械效率和工作可靠性，降低机械的精度和工艺性能，使产品质量下降。因此，对机械速度的波动需要进行调节，使其速度在正常范围之内波动。

机械速度波动可分为周期性速度波动和非周期性速度波动两类。

1. 周期性速度波动

机械的运转过程是从开始运动到终止运动所经过的时间过程，可分为启动、稳定运转及停车三个阶段。多数机械是在稳定运转阶段工作。大多数机械在稳定运转阶段的速度并不是恒定的。如图 15-1 所示。

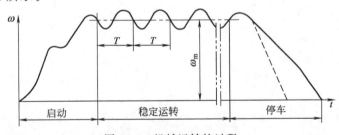

图 15-1　机械运转的过程

当外力（驱动力和阻力）作周期性变化时，机械的运转速度（如主轴的角速度）也会作周期性的波动。在一个运动周期内，当驱动力所作的功与阻力所作的功相等，在周期中的某个时刻，驱动力所作的功与阻力所作的功并不相等，因而造成了速度的波动，但速度的平均值还是稳定在一定值上。但是，在周期中的每一时刻，驱动力与阻力所作的功并不相等，因而出现速度的波动。这种速度变化称为周期性速度波动。运动周期通常对应于机械主轴回转的时间。

对于周期性速度波动，调节的主要方法是在机械中安装一个转动惯量很大的回转件——飞轮。当驱动功大于阻力功出现盈功时，飞轮将多余的动能贮存起来，使机械的转速不会增加过大；反之，当驱动功小于阻力功出现亏功时，飞轮将贮存的动能释放出来，使机械的转速不会降低太大。因此，可以减小机械运转速度变化的幅度。

2. 非周期性速度波动

如果驱动力或阻力发生无规律的变化，使机械运转速度的波动没有周期变化的特点，称为非周期性速度波动。往往所作的功始终大于阻力所作的功，则机械运转的速度将不断升高，直至超越机械强度所容许的极限转速而导致机械损坏；反之，如驱动力所作的功总是小于阻力所作的功，则机械运转的速度将不断下降，直至停车。

对于非周期性速度波动，不能采用飞轮调节速度，必须采用特殊的调速器，调节驱动力作功和阻力作功的比值，使驱动力所作的功随阻力作功的变化而变化，并使两功稳于平衡，以使机械平稳运转。如图 15-2 所示，原动机 2 的输入功与供汽量的大小成正比。当负荷突然减小时，原动机 2 和工作机 1 的主轴转速升高，由圆锥齿轮驱动的调速器主轴的转速也随着升高，重球因离心力增大而飞向上方，带动圆筒 N 上升，并通过套环和连杆将节流阀关小，使蒸汽输入量减少，反之，若负荷突然增加，原动机及调速器主轴转速下降，飞球下落，节流阀开大，使供汽量增加。用这种方法使输入功和负荷所消耗的功（包括摩擦损失）达成平衡，以保持速度稳定。

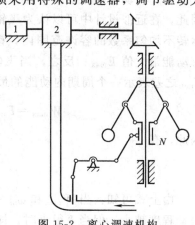

图 15-2　离心调速机构

15.1.2　飞轮设计的基本原理

1. 机械运转的平均速度和不均匀系数

对于周期性速度波动的机械，如果已知机械主轴角速度随时间变化的规律时，一个周期角速度的实际平均值可由下式确定

$$\omega_{\mathrm{m}} = \frac{1}{T} \int_{o}^{T} \omega \, \mathrm{d}t \qquad (15\text{-}1)$$

由于 ω 的变化规律很复杂，故在工程计算中都以算术平均值近似代替实际平均值，即

$$\omega_{\mathrm{m}} = \frac{\omega_{\max} + \omega_{\min}}{2} \qquad (15\text{-}2)$$

式中　$\omega_{\max}$、$\omega_{\min}$——最大角速度和最小角速度。

工程上往往用角速度波动幅度与平均角速度的比值来衡量机械速度波动的相对程度。这个比值称为机械运转的不均匀系数 δ，即

$$\delta = \frac{\omega_{\max} - \omega_{\min}}{\omega_{\mathrm{m}}} \qquad (15\text{-}3)$$

由式（15-3）可知，δ 越小，主轴越接近匀速转动。各种不同机械许用的不均匀系数 δ，是根据它们的工作性质确定的。例如驱动照明用的发电机的活塞式内燃机，如果主轴的速度波动太大，势必影响输出电压的稳定性，所以这类机械的不均匀系数 δ 应当取小一些；反之，如冲床和破碎机等一类机械，速度波动稍大对工作影响也不大，这类机械的不均匀系数便可取大一些。几种常见机械的不均匀系数可按表 15-1 选取。

表 15-1 不均匀系数 δ 的取值范围

机械类型	破碎机械	冲压机械	压缩机和水泵	减速机械	交流发电机
不均匀系数 δ	0.1～0.2	0.05～0.15	0.03～0.05	0.015～0.2	0.002～0.003

2. 飞轮设计方法

飞轮设计的基本问题是确定飞轮的转动惯量 J，使机械运转不均匀系数 $\delta \leqslant [\delta]$。

(1) 转动惯量的计算 在一般机械中，其他构件所具有的动能与飞轮相比，其值甚小，因此，在近似设计中可以认为飞轮的动能就是整个机械的动能。飞轮设计工作就是要在机械运转不均匀系数的容许范围内，确定飞轮的转动惯量。当飞轮处于最大角速度 $\omega_{\max}$ 时，具有动能最大值 $E_{\max}$；反之，当飞轮处于最小角速度 $\omega_{\min}$ 时，具有动能最小值 $E_{\min}$。$E_{\max}$ 与 $E_{\min}$ 之差表示一个周期内动能的最大变化量。动能的最大变化量即最大盈亏功为

$$W_{\max} = E_{\max} - E_{\min} = \frac{1}{2} J (\omega_{\max}^2 - \omega_{\min}^2) = J\omega_m^2 \delta \tag{15-4}$$

因此，有

$$J = \frac{W_{\max}}{\omega_m^2 \delta} = \frac{900 W_{\max}}{\pi^2 n^2 \delta} \tag{15-5}$$

由上式可知：当 $W_{\max}$ 和 ω_m 一定时，J 与 δ 成反比，J 越大，δ 就越小，即机械的速度波动程度越小，但当 δ 很小时，即使略微减小也会使 J 增加很多，导致机械结构增大，成本增加；当 J 和 ω_m 一定时，$W_{\max}$ 与 δ 成正比，即 $W_{\max}$ 越大，机械运转波动越大；当 $W_{\max}$ 和 δ 一定时，飞轮的转动惯量 J 与 ω_m 的平方成反比，故为了缩小飞轮的尺寸，宜将飞轮安装在高速轴上。

(2) 飞轮尺寸确定 一般飞轮的轮毂和轮辐的质量很小，近似计算时认为飞轮质量 m 集中于平均直径为 D_m 轮缘上。因此，转动惯量可以写成

$$J = m \left(\frac{D_m}{2} \right)^2 = \frac{m D_m^2}{4} \tag{15-6}$$

当按照机器的结构和空间位置选定轮缘的平均直径 D_m 之后，由式 (15-6) 便可求出飞轮的质量 m。选定飞轮的材料与高宽比 H/B（一般取 1.5～2）后，按轮缘为矩形端面求出轮缘截面尺寸，见图 15-3。

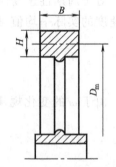

图 15-3 飞轮结构示意图

实际机械中往往用增大皮带轮（或齿轮）的尺寸和质量的方法，使它们兼起飞轮的作用。

15.2 机械的平衡

15.2.1 机械平衡的目的

机械运动时，各运动构件由于制造、装配误差，材质不均等原因造成质量分布不均，质心作变速运动将产生大小及方向呈周期性变化的惯性力。这些周期性变化的惯性力会使机械的构件和基础产生振动，从而降低机器的工作精度、机械效率及可靠性，缩短机器的使用寿命，当振动频率接近机械系统的共振范围时，将会波及周围的设备及厂房建筑。近年来，随

着高速重载和精密机械的发展，使上述问题显得更加突出。机械平衡的目的就是合理调整机构中各构件的质量分布，使离心力系达到平衡，以消除附加动压力、尽量减轻有害的机械振动。

机械的平衡可分为回转体平衡与机构平衡两类。

1. 回转体平衡

绕固定轴线转动的构件称为回转体（转子）。对于转速 n 低于一阶临界转速 n_c（$n/n_c < 0.7$），速度较低，变形很小可忽略，称为刚性回转体。对于转速 n 高于一阶临界转速 n_c（$n/n_c \geqslant 0.7$），变形不能忽略，称为挠性回转件。

2. 机构平衡

对于作往复运动及作平面复合运动的构件，其惯性力和惯性力偶矩，不便采用各构件本身分别加以平衡，因而必须将整体机构考虑平衡问题，使机构在机架上得到平衡，所以此类平衡也称为机构在机架上的平衡。

本章主要介绍实际生产中最常见的刚性回转体的平衡问题。

研究机械平衡的方法，一般可分为计算法与试验法两大类。计算法又分为图解法和解析法。图解法简单方便；解析法计算结果准确。这里主要介绍图解法。

15.2.2　刚性回转体的平衡

刚性回转体的平衡分为静平衡和动平衡。

1. 静平衡

（1）静平衡计算　对于轴向尺寸很小的回转体（轴向宽度与外径的比值 $b/D \leqslant 0.2$），如叶轮、飞轮、砂轮盘形凸轮等，其质量的分布可以近似地认为在同一回转面内。当该回转体以角速度 ω 匀速转动时，这些质量所产生的离心力构成同一平面内汇交于回转中心的力系。如果该力系合力不等于零，则回转体不能在任意位置静止不动，即称为静不平衡。如在同一回转面内加一平衡质量（或在相反方向减一平衡质量），使它产生的离心力 F_b 与原有质量所产生的离心力的合力 F_i 等于零，即能达到平衡状态。对静不平衡回转体的平衡称静平衡。

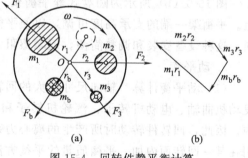

图 15-4　回转件静平衡计算

如图 15-4 所示不平衡回转体的平衡条件为

$$F = F_b + F_1 + F_2 + F_3 = 0 \tag{15-7}$$

以质量表示，上式可写成

$$m_b r_b \omega^2 + m_1 \omega^2 r_1 + m_2 \omega^2 r_2 + m_3 \omega^2 r_3 = 0$$

消去公因子 ω^2，可得

$$m_b r_b + m_1 r_1 + m_2 r_2 + m_3 r_3 = 0 \tag{15-8}$$

式中　m_b，r_b——平衡质量及其质心的向径；

　　　　m_i，r_i——原有各质量及其质心的向径，$i = 1$，2，3；$m_i r_i$ 为质径积。

平衡质量的质径积可用图 15-4（b）所示图解法求得。根据回转体的结构特点选定 r_b 的大小，加上平衡质量 m_b。也可在 r_b 相反方向对称位置减去 m_b。

式（15-7）表明，机械静平衡的条件是所有质径积的矢量和等于零。

（2）静平衡试验　静不平衡的回转件，其质心偏离回转轴，产生静力矩。利用静平衡架，找出不平衡质径积的大小和方向，并由此确定平衡质量的大小和位置，使质心移到回转轴线上以达到静平衡。这种方法称为静平衡试验法。

常用的静平衡架如图 15-5 所示。图 15-5（a）为导轨式静平衡架，架上两条互相平行的淬硬钢制刀口形（也可为圆柱形或棱柱形）导轨，安装在同一水平面内。试验时将回转件的轴放在导轨上，如回转件质心不在回转轴线的铅垂面内，则由于重力对回转轴线的静力矩作用，回转件将在导轨上发生滚动。直到质心 S 处在最低位置滚动停止。然后在质心相反方向加一适当的平衡质量（如橡皮泥），并调整其大小或径向位置，直至该回转件在任意位置都能保持静止。这时所加的平衡质量与其向径的乘积即为该回转件达到静平衡需加的质径积。导轨式静平衡架简单可靠，精度能满足一般生产需要，其缺点是它不能用于平衡两端轴径不等的回转件。

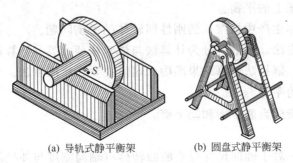

(a) 导轨式静平衡架　　　(b) 圆盘式静平衡架

图 15-5　两种静平衡实验台

图 15-5（b）所示为圆盘式静平衡架。将回转件的轴放置在分别由两个圆盘组成的支承上。平衡架一端的支承高度可调，以便平衡两端轴径不等的回转件。它的试验程序与上述相同。这种设备安装和调整简便，但摩擦阻力大，故精度略低于导轨式静平衡架。

2. 动平衡

（1）动平衡计算　轴向尺寸较大的回转件（轴向宽度与外径的比值 $b/D > 0.2$），如多缸发动机曲轴、电动机转子、汽轮机转子和机床主轴等，其质量的分布不是位于同一回转面内。因此，回转件转动时所产生的离心力系不再是平面汇交力系，而是空间力系。因而不能用在某一回转面内加一平衡质量的平衡方法消除转动时的不平衡。这种不平衡只有在回转体转动起来之后才显现，称为动不平衡。如使其合力及合力偶均为零，即能达到平衡。对动不平衡回转体的平衡称动平衡。

如图 15-6 所示，设回转件的不平衡质量分布在 T_1、T_2、T_3 三个回转面内，依次以 m_1、m_2、m_3 表示，其向径各为 r_1、r_2、r_3。一个平面内的平衡质量可由任选的两个平行平面（校正平面）T' 和 T'' 内的另两个质量代替，且 m_i' 和 m_i'' 处于回转轴线和 m_i 的质心组成的平面内。现将平面 T_1、T_2、T_3 内的质量 m_1、m_2、m_3 分别用 T' 和 T'' 内的质量 m_1'、m_2'、m_3' 和 m_1''、m_2''、m_3'' 来代替。上述回转体的不平衡质量可以认为集中在 T' 和 T'' 两个校正平面内。

$$m_1' = m_1 \frac{L_1''}{L}, \quad m_1'' = m_1 \frac{L_1''}{L} \quad (r_1' = r_1'' = r_1)$$

$$m_2' = m_2 \frac{L_2''}{L}, \quad m_2'' = m_2 \frac{L_2''}{L} \quad (r_2' = r_2'' = r_2)$$

$$m_3' = m_3 \frac{L_3''}{L}, \quad m_3'' = m_3 \frac{L_3''}{L} \quad (r_3' = r_3'' = r_3)$$

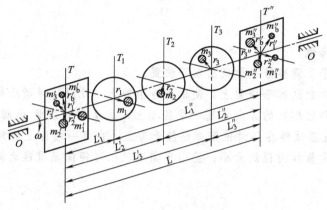

图 15-6　动平衡计算

　　这样，可将在三个不同平面内的偏心质量的平衡问题，转化为两校正平面 T' 和 T'' 的静平衡问题。只要分别在任选的两个校正平面内各加上适当的平衡质量，就能达到完全平衡。平衡质量的确定方法与静平衡计算方法相同。

　　由以上分析可以推知，动平衡同时满足静平衡条件，所以动平衡的回转构件一定静平衡，但静平衡的回转构件不一定动平衡。

　　(2) 动平衡试验　轴向宽度较大的回转件（$b/D > 0.2$）或有特殊要求的重要回转件一般都要进行动平衡试验。动平衡试验应使用专门的动平衡试验机，动平衡机的种类很多，常用的有机械式、电子式，还有激光动平衡机、带真空筒的大型和整机平衡用的测振动平衡仪等。各种动平衡机的具体情况，可参阅有关产品样本或试验参考书。

　　回转件经过平衡试验后可将不平衡惯性力及其引起的振动减小到相当低的程度，但不可能达到完全的平衡，而且在实际工程中也没有必要。应根据工作要求，对不同类型的回转件规定许用的不平衡量，作为平衡精度。

　　工程上将回转件平衡结果的优良程度称为回转件的平衡精度 A，单位为 mm/s。

$$A = \frac{[e]\omega}{1000} \tag{15-9}$$

式中　$[e]$——许用质心偏距，μm；

　　　　ω——回转角速度。

　　我国尚未制定平衡精度的国家标准，工程上一般参考国际标准化组织（ISO）制定的回转件平衡精度等级标准，可查阅有关资料。

实训　刚体转子的静平衡试验

1. 实训目的

（1）了解刚体转子的静平衡试验的原理，学会试验方法。

（2）加深理解机械零件试验的重要性，提高试验技能。

2. 实训设备和工具

（1）导轨式静平衡架［见图 15-5（a）］和圆盘式静平衡架［见图 15-5（b）］。

（2）刚体转子试件。

（3）水平仪、天平、钢板尺、量角器、橡皮泥等。

3. 实训原理

参见 15.2.2。

4. 实训方法与步骤

（1）首先用水平仪调整静平衡架的水平位置。

（2）将转子试件放到静平衡架上，使试件自由静止，此时试件质心处于最低位置。

（3）在与质心向径相反的方向任选一半径 r 上，加适当的质量 m 橡皮泥，并重复多次试验，加减质量，直至试件在任意位置都能静止为止。在另一端面上重复试验。

（4）测量平衡质量和向径的大小，量出平衡质径积与径向基准线之间所夹的锐角 α，并记入试训报告。

5. 思考题

（1）静平衡试验适用于什么回转件？

（2）试验得出的质径积加在试件的不同端面上，对平衡结果是否有影响？为什么？

（3）你认为影响静平衡精度的因素有哪些？

6. 编写实训报告

刚体转子的静平衡试验实训报告

班　　级		姓　　名		学　　号	
实训地点		实训时间		组　　别	
实训数据和结果	名　　称	平衡质量 m	平衡质量向径 r	mr 与基准线夹角 α	不平衡质径积 mr
	第一次				
	第二次				
实训分析结论					
评　　语					
成　　绩		指导教师		评阅时间	

思考与练习题

15-1　机械速度的波动原因是什么？它有何危害？

15-2　周期性速度波动应如何调节？它能否调节为恒稳定运转？为什么？

15-3　在机械中安装飞轮的作用是什么？通常为什么将飞轮安装在高速轴上？

15-4　非周期性速度波动应如何调节？为什么利用飞轮不能调节非周期性速度波动？

15-5　什么类型的构件只需要进行静平衡？静平衡的条件是什么？

15-6　什么类型的构件必须进行转动构件的动平衡？动平衡的条件是什么？

15-7　一剪床为电动机驱动，作用在电动机轴上的阻力矩变化规律如图 15-7 所示。设驱动力矩为常数，电动机的转速为 1460r/min，许用不均匀系数 $[\delta]=0.05$，试求安装在电动机轴上的飞轮的转动惯量 J。

15-8　某圆盘回转件上有三个不平衡质量：$m_1=2kg$，$m_2=7kg$，$m_3=9kg$，$r_1=r_2=100mm$，$r_3=80mm$，各不平衡质量的方位如图 15-8 所示。如在 $r=120mm$ 的圆周上加平衡质量，试求平衡质量的大小、方位。

15-9　如图 15-9 所示转子，各不平衡质量 $m_1=20kg$，$m_2=12kg$，$m_3=28kg$，$m_4=10kg$，其回转半径分别为 $r_1=320mm$，$r_2=r_4=240mm$ $r_3=160mm$，方位如图，$L_{12}=L_{23}=L_{34}$。若在两校正平面 T' 和 T'' 中回转半径均为 400mm 处安装平衡质量，试求平衡质量 m'_b 及 m''_b 的大小和方位。

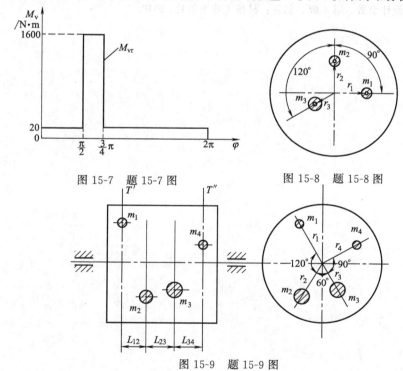

图 15-7　题 15-7 图　　　　图 15-8　题 15-8 图

图 15-9　题 15-9 图

参 考 文 献

[1] 朱文坚，黄平. 机械设计. 北京：高等教育出版社，2002.
[2] 陈立德. 机械设计基础. 第2版. 北京：高等教育出版社，2004.
[3] 濮良贵，纪名刚. 机械设计. 第7版. 北京：高等教育出版社，1996.
[4] 杨可桢，程光蕴，机械设计基础. 第4版. 北京：高等教育出版社，1999.
[5] 陈立德. 机械设计基础. 北京：高等教育出版社，2004.
[6] 何元庚. 机械原理与机械零件. 第2版. 北京：高等教育出版社，1998.
[7] 隋明阳. 机械设计基础. 北京：机械工业出版社，2002.
[8] 马永林，机械原理. 北京：高等教育出版社，1992.
[9] 王定国，周全光. 北京：高等教育出版社，1988.
[10] 张建中. 机械设计基础. 徐州：中国矿业大学出版社，2006.
[11] 郭红星，宋敏. 机械设计基础. 西安：西安电子科技出版社，2006.
[12] 李世慈，费鸿学. 机械设计基础. 第3版. 北京：高等教育出版社，1995.
[13] 王少岩，史蒙，罗玉福. 机械设计基础. 大连：大连理工大学出版社，2004.
[14] 黄劲枝. 机械设计基础. 北京：机械工业出版社，2001.
[15] 陈立德. 机械设计基础课程设计指导书. 第2版. 北京：高等教育出版社，2004.
[16] 范顺成. 机械设计基础. 第2版. 北京：机械工业出版社. 2010.
[17] 闻邦椿. 机械设计手册. 第5版. 北京：机械工业出版社. 2010.